概率论与数理统计

GAILÜLUN YU SHULI TONGJI

主　编　刘红英

副主编　宋　珍

参　编　刘春婷　赵　耀　卫安妮

西安交通大学出版社

XI'AN JIAOTONG UNIVERSITY PRESS

内容简介

本书内容包括随机事件及其概率、随机变量及其分布、多维随机变量及其分布、随机变量的数字特征、样本及统计量、参数估计、假设检验等内容. 介绍了使用 Python 软件进行概率分布绘图、数字特征计算、统计量计算、参数估计和假设检验等编程方法. 本书的各节配有同步练习题,各章有总复习题,并在各章绘制有知识结构图,全书融入了课程思政元素.

本书在强调基本概念的同时,更注重具体应用,可作为高等学校财经、管理、大数据等非数学专业学生的概率论与数理统计教材.

图书在版编目(CIP)数据

概率论与数理统计/刘红英主编.--西安:西安
交通大学出版社,2025.7. -- ISBN 978 - 7 - 5693 - 4168 - 3
Ⅰ.O21
中国国家版本馆 CIP 数据核字第 2025Q34C77 号

书　　名	概率论与数理统计	
主　　编	刘红英	
责任编辑	郭鹏飞	
责任校对	李　文	
封面设计	任加盟	

出版发行　西安交通大学出版社
　　　　　(西安市兴庆南路 1 号　邮政编码 710048)
网　　址　http://www.xjtupress.com
电　　话　(029)82668357　82667874(市场营销中心)
　　　　　(029)82668315(总编办)
传　　真　(029)82668280
印　　刷　陕西天意印务有限责任公司

开　　本　787 mm×1092 mm　1/16　印张 11　字数 272 千字
版次印次　2025 年 7 月第 1 版　2025 年 7 月第 1 次印刷
书　　号　ISBN 978 - 7 - 5693 - 4168 - 3
定　　价　36.00 元

前　言

在纷繁复杂的世界中,不确定性始终是人类认知的永恒主题.从远古先民通过星象占卜预测未来,到现代科学家用数学模型解析随机现象;从金融市场中的风险决策,到人工智能算法的底层逻辑;从医学诊断的精准推断,到社会科学的量化分析——概率论与数理统计始终是理解不确定性、驾驭随机规律的核心工具.它既是一门充满哲学思辨的数学学科,又是一把打开现实世界奥秘的钥匙.

本书的编写在遵循"传道授业解惑"与"育人育才"相统一的基础上,立足于以下三个目标:**一是**构建坚实的理论基础,帮助学生掌握概率与统计的核心思想与数学语言;**二是**架起理论与实践的桥梁,通过真实案例与跨学科应用,培养读者用数据思维解决实际问题的能力;**三是**培养学生唯物主义的辩证思想,让学生运用辩证、科学、全面、发展的视角方法来解决实际应用问题.

教材内容架构

本书分为**概率论**基础与**数理统计**方法两大部分,遵循"从直观到抽象,从理论到应用"的认知规律,基本的架构如下:

1. **概率论篇**以随机事件与概率空间为起点,逐步展开概率、随机变量、分布理论、大数定律与中心极限定理等内容,注重概率直觉的培养与公理化体系的衔接.

2. **数理统计篇**以统计推断为主线,涵盖抽样分布、参数估计、假设检验等经典内容,强调统计思想的本质和使用场景.

为适应大数据时代的需要,本书特别增设了概率论与数理统计的试验拓展章节,运用大数据学科流行的 Python 软件绘制指数、正态、二项分布,频率、频数等图形,计算特征值、进行参数估计、假设检验等实例分析,帮助读者理解传统理论在计算机时代的应用.

教材特色

1. 注重基础,强化应用.不仅准确清晰地表达出概率论与数理统计的基本概念、基本理论和基本方法,而且重视概念产生的历史背景,注重概率理论和方法在实际问题中的具体应用.每节课中的各个知识点设有相应的例题,每节课有同步习题,每章节有总习题,总习题中包含单项选择题、填空题、计算题和证明题等,每章节后配有章节知识结构图,从多个层次和多个角度来巩固和强化学生的学习效果.

2. 立德树人,渗透课程思政教育.编写过程中,介绍国内概率论学者,树立文化自信,培养科学创新精神;立足课程,培养科学精神,树立正确的世界观;借助专业知识点来解释有趣的中国哲理,潜移默化地进行课程思政教育.以这三个原则进行课程思政元素的设计.由于首次将课程思政元素融入教材之中,难免有不妥之处,恳请各位读者批评指正.

3. 考虑时代背景,注重实践应用型人才的培养.考虑到大数据等跨学科专业学生的学习需求,借助大数据中的 Python 软件将抽象的概率与统计知识,应用大数据分析软件进行可视化的呈现、模型的建立与计算,增加课程的实用性,培养学生的实践技能.

最后，谨以统计学家乔治·博克斯的名言与诸君共勉："所有的模型都是错的，但有些是有用的."愿本书能帮助你在概率的海洋中捕捉规律的灯塔，在数据的迷雾里寻找真理的微光，最终形成独立分析与科学决策的能力.

编者

2025 年 4 月于西安

目　录

第一章 随机事件及其概率

在自然界与人类社会生活中,存在两类截然不同的现象,一类是**确定性现象**,即在一定条件下重复进行试验,其结果唯一且必然出现.例如:同性电荷必然相斥、异性电荷必然相吸;在标准大气压下,水加热到 100 ℃ 必然沸腾;半径为 r 的圆,其面积必为 πr^2 等.另一类是**不确定性现象**,即在相同条件下进行重复试验,试验的结果事先不能准确预知,可能出现,也可能不出现,呈现出一种偶然性.例如:某个路口一天内发生违章的次数、下个月的降雨量、射击时弹着点距离目标点的偏差大小.

对部分不确定性现象,虽然在试验或观察之前不能预知确切的结果,但人们经过长期实践并深入研究之后,发现在大量重复试验下,试验结果存在某种规律性.例如:重复抛掷同一枚质地均匀的硬币,出现正面和反面的次数大约各占一半;同一门炮射击同一目标的弹着点按照一定规律分布.这种在大量重复试验或观察中所呈现出来的固有规律性,称为**统计规律性**.这种在个别试验中其结果呈现出不确定性,但是在大量重复试验中其结果又具有统计规律性的现象,我们称之为**随机现象**.

概率论是研究随机现象统计规律性的基础学科,它从数量角度给出随机现象的描述,为人们认识和利用随机现象的统计规律性提供了有力工具.概率论的应用领域比较广泛,在通信工程中概率论可用于提高信号的抗干扰性、分辨率,在企业生产经营管理中概率论可用于优化企业决策方案、提高企业利润,在信息论、排队论、电子系统可靠性、地震预报、产品的抽样调查等领域概率论也有广泛的应用.因此,法国数学家拉普拉斯曾指出:"生活中最重要的问题,其中绝大多数在实质上只是概率的问题."

第一节 随机事件

一、随机试验与样本空间

(一)随机试验

为了掌握随机现象及其统计规律性,我们需要对随机现象进行大量试验,比如有以下几个试验.

E_1:掷一颗骰子,观察出现的点数.

E_2:连续地抛一枚硬币两次,观察出现正面(H)和反面(T)的情况.

E_3:将一枚硬币抛掷两次,观察正面出现的次数.

E_4:自己手机电池充满电后的续航时间.

E_5:某人在一天内使用微信进行在线支付的次数.

这些试验具有以下 3 个特点.

(1)重复性:试验可以在相同条件下重复进行.

(2)可观察性:试验的全部可能结果不止一个,但都是可以预知的.

(3)随机性:每一次实验前,不能确定会出现哪一种结果.

在概率中,把具有以上 3 个特点的试验,称为随机试验,简称试验,用字母 E 表示.

(二)样本空间

对于随机试验,虽然在试验前不能确定哪一个结果将会出现,但能事先明确试验的所有可能结果,我们将随机试验 E 的所有可能结果组成的集合称为 E 的**样本空间**,记为 S.样本空间的元素,即随机试验 E 的每一个结果,称为**样本点**.

上面 5 个随机试验的样本空间分别如下:

$$S_1 = \{1,2,3,4,5,6\};$$
$$S_2 = \{HH, HT, TH, TT\};$$
$$S_3 = \{0,1,2\};$$
$$S_4 = \{t, t \geqslant 0\};$$
$$S_5 = \{0,1,2,3,\cdots\}.$$

二、随机事件

一般地,在一次试验中可能出现也可能不出现的结果,统称**随机事件**,简称事件,记作 A,B,C.比如在试验 E_3 中,正面出现 2 次就是一个随机事件.实际上,在建立了试验的样本空间后,就可以用样本空间 S 的子集表示随机事件.因此,我们统称试验 E 的**样本空间 S 的子集**,为 E 的**随机事件**.

事件有以下 4 种类型.

(1)基本事件:在随机事件中,包含一个样本点的事件.如在试验 E_5 中,"某人在一天内使用微信在线支付 3 次"可以表示为 $A = \{3\}$.

(2)复合事件:由两个或两个以上的基本事件组合而成的事件,也可以理解为复合事件是包含两个或两个以上的样本点的事件.如在试验 E_1 中,"掷一颗骰子出现奇数点"可以表示为 $A = \{1,3,5\}$.

(3)必然事件:每次试验中都一定发生的事件.必然事件包含样本空间中所有的样本点,所以用样本空间符号 S 表示必然事件.

(4)不可能事件:在每次试验中绝不会发生的事件.不可能事件不包含任何样本点,所以用空集符号 $\varnothing$ 来表示不可能事件.

三、随机事件的关系与运算

(一)事件间的关系与运算

1. 事件的包含与相等

若 $A \subset B$,则称事件 A 是事件 B 的子事件,表示事件 A 发生必然导致事件 B 发生.例如:设 A 表示"产品为一等品",B 表示"产品为合格品",显然有 $A \subset B$.若 $A \subset B$,且 $B \subset A$,则称事件 A 与事件 B 相等,记作 $A = B$.

2. 事件的并或和

事件 $A \cup B$ 称为事件 A 与事件 B 的和事件,表示 A 和 B 中至少有一个发生.例如:假设某种新型高分子材料由甲、乙两个团队各自研发,A 表示"甲团队研发成功",B 表示"乙团队研发成功"，则"该高分子材料研发成功"可表示为 $A\cup B$.

推广：称 $\bigcup\limits_{k=1}^{n}A_k$ 为 n 个事件 $A_1,A_2,\cdots,A_n$ 的和事件，称 $\bigcup\limits_{k=1}^{+\infty}A_k$ 为可列个事件 $A_1,A_2,\cdots$ 的和事件.

3. 事件的交或积

事件 $A\cap B$ 称为事件 A 与事件 B 的积事件，表示 A 和 B 同时发生. $A\cap B$ 一般简写为 AB. 例如，某零件有长度和直径两个指标，A 表示"长度合格"，B 表示"直径合格"，则"零件合格"可表示为 AB.

类似地，称 $\bigcap\limits_{k=1}^{n}A_i$ 为 n 个事件 $A_1,A_2,\cdots,A_n$ 的积事件，称 $\bigcap\limits_{k=1}^{+\infty}A_i$ 为可列个事件 $A_1,A_2,\cdots$ 的积事件.

4. 事件的差

事件 $A-B$ 称为事件 A 与事件 B 的差事件，表示 A 发生且 B 不发生. 例如，在上面的新型高分子材料研发的例子中，A 表示"甲团队研发成功"，B 表示"乙团队研发成功"，则"甲团队研发成功而乙团队没有研发成功"可表示为 $A-B$.

5. 事件的互斥或互不相容

若 $A\cap B=\varnothing$，则称事件 A 与事件 B 是互不相容或互斥的，表示事件 A 与事件 B 不能同时发生.

注：基本事件是两两互不相容的.

6. 事件的对立

若 $A\cup B=S$ 且 $A\cap B=\varnothing$，则称事件 A 与事件 B 互为逆事件，或称事件 A 与事件 B 互为对立事件. A 的对立事件记作 $\overline{A}$，即 $\overline{A}=S-A$.

(二)事件间的运算规律

从事件间的关系与运算定义来看，其与集合的关系和运算是一致的，集合的运算规律对事件的运算规律也是适用的. 所以事件间的运算规律如下.

(1)交换律：$A\cup B=B\cup A,A\cap B=B\cap A$；

(2)结合律：$A\cup(B\cup C)=(A\cup B)\cup C,A\cap(B\cap C)=(A\cap B)\cap C$；

(3)分配律：$A\cup(B\cap C)=(A\cup B)\cap(A\cup C),A\cap(B\cup C)=(A\cap B)\cup(A\cap C)$；

(4)对偶律[德·摩根律]：$\overline{A\cup B}=\overline{A}\cap\overline{B},\overline{A\cap B}=\overline{A}\cup\overline{B}$.

例 1.1　某射击者向指定目标连射 3 枪，以 A_i 表示第 i 枪击中目标$(i=1,2,3)$，试用事件的运算关系表示下列事件：(1)只有第 1 枪击中；(2)只击中 1 枪；(3)三枪都没击中；(4)至多击中 1 枪；(5)至少击中 1 枪.

解：(1)只有第 1 枪击中可表示为 $A_1\overline{A_2A_3}$；

(2)只击中 1 枪可表示为 $A_1\overline{A_2A_3}\cup\overline{A_1}A_2\overline{A_3}\cup\overline{A_1A_2}A_3$；

(3)三枪都没击中可表示为 $\overline{A_1A_2A_3}$ 或 $\overline{A_1}\cup\overline{A_2}\cup\overline{A_3}$；

(4)至多击中 1 枪可表示为 $\overline{A_1A_2A_3}\cup A_1\overline{A_2A_3}\cup\overline{A_1}A_2\overline{A_3}\cup\overline{A_1A_2}A_3$；

(5)至少击中 1 枪可表示为 $\overline{\overline{A_1A_2A_3}}$ 或 $A_1\cup A_2\cup A_3$.

同步习题 1.1

1.写出下列随机试验的样本空间及随机事件的样本点的集合.

(1)同时抛两枚质地均匀的硬币,事件 A 表示"出现一正一反的情况";

(2)同时抛两枚骰子,事件 B 表示"正面点数和为 8 的情况";

(3)六件产品中有一件次品,事件 C 表示"从中任取两件,有一件次品";

(4)在单位圆内任意投一点,事件 D 表示"该点落在左半圆内".

2.用语言描述下列事件的对立事件:

(1)A 表示"甲、乙、丙三人今天至多有一人去超市";

(2)B 表示"生产 4 件产品至少有 1 件正品".

3.写出下列随机试验的样本空间:

(1)口袋中装有 10 个球,6 个白球,4 个红球,分别标有 1~10 的号数,从中任取一球,观察球的号数;

(2)掷两枚骰子,分别观察其出现点数;

(3)一人射靶 3 次,观察其中靶次数;

(4)将 1 m 长的尺子折成 3 段,观察各段长度.

4.用三个事件 A,B,C 的运算表示下列事件:

(1)A,B,C 中只有 A 发生;

(2)A,B,C 中至少有一个发生;

(3)A,B,C 中至少有两个发生;

(4)A,B,C 中不多于两个发生;

(5)A,B,C 中恰好有一个发生;

(6)A,B,C 中恰好有两个发生;

(7)A,B,C 中不多于一个发生.

5.下列等式是否成立? 若不成立,写出正确结果.

(1)$A \cup B = A\bar{B} \cup B$;　　　　　(2)$A = AB \cup A\bar{B}$;

(3)$(A-B) \cup B = A$;　　　　　(4)$(A \cup B) - B = A$;

(5)$A - B = A\bar{B}$;　　　　　(6)$(AB)(A\bar{B}) = \varnothing$.

6.设某试验的样本空间为 $S = \{1,2,3,4,5,6,7,8,9\}$,事件 $A = \{3,4,5\}$,$B = \{4,5,6\}$,$C = \{6,7,8\}$,求 $A\bar{B}$,$\bar{A}+B$,$\overline{ABC}$,$\overline{A+B+C}$.

7.设某试验的样本空间为 $S = \{0 \leqslant x < 8\}$,事件 $A = \{x \mid 1 \leqslant x < 3\}$,$B = \{x \mid 0 \leqslant x \leqslant 3\}$,求 $A+B$,AB,$B-A$,$\bar{A}$.

8.在图书馆中随意地抽取一本书,事件 A 表示"数学书",B 表示"中文版的书",C 表示"平装书".

(1)说明事件 $AB\bar{C}$ 的实际意义.

(2)说明 $\bar{C} \subset B$ 的含义.

(3)$\bar{A} = B$ 是否意味着图书馆中所有数学书都不是中文版的?

第二节　概　率

随机事件在一次试验中,可能发生也可能不发生,但我们总是希望知道随机事件在一次试验中发生的可能性,并且希望可以找到一个数值来表示这个可能性的大小.例如,生产某种手机芯片,我们关注它的"良品率"是多少;对于两家生物制药公司分别研制的抗癌药物,我们关注哪家的"有效性"更高.对于一个试验,我们不仅要知道它可能出现的结果,还要研究各种结果发生的可能性的大小,从而揭示其内在的统计规律性,为此,我们首先引入频率,它描述了事件发生的频繁程度,进而引出表征事件在一次试验中发生的可能性大小的数——概率.

一、事件的频率

定义 1.2.1　在 n 次重复试验中,若事件 A 发生了 n_A 次,则称 n_A 为事件 A 发生的频数,称 $\frac{n_A}{n}$ 为事件 A 发生的频率,记为 $f_n(A)$,即 $f_n(A) = \frac{n_A}{n}$.

频率具有以下性质:

(1)非负性:对于任意事件,都有 $0 \leqslant f_n(A) \leqslant 1$;

(2)规范性:$f_n(S) = 1, f_n(\varnothing) = 0$;

(3)可加性:若 $A_1, A_2, \cdots, A_n$ 是互不相容的事件,则

$$f_n(A_1 \bigcup A_2 \bigcup \cdots \bigcup A_n) = f_n(A_1) + f_n(A_2) + \cdots + f_n(A_n).$$

由于频率的大小反映了事件 A 发生的频繁程度,频率越大,事件 A 发生得越频繁,则事件 A 在试验中发生的可能性就越大.例如表 1.1 的掷硬币试验,其中事件 A 表示出现正面.从表中可以看出,频率 $f_n(A)$ 在一定程度上反映出现硬币正面的可能性大小.然而频率 $f_n(A)$ 依赖于试验次数以及每次试验的结果,由于实验结果具有随机性,所以频率也具有随机性.当试验次数 n 增大时,频率的波动幅度随之减小,随着 n 逐渐增大,频率 $f_n(A)$ 也就逐渐稳定于某个常数,比如硬币出现正面的频率逐渐稳定于 0.5.因此可以用频率的稳定值定量地来描述随机事件发生的可能性大小.

表 1-1　掷硬币试验

试验者	投掷次数 n	出现正面次数 n_A	出现正面的频率 $f_n(A)$
摩　根	2048	1061	0.5181
蒲　丰	4040	2048	0.5069
皮尔逊	12000	6019	0.5016
皮尔逊	24000	12012	0.5005
维　尼	30000	14994	0.4998

二、概率

(一)概率的统计定义

一般地,当随机试验 E 的重复次数 n 充分大时,事件 A 发生的频率 $f_n(A)$ 稳定在一个确定的常数 p 附近,称此常数 p 为事件 A 发生的概率,记作 $P(A) = p$.

由定义,显然有 $0 \leqslant P(A) \leqslant 1, P(S) = 1$.

设事件 A, B 互不相容,则 $P(A \bigcup B) = P(A) + P(B)$.

(二)概率的公理化定义

如上所述,虽然我们用频率稳定值来定义概率,但在实际问题中,是不可能做大量的重复

试验,而且也无法检验频率的稳定值.为了理论研究的需要,我们将从频率的稳定性以及性质出发,便得到了概率的公理化定义.

定义 1.2.2 设随机试验 E 的样本空间为 S,且对 S 中任一事件 A 都赋予一个实数 $P(A)$,如果 $P(A)$ 满足下面三个公理.

(1)**非负性**:对任意事件 A,有 $0 \leqslant P(A) \leqslant 1$;

(2)**规范性**:$P(S)=1,P(\varnothing)=0$;

(3)**可列可加性**:对任意可列个两两互斥的事件 $A_1,A_2,\cdots$ 有 $P(\bigcup\limits_{i=1}^{n} A_i) = \sum\limits_{i=1}^{n} P(A_i)$.

则称 $P(A)$ 为事件 A 的概率.

(三)概率的基本性质

性质 1 $P(\varnothing)=0$.

性质 2 (有限可加性) 设 $A_1,A_2,\cdots,A_n$ 为 n 个互斥事件,则有 $P(\bigcup\limits_{i=1}^{n} A_i) = \sum\limits_{i=1}^{n} P(A_i)$.

性质 3 (减法公式) 对任意事件 A 与 B,有 $P(A-B)=P(A\overline{B})=P(A)-P(AB)$.

推论 若事件 $B \subset A$,则有 $P(A-B)=P(A)-P(B)$,且 $P(A) \geqslant P(B)$.

性质 4 对任意事件 A,有 $P(\overline{A})=1-P(A)$.

性质 5 (加法公式) 对任意两个事件 A 与 B,有 $P(A \bigcup B)=P(A)+P(B)-P(AB)$,此性质也称为概率的广义可加性,可以推广到多个事件的情况.例如对于任意三个事件 A,B,C 有

$$P(A \bigcup B \bigcup C) = P(A)+P(B)+P(C)-P(AB)-P(BC)-P(AC)+P(ABC)$$

例 1.2.1 已知两事件分别为 $A,B,A \subset B,P(A)=0.3,P(B)=0.6$.求:

(1)$P(\overline{A})$;(2)$P(\overline{B})$;(3)$P(AB)$;(4)$P(A \bigcup B)$;(5)$P(A-B)$;(6)$P(B\overline{A})$.

解 (1)$P(\overline{A})=1-P(A)=1-0.3=0.7$.

(2)$P(\overline{B})=1-P(B)=1-0.6=0.4$.

(3)$P(AB)=P(A)=0.3$.

(4)$P(A \bigcup B)=P(A)+P(B)-P(AB)=0.3+0.6-0.3=0.6$.

(5)$P(A-B)=P(A)-P(AB)=0.3-0.3=0$.

(6)$P(B\overline{A})=P(B(S-A))=P(B)-P(AB)=0.6-0.3=0.3$.

例 1.2.2 设 $P(A)=0.4,P(B)=0.25,P(A-B)=0.25$.求:

(1)$P(AB)$;(2)$P(A \bigcup B)$;(3)$P(B-A)$;(4)$P(\overline{AB})$;(5)$P(\overline{A}\,\overline{B})$.

解 (1)$P(AB)=P(A)-P(A-B)=0.4-0.25=0.15$.

(2)$P(A \bigcup B)=P(A)+P(B)-P(AB)=0.4+0.25-0.15=0.5$.

(3)$P(B-A)=P(B)-P(AB)=0.25-0.15=0.1$.

(4)$P(\overline{AB})=1-P(AB)=1-0.15=0.85$.

(5)$P(\overline{A}\,\overline{B})=P(\overline{A \bigcup B})=1-P(A \bigcup B)=1-0.5=0.5$.

例 1.2.3 某市发行晨报和晚报两种类型的报纸,已知订阅晨报的市民有 45%,订阅晚报的市民有 35%,同时订阅晨报和晚报的有 15%,求下列事件的概率:

(1)只订阅晨报;

(2)至少订阅一种报纸;

（3）恰好订阅一种报纸；

（4）至多订阅一种报纸.

解 订阅晨报事件记作 A，订阅晚报事件记作 B，由题意知

$$P(A)=0.45, P(B)=0.35, P(AB)=0.15,$$

（1）$P(A\bar{B})=P(A)-P(A\bar{B})=0.45-0.15=0.3.$

（2）$P(A\cup B)=P(A)+P(B)-P(AB)=0.45+0.35-0.15=0.65.$

（3）$P(A\bar{B}\cup \bar{A}B)=P(A\bar{B})+P(\bar{A}B)=P(A)-P(AB)+P(B)-P(AB)$
$$=0.45-0.15+0.35-0.15=0.5.$$

（4）$P(\overline{AB})=1-P(AB)=1-0.15=0.85.$

同步习题 1.2

1.已知 $P(A)=0.4, P(\bar{A}B)=0.2, P(\overline{ABC})=0.1$，求 $P(A\cup B\cup C)$.

2.设随机事件 A,B 互不相容.已知 $P(A)=p, P(B)=q$，求：$P(A\cup B)$，$P(\bar{A}\cup B)$，$P(\bar{A}B)$，$P(A\bar{B})$，$P(\overline{A\bar{B}})$.

3.A,B 是两个事件，已知 $P(B)=0.3, P(A\cup B)=0.6$，求 $P(A\bar{B})$.

4.设事件 A,B 的概率分别为 $\frac{1}{3}$ 和 $\frac{1}{2}$，求在下列 3 种情况下 $P(B\bar{A})$ 的值：

（1）A 与 B 互不相容；

（2）$A\subset B$；

（3）$P(AB)=\frac{1}{8}$.

5.设 A,B 是两个事件，且 $P(A)=0.6, P(B)=0.7$，问：
（1）在什么条件下 $P(AB)$ 达到最大值，最大值是多少？
（2）在什么条件下 $P(AB)$ 达到最小值，最小值是多少？

6.设 A,B 为随机事件，证明：$P(A)=P(B)$ 的充分必要条件为 $P(A\bar{B})=P(B\bar{A})$.

7.设 A,B 为互不相容的随机事件，求 $P(\bar{A}\cup \bar{B})$.

第三节 古典概率

一、古典概型

古典概型是用于研究最简单,最常见的随机试验的,是概率论发展初期最主要的研究对象.

定义 1.3.1 （古典概型定义） 如果一个随机试验 E 具有以下特点：

（1）试验的全部可能结果是有限个,即样本空间的样本点数是有限的；

（2）在每次试验中,每个样本点即每个基本事件出现的可能性相同.

称该试验为古典概型,也称为等可能概型.实际生活中,满足古典概型的随机试验是大量存在的,其试验的全部可能结果是有限的,且每个基本事件发生的概率是相等的.

二、古典概率计算原理

定理 1.3.1 在古典概型中,样本空间 S 中有 n 个样本点,随机事件 A 中有 n_A 个样本点,

则事件 A 发生的概率为 $P(A) = \dfrac{\text{事件包含的样本点数}}{\text{样本空间中样本点数}} = \dfrac{n_A}{n}.$

根据定理 1.3.1,对古典概率的计算可以转化为对样本点的计数问题,解决该问题通常可以借助排列与组合公式以及加法和乘法原理.

(1)**排列公式**:从 n 个不同元素中任取 $k(1 \leqslant k \leqslant n)$ 个元素的不同排列总数为

$$A_n^k = n(n-1)\cdots(n-k+1) = \frac{n!}{(n-k)!}.$$

(2)**组合公式**:从 n 个不同元素中任取 $k(1 \leqslant k \leqslant n)$ 个元素的不同组合总数为

$$C_n^k = C_n^k = \frac{n(n-1)\cdots(n-k+1)}{k!} = \frac{n!}{(n-k)!\ k!}.$$

(3)**加法原理**:设完成一件事情有 m 种方式,其中第一种方式有 n_1 种方法,第二种方式有 n_2 种方法,$\cdots$,第 m 种方式有 n_m 种方法,无论通过哪种方法都可以完成这件事,则完成这件事的方法总数为 $n_1 + n_2 + \cdots + n_m.$

(4)**乘法原理**:设完成一件事情有 m 个步骤,其中第一个步骤有 n_1 种方法,第二个步骤有 n_2 种方法,$\cdots$,第 m 个步骤有 n_m 种方法,完成这件事必须要完成每一个步骤,则完成这件事的方法总数为 $n_1 \times n_2 \times \cdots \times n_m.$

(一)随机抽样问题

例 1.3.1 一袋中有 3 个白球和 5 个红球,任取 2 个球,求下列事件的概率:

(1)取到的 2 个球都是白球;

(2)取到 1 个红球和 1 个白球;

(3)取到的 2 个球中至少有 1 个是红球.

解 将(1),(2),(3)的事件分别记为 A,B,C.

(1)样本 S 中的样本点总数为 C_8^2,事件 A 要求取到的 2 个球都是白球,显然是从 3 个白球中取 2 个,所以 A 中的样本点数为 C_3^2,于是 $P(A) = \dfrac{C_3^2}{C_8^2} = \dfrac{3}{28}.$

(2)事件 B 要求取到 1 个红 1 个白,显然是从 5 个红球中取 1 个红球,从 3 个白球中取 1 个白球,所以 B 中的样本点数为 $C_3^1 C_5^1$,于是 $P(B) = \dfrac{C_3^1 C_5^1}{C_8^2} = \dfrac{15}{28}.$

(3)事件 C 要求"取到 2 个球中至少 1 个是红球",其对立事件为"取到的两个球都是白球",所以 $P(C) = 1 - P(A) = 1 - \dfrac{3}{28} = \dfrac{25}{28}.$

例 1.3.2 已知在 10 件产品中,有 4 件次品,6 件正品,在其中取两次,每次任取 1 件,求下列事件的概率:

(1)在有放回的情形下,2 件都是正品;

(2)在不放回的情况下,第二次才取到次品;

(3)在不放回的情形下,1 件是正品,1 件是次品.

解 将(1),(2),(3)的事件分别记为 A,B,C.

(1)由于是有放回的情形,因此每次都是从 10 件产品中任取 1 件,连续取 2 次,所以 S 中的样本点数 $n = C_{10}^1 C_{10}^1 = 100$,再求事件 A 中的样本点数,由于依次取得的 2 件产品都是正品,所以 A 是每次从 7 件正品中任取 1 件,连续取 2 次,则 A 中的样本点数为 $n_A = C_6^1 C_6^1$. 所以

$$P(A) = \frac{C_6^1 C_6^1}{C_{10}^1 C_{10}^1} = \frac{36}{100} = \frac{9}{25}.$$

(2)由于是不放回的情形,每次取 1 件产品,连续取 2 次.则第 1 次是从 10 个中取 1 个,有 C_{10}^1 种情况;第二次是从 9 个中取 1 个,有 C_9^1 种情况,所以样本 S 中的样本点总数为 $n = C_{10}^1 C_9^1$. 由于事件 B 是第二次才取到次品,因此,第一次是从 6 件正品中取 1 个,有 C_6^1 种情况;第二次是从 4 件次品中取 1 个,有 C_4^1 种情况,所以事件 B 中的样本点数为 $n_A = C_6^1 C_4^1$. 所以 $P(B) = \frac{24}{90} = \frac{4}{15}$.

(3)由于是不放回情况,事件 C 是一件为正品,一件为次品,则分为两种情形.第一种是第一次取正品,第二次才取次品,则有 $n_1 = C_6^1 C_4^1 = 6 \times 4 = 24$ 种可能的情况;第二种是第一次取次品,第二次取正品 $n_2 = C_4^1 C_6^1 = 4 \times 6 = 24$ 种可能的情况,则事件 C 中的样本点数为 $n_C = n_1 + n_2 = 48$. 所以 $P(C) = \frac{48}{90} = \frac{8}{15}$.

(二)排列问题

例 1.3.3　将 3 个人随机地分到编号为 1 至 4 的四间房子中.假设每个人分到任何一间房子的可能性相同,且每间房子的容量不限,计算下列事件的概率:

(1)A = 第一间房子是空房;

(2)B = 每间房子最多只能分 1 人;

(3)C = 3 个人全在一间房子里.

解　先求样本空间所包含的样本点总数.把 3 个人任意分到 4 间房子中的一个,每个人有 4 种选择,则 3 个人共有 4^3 种选择,则样本空间的样本点总数为 $n = 4^3$.

(1)对于事件 A,由于要求第一间房子是空房,则只能将 3 个人分到编号为 2 至 4 的 3 间房子中,每个人有 3 种选择情况,3 人共有 3^3 种可能,所以 $P(A) = \frac{3^3}{4^3} = \frac{27}{64}$.

(2)对于事件 B,由于每间房子最多只能分 1 人,则第一个人分房有 4 种可能情况,第二个人分房有 3 种可能情况,第三个人分房有 2 种可能情况,3 人共有 $4 \times 3 \times 2$ 种可能.因此,$P(B) = \frac{4 \times 3 \times 2}{4^3} = \frac{3}{8}$.

(3)对于事件 C,要求 3 个人全在一间房子里,可以把 3 个人捆绑看作为整体任意分到 4 间房子中的任一间,共有 4 种可能.$P(C) = \frac{4}{4^3} = \frac{1}{16}$.

同步习题 1.3

1.在书架上任意放上 20 本不同的书,求其中指定的 2 本放在首尾的概率.

2.设有 N 件产品,其中有 M 件次品,今从中任取 n 件,问其中恰有 $m(m \leqslant M)$ 件次品的概率是多少?

3.把 20 个球队平均分成 2 组进行比赛,求最强的 2 队分在不同组内的概率.

4.从 5 双不同鞋号的鞋子中任选 4 只,4 只鞋子中至少有 2 只配成一双的概率是多少?

5.一辆飞机场的交通车载有 25 名乘客,途经 9 个站,每位乘客都等可能地在 9 个站中任意一站下车,交通车只在有乘客下车时才停车,求下列事件的概率:

(1)交通车在第 i 站停车;

(2)交通车在第 i 站和第 j 站至少有一站停车;

(3)交通车在第 i 站和第 j 站均停车;

(4)在第 i 站有 3 人下车.

6.袋中装有 5 个白球,3 个黑球,从中一次任取 2 个.

(1)求取到的 2 个球颜色不同的概率;

(2)求取到的 2 个球中有黑球的概率.

7.10 把钥匙中有 4 把能打开门,今任取 2 把,求能打开门的概率.

8.将 2 封信随机地投入 4 个邮筒,求前两个邮筒内没有信的概率及第一个邮筒内只有 1 封信的概率.

9.袋中有红、黄、黑色球各 1 个,有放回地抽取 3 次,求下列事件的概率:

$A=\{3$ 次都是红球$\}$,$B=\{3$ 次未抽到黑球$\}$,$C=\{$颜色全不相同$\}$,$C=\{$颜色不全相同$\}$.

第四节　条件概率

一、条件概率

世界万物都是互相联系、互相影响的,随机事件也不例外.在同一个试验中的不同事件之间,通常会存在一定程度的相互影响.例如,在天气状况恶劣的情况下交通事故发生的可能性明显比天气状况优良情况下要大得多.一般地,我们把在一个事件 A 已发生的前提条件下事件 B 发生的概率,称为事件 B 的条件概率,记为 $P(B|A)$.那么条件概率和无条件概率有什么关系吗?条件概率又该如何计算呢?我们先来看这样一个例子.

例 1.4.1 在 100 件产品中有 72 件为一等品,从中取 2 件产品,用 A 表示"第一件为一等品",用 B 表示"第二件为一等品".在放回抽样和不放回抽样的情况下分别计算 $P(B)$ 和 $P(B|A)$.

解 无论是放回抽样还是不放回抽样,都有 $P(B)=\dfrac{72}{100}$.

(1)在放回抽样情况下,第一次取到一等品后放回,因此仍有 100 件产品,且 72 件为一等品,所以 $P(B|A)=\dfrac{72}{100}$.

(2)在不放回抽样情况下,由于第一次取到一等品,因此剩下 99 件产品,其中 71 件为一等品,因此 $P(B|A)=\dfrac{71}{99}$.

从计算结果可以看出,在放回抽样情况下,第一次抽取结果对第二次没有任何影响,即 $P(B|A)=P(B)$,这种情况就是我们将在 1.5 节介绍的事件的独立性;而在不放回抽样情况下,第一次抽取结果对第二次有影响,因而 $P(B|A)\neq P(B)$,这就要用到条件概率的概念.

定义 1.4.1 设 A,B 是两个事件,且 $P(B)>0$,称 $P(A|B)=\dfrac{P(AB)}{P(B)}$ 为事件 B 发生的条件下事件 A 发生的概率.

条件概率也满足概率公理化定义中的三个公理,即

(1)非负性:$0 \leqslant P(A|B) \leqslant 1$.

(2)规范性:$P(S|B) = 1, P(\varnothing|B) = 0$.

(3)可列可加性:若可列个事件 $A_1, A_2, \cdots$ 两两互斥,则 $P(\bigcup\limits_{i=1}^{+\infty} A_i \mid B) = \sum\limits_{i=1}^{\infty} P(A_i \mid B)$.

此定义也给出了条件概率的计算方法,但也需要注意以下两点:

(1)$P(B|A) \neq P(B)$.

(2)$P(B|A) \neq P(A|B)$.

计算条件概率有以下两种方法:

(1)对于古典概型,首先根据事件 A 对样本空间进行压缩,然后在压缩的样本空间中求事件 B 的概率.

(2)对于一般的问题,首先在样本空间 S 中求出 $P(AB)$ 和 $P(A)$,然后根据条件概率公式计算 $P(B|A)$.

例 1.4.2　有某品牌手机 100 部,其中 98 部续航时间合格,95 部待机时间合格,92 部续航时间和待机时间都合格.从中任取一部手机,已知该手机续航时间合格,求其待机时间也合格的概率.

解　设 A 表示"续航时间合格",B 表示"待机时间合格".

由题意,所求为在续航时间合格的条件下待机时间合格的概率,由于 100 部手机中有 98 部续航时间合格,其中 92 部待机时间也合格,通过缩减样本空间,有 $P(B|A) = \dfrac{92}{98}$.

二、乘法公式

定理 1.4.1(乘法公式)　根据条件概率公式 $P(B|A) = \dfrac{P(AB)}{P(A)}$ 或 $P(A|B) = \dfrac{P(AB)}{P(B)}$ 可以推导出 $P(B|A)$ 与 $P(AB)$ 和 $P(A)$ 三个量之间的关系或 $P(A|B)$ 与 $P(AB)$ 和 $P(B)$ 三个量之间的关系.即对于任意的事件 A,B 有

(1)若 $P(A) > 0$,则 $P(AB) = P(B|A)P(A)$.

(2)若 $P(B) > 0$,则 $P(AB) = P(A|B)P(B)$.

上面两个等式都称为概率乘法公式.

同样,乘法公式也可以推广到有限多个事件的情形,设 $A_i(i=1,2\cdots,n)$ 满足 $P(A_i) > 0$ 则

$$P(A_1, A_2, \cdots, A_n) = P(A_1)P(A_2|A_1)P(A_3|A_1A_2)\cdots P(A_n|A_1A_2\cdots A_{n-1}).$$

例 1.4.3　已知某种电子产品的合格率是 0.98,而合格品中的一级品率是 0.75,求该电子产品是一级品的概率.

解　设 $A=$"合格的电子产品",$B=$"一级品的电子产品",因为一级电子产品必然是合格的,即 $B \subset A$,从而 $B=AB$,则 $P(B)=P(AB)$.

从题中可知道:$P(A)=0.98, P(B|A)=0.75$.

根据乘法公式可得到:$P(B)=P(AB)=P(A)P(B|A)=0.98 \times 0.75=0.735$.

例 1.4.4　袋中有 4 只红球和 6 只白球.从中任取 1 只球随即放回袋中,并同时放进与取出的球同色的球 2 个,再做第二次抽取,如此重复 3 次.求取出的 3 只球中前 2 只是白球而最后 1 只是红球的概率.

解 设 A_i＝"第 i 次取到白球"，$i＝1,2,3$，由于袋中只有红球和白球两种，则前 2 只是白球而最后 1 只是红球的事件则可以表示为 $A_1 A_2 \overline{A_3}$．

由乘法公式可以表示为 $P(A_1 A_2 \overline{A_3})＝P(A_1)P(A_2|A_1)P(\overline{A_3}|A_1 A_2)$

$$＝\frac{6}{4+6}\times\frac{6+2}{4+6+2}\times\frac{4}{4+6+2\times2}$$

$$＝\frac{3}{5}\times\frac{2}{3}\times\frac{2}{7}＝\frac{4}{35}.$$

三、全概率公式

定义 1.4.2 设 S 为试验 E 的样本空间，$B_1,B_2,\cdots,B_n$ 为 E 的一组事件，若

(1) $B_i B_j＝\varnothing$，$i\neq j$，$i,j＝1,2,\cdots,n$；

(2) $B_1 \bigcup B_2 \bigcup \cdots \bigcup B_n＝S$．

则称 $B_1,B_2,\cdots,B_n$ 为样本空间 S 的一个划分（或完备事件组）．

例 1.4.5 某企业有 3 个车间生产同一型号的产品，其中甲车间的产量占 20%，乙车间的产量占 70%，丙车间的产量占 10%，根据以往的统计，3 个车间的次品率分别为 $2\%,1\%,3\%$，问：从该企业的产品中任取一件是次品的概率是多少？

解 由题意可知，"取到次品"包含 3 种情形：甲车间的次品，乙车间的次品，丙车间的次品，因此，若用 A 表示"产品为次品"，B_1,B_2,B_3 分别表示"产品来自甲、乙、丙车间"，则"取到次品"可以表示为

$$A＝AB_1 \bigcup AB_2 \bigcup AB_3.$$

因为 AB_1,AB_2,AB_3 两两互不相容，由加法公式可得

$$P(A)＝P(AB_1)+P(AB_2)+P(AB_3),$$

再由乘法公式可得

$$P(A)＝P(A|B_1)P(B_1)+P(A|B_2)P(B_2)+P(A|B_3)P(B_3).$$

上述分析的实质是将一个复杂事件分解为几个简单事件，然后将概率的加法公式和乘法公式结合起来，这就产生了概率论中一个重要的公式——全概率公式，其中 B_1,B_2,B_3 正是样本空间的一个划分．

定理 1.4.2（全概率公式） 设试验 E 的样本空间为 S，A 为 E 的事件，$B_1,B_2,\cdots,B_n$ 为样本空间 S 的一个划分，且 $P(B_i)>0(i＝1,2,\cdots,n)$，则

$$P(A)＝P(A|B_1)P(B_1)+P(A|B_2)P(B_2)+\cdots+P(A|B_n)P(B_n).$$

上述公式称为**全概率公式**．全概率公式的主要用处，它可以将一个复杂事件的概率计算问题，分解为若干个简单事件的概率计算问题，最后应用概率的可加性求出最终结果．

四、贝叶斯公式

利用全概率公式，可通过综合分析一事件发生的不同原因或情况及其可能性来求得该事件发生的概率，下面给出的贝叶斯公式则考虑与之完全相反的问题，即一事件已经发生，要考察引发该事件发生的各种原因或情况的可能性大小．

定理 1.4.3（贝叶斯公式） 设 $A_1,A_2,\cdots,A_n,\cdots$ 是一完备事件组，则对任一事件 B，$P(B)>0$，有

$$P(A_i \mid B) = \frac{P(A_iB)}{P(B)} = \frac{P(A_i)P(B \mid A_i)}{\sum_j P(A_j)P(B \mid A_j)}, i = 1, 2, \cdots$$

上述公式称为**贝叶斯公式**.

由条件概率的定义及全概率公式即可得证.

例 1.4.6　有三个罐子:1 号罐子装有 3 个球,包含 2 个红球和 1 个黑球;2 号罐子装有 4 个球,包含 3 个红球和 1 个黑球;3 号罐子装有 4 个球,包含 2 个红球和 2 个黑球.某人从中随机取一罐,再从中任意取出一球,若取出的是红球,试求该红球是从 1 号罐中取出的概率.

解　记 $A_i = \{$球取自 i 号罐$\}$,$i = 1, 2, 3$;$B = \{$取得红球$\}$,则根据题意,即要求 $P(A_i \mid B)$ 的值.

首先根据题意可得

$$P(B \mid A_1) = 2/3, \quad P(B \mid A_2) = 3/4, \quad P(B \mid A_3) = 1/2,$$
$$P(A_1) = P(A_2) = P(A_3) = 1/3.$$

由全概率公式可得

$$\begin{aligned}
P(B) &= \sum_{i=1}^{3} P(A_i)P(B \mid A_i) \\
&= P(A_1)P(B \mid A_1) + P(A_2)P(B \mid A_2) + P(A_3)P(B \mid A_3) \approx 0.639.
\end{aligned}$$

则

$$\begin{aligned}
P(A_i \mid B) &= \frac{P(B \mid A_1)P(A_1)}{P(A_1)P(B \mid A_1) + P(A_2)P(B \mid A_2) + P(A_3)P(B \mid A_3)} \\
&= \frac{P(B \mid A_1)P(A_1)}{P(A)} \approx 0.348.
\end{aligned}$$

在贝叶斯公式中,$P(A_i)$ 和 $P(A_i \mid B)$ 分别称为原因的先验概率和后验概率.其中 $P(A_i)(i = 1, 2, \cdots)$ 是在没有进一步信息(不知道事件 B 是否发生)的情况下诸事发生的概率.在获得新的信息(知道事件 B 发生)后,人们对诸事发生的概率 $P(A_i \mid B)$ 就有了新的估计,贝叶斯公式从数量上刻画了这种变化.

例 1.4.6　某公司有甲、乙、丙三位秘书,让他们把公司文件的 45%,40%,15% 进行归档,根据以往经验,他们工作中出现错误的概率分别为 0.01,0.02,0.05.现发现有一份文件归错档,试问该错误最有可能是谁犯的?

解　设事件 $A_i = \{$文件由第 i 位秘书归档$\}$,$i = 1, 2, 3$,$B = \{$文件归错档$\}$,依题意,有

$$P(A_1) = 0.45, \quad P(A_2) = 0.4, \quad P(A_3) = 0.15;$$
$$P(B \mid A_1) = 0.01, \quad P(B \mid A_2) = 0.02, \quad P(B \mid A_3) = 0.05.$$

根据全概率公式有

$$\begin{aligned}
P(B) &= \sum_{i=1}^{3} P(A_i)P(B \mid A_i) \\
&= P(A_1)P(B \mid A_1) + P(A_2)P(B \mid A_2) + P(A_3)P(B \mid A_3) \\
&= 0.01 \times 0.45 + 0.02 \times 0.4 + 0.05 \times 0.15 = 0.02.
\end{aligned}$$

现有一份文件归错档,即说明事件 B 发生,根据贝叶斯公式,甲、乙、丙犯错的(后验)概率分别为

$$\text{甲:}P(A_1\mid B)=\frac{P(A_1B)}{P(B)}=\frac{P(B\mid A_1)P(A_1)}{\sum\limits_{i=1}^{3}P(A_i)P(B\mid A_i)}=\frac{0.01\times0.45}{0.02}=0.225;$$

$$\text{乙:}P(A_2\mid B)=\frac{P(A_1B)}{P(B)}=\frac{P(B\mid A_2)P(A_2)}{\sum\limits_{i=1}^{3}P(A_2)P(B\mid A_2)}=\frac{0.02\times0.4}{0.02}=0.4;$$

$$\text{丙:}P(A_3\mid B)=\frac{P(A_3B)}{P(B)}=\frac{P(B\mid A_3)P(A_3)}{\sum\limits_{i=1}^{3}P(A_3)P(B\mid A_3)}=\frac{0.05\times0.15}{0.02}=0.375;$$

从以上的数据分析可见,这份文件由乙归错档的可能性最大.

从医生给病人看病这个例子我们来解释一下先验概率和后验概率.若 $A_1,A_2,\cdots,A_n$ 是病人可能患的不同种类的疾病,在看病前先诊断与这些疾病相关的指标(如血压、体温等),若病人的某些指标偏离正常值(即事件 B 发生),问该病人患什么病.从概率论的角度看,若 $P(A_i\mid B)$,则病人患 A_i 病的可能性也较大.

利用贝叶斯公式就可以计算.人们通常喜欢找老医生看病,主要是因为老医生经验丰富,过去的经验能帮助医生作出较为准确的诊断,就能更好地为病人治病,而经验越丰富,先验概率就越高,贝叶斯公式正是利用了先验概率.也正因为如此,此类方法受到人们的普遍重视,并被称为"贝叶斯方法".

同步习题1.4

1.一批产品100件,有80件正品,20件次品,其中甲厂生产的为60件,有50件正品,10件次品,余下的40件均由乙厂生产.现从该批产品中任取1件,记 $A=\{$正品$\}$,$B=\{$甲厂生产的产品$\}$,求 $P(A),P(B),P(AB),P(B\mid A),P(A\mid B)$.

2.假设一批产品中一、二、三等品各占60%,30%,10%,从中任取1件,结果不是三等品,求取到的是二等品的概率.

3.已知 $P(A)=\dfrac{1}{4}$,$P(B\mid A)=\dfrac{1}{3}$,$P(A\mid B)=\dfrac{1}{2}$,求 $P(A\cup B)$.

4.设事件 A,B 为随机事件,$P(A)=0.7$,$P(B)=0.5$,$P(A-B)=0.3$,求:$P(AB)$,$P(B-A)$,$P(\overline{B}\mid\overline{A})$.

5.设事件 A 与 B 互斥,且 $0<P(B)<1$,试证明:$P(A\mid\overline{B})=\dfrac{P(A)}{1-P(B)}$.

6.甲、乙两选手进行羽毛球比赛.甲先发球,甲发球成功后,乙回球失误的概率为0.3;若乙回球成功,甲回球失误的概率为0.4;若甲回球成功,乙再次回球失误的概率为0.5.试计算这几个回合中乙输掉1分的概率.

7.某仓库有同样规格的产品六箱,其中三箱是甲厂生产的,两箱是乙厂生产的,另一箱是丙厂生产的,且它们的次品率依次为 $\dfrac{1}{10},\dfrac{1}{15},\dfrac{1}{20}$.现从中任取一件产品,试求取得的一件产品是正品的概率.

8.设三箱同类型产品各由三家工厂生产,已知第一家、第二家工厂产品的废品率均为2%,第三家工厂产品的废品率为4%,现任取一箱,从该箱中任取一件产品,求:(1)试求所取产品为废品的概率;(2)若取到的该件产品是废品,求它是由第一个厂家生产的概率.

第五节 事件的独立性与伯努利概型

一般来说,当 $P(A)>0$ 时,$P(AB)\neq P(B)$,这表明事件 A 的发生,影响了事件 B 发生的概率.但是在有些情况下,$P(B|A)=P(B)$,如例 1.4.3 提到的放回抽样问题:用 A 表示"第一件为一等品",B 表示"第二件为一等品",由于抽取后放回,显然事件 A 的发生对 B 的发生不产生任何影响,或不提供任何信息,也即事件 A 与 B 是"无关"的.在这种情况下由乘法公式简化可以得到:$P(AB)=P(B|A)P(A)=P(A)P(B)$.从概率上讲,这就是事件 A,B 相互独立.

一、两个事件的独立性

定义 1.5.1 设 A,B 是两事件,如果满足等式 $P(AB)=P(A)P(B)$,则称事件 A,B 相互独立,简称 A,B 独立.

注:事件 A 与事件 B 相互独立,是指事件 A 发生的概率与事件 B 发生的概率互不影响;反之,若事件 A 发生的概率与事件 B 发生的概率互不影响,则事件 A 与事件 B 相互独立.

定理 1.5.1 设 A,B 是两事件,若 A,B 相互独立,且 $P(B)>0$,则 $P(A|B)=P(A)$.反之亦然.

定理 1.5.2 设事件 A,B 相互独立,则事件 A 与 $\overline{B}$,$\overline{A}$ 与 B,$\overline{A}$ 与 $\overline{B}$ 也相互独立.

例 1.5.1 设 A,B 互不相容,若 $P(A)>0,P(B)>0$,问:A,B 是否相互独立.

解 假设 A,B 相互独立,则 $P(AB)=P(A)P(B)>0$.而 A,B 互不相容,所以 $P(AB)=0$,两个结果相互矛盾.因此 A,B 不相互独立.

例 1.5.2 某公司生产洗衣机和烘干机,已知该公司生产的洗衣机中有 30% 在保修期内需要服务,而该公司生产的烘干机中只有 10% 在保修期内需要保修服务.如果有人同时购买了该公司生产的洗衣机和烘干机,问:在保修期内这两台机器都需要保修服务的可能性有多大? 这两台机器都不需要保修服务的可能性有多大?

通常,这两台机器相互独立工作,即 A 和 B 是相互独立,且 $\overline{A}$ 与 $\overline{B}$ 也是相互独立的,则两台机器都需要保修服务的概率为

$$P(AB)=P(A)P(B)=0.3\times 0.1=0.03,$$

两台机器都不需要保修服务的概率为

$$P(\overline{A}\,\overline{B})=P(\overline{A})P(\overline{B})=0.7\times 0.9=0.63.$$

二、有限个事件的独立性

定义 1.5.2 设 $A_1,A_2,\cdots,A_n$ 是 $n(n\geq 2)$ 个事件,如果对于其中任意 $k(1<k\leq n)$ 个事件,这 k 个事件的积事件的概率等于各事件概率之积,则称事件 $A_1,A_2,\cdots,A_n$ 相互独立.

特别地,设 A,B,C 是 3 个事件,如果 A,B,C 满足

$$P(AB)=P(A)P(B),\quad P(BC)=P(B)P(C),\quad P(AC)=P(A)P(C)$$
$$P(ABC)=P(A)P(B)P(C),$$

则称事件 A,B,C 相互独立.

注:(1)$n(n\geq 3)$ 个事件相互独立,则其中任意两个事件相互独立,即两两独立;反之不成立.

(2)若事件 $A_1,A_2,\cdots,A_n,n(n\geq 2)$ 相互独立,则其中任意 $k(2\leq k\leq n)$ 个事件也相互独立.

(3)若 n 个事件 $A_1,A_2,\cdots,A_n,n(n\geqslant2)$ 相互独立,则将 $A_1,A_2,\cdots,A_n$ 中任意多个事件换成它们各自的对立事件,所得的 n 个事件也相互独立.

例 1.5.3 假设某新型高分子材料由甲、乙、丙 3 个团队各自独立研发,若甲团队研发的成功率为 0.4,乙团队研发的成功率为 0.3,丙团队研发的成功率为 0.2,求该新型高分子材料研发成功的概率.

解 设 A_1 表示"甲团队研发成功",A_2 表示"乙团队研发成功",A_3 表示"丙团队研发成功",则"该新型高分子材料研发成功"可表示为 $B=A_1\bigcup A_2\bigcup A_3$,由事件的独立性和概率运算性质有

$$P(B)=P(A_1\bigcup A_2\bigcup A_3)=1-P(\overline{A_1\bigcup A_2\bigcup A_3})$$
$$=1-P(\overline{A_1A_2A_3})=1-P(\overline{A_1})P(\overline{A_2})P(\overline{A_3})$$
$$=1-0.6\times0.7\times0.8=0.664$$

例 1.5.4 常言道"三个臭皮匠,赛过一个诸葛亮",请运用事件独立性分组阐述其蕴含的哲理.

A 组:如果某问题诸葛亮能解出的把握有 80%,臭皮匠老大的把握有 50%,老二的把握只有 45%,老三解出的把握只有 40%,那么三个臭皮匠能胜过诸葛亮吗?

B 组:如果某问题诸葛亮能解出的把握有 80%,臭皮匠老大的把握有 40%,老二的把握有 40%,老三的把握只有 30%,那么三个臭皮匠能胜过诸葛亮吗?

解 A 组:$P(A_1\bigcup A_2\bigcup A_3)=1-P(\overline{A_1})P(\overline{A_2})P(\overline{A_3})$
$$=1-0.5\times0.55\times0.6$$
$$=0.835>0.8.(臭皮匠团队胜出)$$

B 组:$P(B_1\bigcup B_2\bigcup B_3)=1-P(\overline{B_1})P(\overline{B_2})P(\overline{B_3})$
$$=1-0.6\cdot0.6\cdot0.7$$
$$=0.748<0.8.(诸葛亮胜出)$$

三、伯努利概型

定义 1.5.3 如果一个随机试验所有可能的结果只有两个——A(成功)与 $\overline{A}$(失败),并且 $P(A)=p,P(\overline{A})=1-p=q$(其中 $0<p<1$),则称此类试验为伯努利试验.

由于随机现象往往通过大量的重复试验呈现出某一种规律性,所以人们研究最多的往往是 n 重伯努利试验.

定义 1.5.4 设 E 为一伯努利试验,将 E 在相同条件下独立重复进行 n 次,每次试验中事件 A 出现的概率保持不变,均为 $p(0<p<1)$.这 n 次独立重复试验构成一个 n 重伯努利试验,记作 E^n.

然而,对于 n 重伯努利试验,我们所关心的是事件 A 出现 $k(k=0,1,2,\cdots,n)$ 次的概率有多大,下面的定理给出了计算此概率的公式.

定理 1.5.3(二项概率公式) 在 n 重伯努利试验 E^n 中,设 A 在各次试验中发生的概率为 $p(0<p<1)$,记 $q=1-p$,则在 n 次试验中事件 A 恰好发生 k 次的概率为
$$P_n(k)=C_n^kp^kq^{n-k},k=0,1,2,\cdots,n.$$

例 1.5.5 设有 N 件产品,其中有 M 件次品,现进行 n 次有放回的抽样检查,问共抽得 k 件次品的概率是多少?

解 由于是抽样放回的,所以每次抽样产品成分是不发生变化,不产生相互影响的,因此这是 n 重伯努利试验,若以 A 记各次试验中出现次品这一事件,则 $P(A)=M/N$,由二项概率公式可得

$$P_n(k)=C_n^k\left(\frac{M}{N}\right)^k\left(1-\frac{M}{N}\right)^{n-k},k=0,1,2,\cdots,n.$$

例 1.5.6 某火炮对一目标进行 8 次独立射击,每次射击命中目标的概率为 0.6,若目标至少被击中两次才能被摧毁,求目标被摧毁的概率.

解 对同一目标进行 8 次独立射击,相当于 8 重伯努利试验,若以 A 记各次射击命中目标,则事件 A 的概率为 $P(A)=0.6$.设 C 事件表示"目标被摧毁",而 B_k 事件表示"第 i 次被摧毁".则 $C=\bigcup\limits_{k=2}^{8}B_k$,所以目标被摧毁的概率为

$$P(C)=P(\bigcup_{i=2}^{8}B_k)=1-P(B_0)-P(B_1)=1-C_8^0\times0.6^0\times0.4^8-C_8^1\times0.6^1\times0.4^7\approx0.9915.$$

同步习题 1.5

1.每次试验成功率为 $p(0<p<1)$,进行重复试验,求直到第 10 次试验才取得 4 次成功的概率.

2.设 A,B 为两事件,已知 $P(B)=\dfrac{1}{2}$,$P(A\cup B)=\dfrac{2}{3}$,若事件 A,B 相互独立,求 $P(A)$.

3.甲、乙两人射击,甲击中的概率为 0.8,乙击中的概率为 0.7,两人同时射击,并假定中靶与否是相互独立的.求:(1)两人都中靶的概率;(2)甲中乙不中的概率;(3)甲不中乙中的概率.

4.对某种药物的疗效进行研究,假定这药物对某种疾病的治愈率为 0.8,现在 10 个患此病的病人中同时服用此药,求其中至少有 6 个病人治愈的概率.

5.制造一种零件可采用两种工艺:第一种工艺有三道工序,每道工序的废品率分别为0.1,0.2,0.3;第二种工艺有两道工序,每道工序的废品率都是 0.3.如果用第一种工艺,在合格零件中,一级品率为 0.9;如果用第二种工艺,合格品中的一级品率只有 0.8.试问哪一种工艺能保证得到一级品的概率较大?

6.3 人独立地破译一个密码,他们能破译出的概率分别为 $\dfrac{1}{5}$,$\dfrac{1}{3}$,$\dfrac{1}{4}$,问能将此密码破译出的概率是多少?

7.一猎人用猎枪向一只野猪射击,第一枪距离野猪 200 m 远,如果未击中,他追到离野猪 150 m 远处进行第二次射击,如果仍未击中,他追到距离野猪 100 m 处再进行第三次射击,此时击中的概率为 $\dfrac{1}{2}$,如果这个猎人射击的命中率与他离野猪的距离的平方成反比,求猎人击中野猪的概率.

8.设 A,B,C 三个事件相互独立,证明:$A\cup B,AB$ 肯定与 C 相互独立.

9.随机地掷一颗骰子,连续 6 次,求:

(1)恰有一次出现"6 点"的概率;

(2)恰有两次出现"6 点"的概率;

(3)至少有一次出现"6 点"的概率.

10.设事件 A 在每一次试验中发生的概率为 0.3,当 A 发生不少于 3 次时,指示灯发出信号.

(1)进行了 5 次重复独立试验,求指示灯发出信号的概率;

(2)进行了 7 次重复独立试验,求指示灯发出信号的概率.

11.有两种花籽,发芽率分别为 0.8,0.9,从中各取一颗,设各花籽是否发芽相互独立.求:

(1)这两颗花籽都能发芽的概率;

(2)至少有一颗能发芽的概率;

(3)恰有一颗能发芽的概率.

12.某药厂罐装注射液需要经过 4 道工序,从长期的生产经验可知,各道工序的废品率分别为 $0.5\%,0.2\%,0.1\%,0.8\%$,假设各道工序是否合格是相互独立的,求经过 4 道工序罐装完成的注射液合格的概率.

13.若 $P(A)>0,P(B|A)=P(B|\bar{A})$,试证:事件 A 与 B 相互独立.

14.设随机事件 A 与 B 相互独立,且 $P(B)=0.5,P(A-B)=0.3$,求 $P(B-A)$.

本章知识结构图

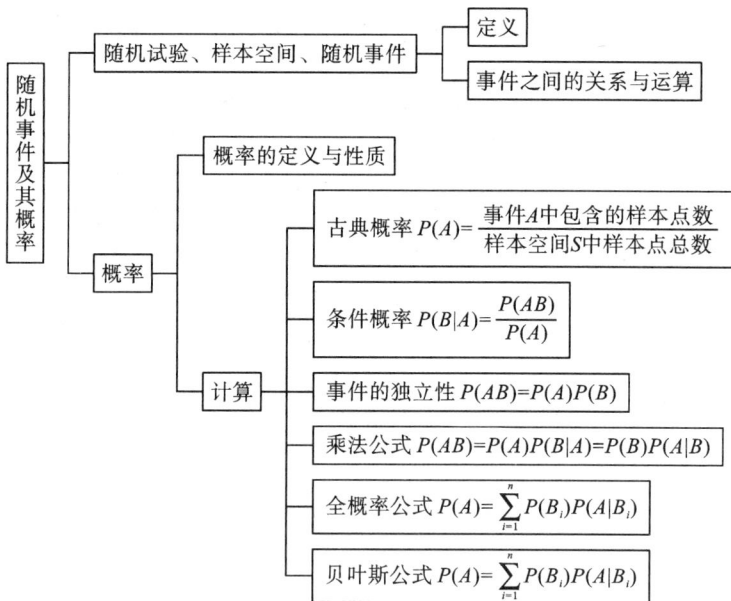

总习题

一、单选题

1.以 A 表示事件{甲种产品畅销,乙种产品滞销},则其对立事件 $\bar{A}$ 为(   ).

A.{甲种产品滞销,乙种产品畅销}   B.{甲乙两种产品均畅销}

C.{甲种产品滞销}   D.{甲种产品滞销或乙种产品畅销}

2.对一目标射击三次,设 A_i 表示事件{第 i 枪击中目标}$(i=1,2,3)$,则(   )表示事件{第一枪和第三枪中至少有一枪击中}.

A.$\Omega-\overline{A_1 A_3}$ B.$A_1 \bigcup \overline{A_2 A_3} \bigcup A_1 \ \overline{A_2} A_3 \bigcup \overline{A_1 A_2} A_3$

C. $A_1 \cup A_3$ D. $A_1 \overline{A_2} \cup \overline{A_2} A_3$

3. 若 $A \supset B, A \supset C, P(A)=0.9, P(\overline{B} \cup \overline{C})=0.8$，则 $P(A-BC)=$（　　）.

A. 0.4   B. 0.6

C. 0.8   D. 0.7

4. 设 A,B 为任意两个随机事件，且 $P(A|B)>0$，则 $P(A|AB)=$（　　）.

A. $P(A)$ B. $P(AB)$

C. $P(A|B)$ D. 1

5. 设 A,B 为任意两个随机事件，且 $A \subset B, P(B)>0$，则下列选项中必然成立的是（　　）.

A. $P(A)<P(A|B)$ B. $P(A) \leqslant P(A|B)$

C. $P(A)>P(A|B)$ D. $P(A) \geqslant P(A|B)$

6. 对于任意二事件 A,B，下列选项成立的是（　　）.

A. 若 $AB \neq \varnothing$，则 A,B 一定独立   B. 若 $AB \neq \varnothing$，则 A,B 有可能独立

C. 若 $AB = \varnothing$，则 A,B 一定独立   D. 若 $AB = \varnothing$，则 A,B 一定不独立

7. 若事件 A 和 B 同时发生的概率 $P(AB)=0$，则（　　）.

A. A 与 B 互斥   B. AB 是不可能事件

C. A 与 B 互逆   D. AB 未必是不可能事件

二、填空题

1. 设 A,B 为任意二事件，则 A 与 B 至少有一个发生可表示为＿＿＿＿＿，都不发生可表示为＿＿＿＿＿，恰有一个发生可表示为＿＿＿＿＿.

2. 设 A,B 是两个事件，$P(A)=0.7, P(A-B)=0.3$，则 $P(\overline{AB})=$ ＿＿＿＿＿.

3. 已知 $P(A)=0.4, P(B)=0.3, P(A \cup B)=0.6$，则 $P(A\overline{B})=$ ＿＿＿＿＿.

4. 设一批产品中的一、二、三等品各占 $60\%, 30\%, 10\%$，现从中任取 1 件，结果不是三等品，则取到的是一等品的概率为＿＿＿＿＿.

5. 设 10 件产品中有 4 件不合格产品，从中取 2 件，已知所取 2 件产品中有 1 件是不合格品，则另 1 件也是不合格品的概率为＿＿＿＿＿.

6. 设两个相互独立的事件 A 和 B 都不发生的概率为 $\frac{1}{9}$，A 发生而 B 不发生的概率与 B 发生而 A 不发生的概率相等，则 $P(A)=$ ＿＿＿＿＿.

三、计算题

1. 写出下列随机试验的样本空间 Ω 及指定的事件：

(1) 袋中有 3 个红球和 2 个白球，现从袋中任取一个球，观察其颜色；

(2) 掷一枚硬币，设 H 表示"出现正面"，T 表示"出现反面". 现将一枚硬币连掷两次，观察出现正、反面的情况，并用样本点表示事件 $A=$"恰有一次出现正面"；

(3) 对某一目标进行射击，直到击中目标为止，观察其射击次数，并用样本点表示事件 $A=$"射击次数不超过 5 次"；

(4) 生产某产品直到 5 件正品为止，观察记录生产该产品的总件数.

2. 设 A,B,C 为三个事件，试用事件的运算关系表示下列事件：

(1) A,B,C 都发生；

(2)A,B,C 都不发生；

(3)A,B,C 中至少有一个发生；

(4)A,B,C 中最多有一个发生；

(5)A,B,C 中至少有两个发生；

(6)A,B,C 中最多有两个发生.

3. 设 $P(A)=\dfrac{1}{3}$，$P(B)=\dfrac{1}{2}$，试就下列三种情况分别求出 $P(A\bar{B})$ 的值：

(1)A 与 B 互斥；(2)$A\subset B$；(3)$P(AB)=\dfrac{1}{8}$.

4. 设 $P(A)=0.4$，$P(B)=0.5$，$P(A\bigcup B)=0.7$，求 $P(A-B)$ 及 $P(B-A)$.

5. 设 $P(A)=P(B)=P(C)=\dfrac{1}{4}$，$P(AB)=P(BC)=0$，$P(AC)=\dfrac{1}{8}$，求 A,B,C 三个事件至少有一个发生的概率.

6. 10 把钥匙中有 3 把能打开某一门锁，今任取 2 把，求能打开某该门锁的概率.

7. 一个教室中有 50 名学生，求其中至少有一人的生日是在元旦的概率（设一年以 365 天计算）.

8. 把 3 名学生分配到 5 间宿舍中（一间宿舍限住 6 人），试求 3 名学生被分到不同宿舍的概率.

9. 设袋中有 10 个球，其中有 4 个白球，6 个黑球，现从中任取 2 个，求：

(1)2 个球中一个是白的，另一个是黑的概率；

(2)至少有 1 个黑球的概率.

12. 从一副扑克牌（52 张）中任意抽取 2 张，求下列各事件的概率

(1)恰好 2 张同一花色；

(2)恰好 2 张都是红色牌；

(3)其中恰好有 1 张 A；

(4)其中至少有 1 张 A.

10. 已知 $P(A)=0.7$，$P(B)=0.5$，$P(A-B)=0.3$，求 $P(AB)$，$P(B-A)$，$P(\bar{B}|\bar{A})$.

11. $P(A)=0.4$，$P(B)=0.3$，$P(B|\bar{A})=0.4$，求(1)$P(\bar{A}B)$，(2)$P(\bar{A}\bar{B})$，(3)$P(\bar{A}\bigcup B)$.

12. 某商场从生产同类产品的甲、乙两厂分别进货 100 件、150 件，其中：甲厂的 100 件中有次品 4 件，乙厂的 150 件中有次品 1 件. 现从这 250 件产品中任取 1 件，从产品标识上看它是甲厂生产的，求它是次品的概率.

13. 已知一家庭有两个小孩，考虑以下问题

(1)求两个都是女孩的概率；

(2)已知其中一个是女孩，求另一个也是女孩的概率；

(3)已知老大是女孩，求老二也是女孩的概率.

14. 投掷一枚硬币两次，用 H 表示正面，用 T 表示反面.

(1)写出样本空间.

(2)写出事件

A：第一次出现正面；

B：第二次出现反面.

(3)求 $P(A)$, $P(B)$, $P(AB)$, $P(B|A)$.

15.已知 $P(A)=0.7$, $P(B)=0.5$,且 A 与 B 相互独立,求 $P(AB)$, $P(B-A)$, $P(A+B)$.

16.三人独立地破译一份密码,已知各人能译出的概率为 0.6,0.5,0.4,求三个人中至少有一个人能译出的概率?

17.电路由电池 A 与两个并联的电池 B 及 C 串联而成,设电池 A,B,C 损坏的概率分别是 0.3,0.2,0.2,求电路发生断电的概率.

18.加工某一零件共需经过四道工序.设第一、二、三、四道工序的次品率分别为 2%,3%,5%,3%,假定各道工序是互不影响的,求加工出来的零件的次品率.

19.已知一批产品有 30% 的一级品,现对该批产品进行重复抽样检查,共取 5 个样品,试求取出的 5 个样品中

(1)恰有 2 个一级品的概率;

(2)至少有 2 个一级品的概率;

(3)至多有 2 个一级品的概率.

20.一批产品有合格品也有废品,从中有放回地抽取(将产品取出一件观察后放回)三件产品,以 $A_i (i=1,2,3)$ 表示第 i 次抽到废品,试以事件的集合表示下列情况:

(1)第一次和第二次抽取至少抽到一件废品;

(2)只有第一次抽到废品;

(3)三次都抽到废品;

(4)至少有一次抽到废品;

(5)只有两次抽到废品.

22.若 $P(A)=0.5$, $P(B)=0.4$, $P(A-B)=0.3$,求 $P(A \cup B)$ 和 $P(\overline{A} \cup \overline{B})$.

23.设 A,B,C 是三个事件,且 $P(A)=P(B)=P(C)=\dfrac{1}{4}$, $P(AB)=P(BC)=0$, $P(AC)=\dfrac{1}{8}$,求 A,B,C 至少有一个发生的概率.

24.已知 $P(A)=\dfrac{1}{4}$, $P(B|A)=\dfrac{1}{3}$, $P(A|B)=\dfrac{1}{2}$,求 $P(A \cup B)$.

25.设 A,B 为随机事件,$P(A)=0.7$, $P(B)=0.5$, $P(A-B)=0.3$,求 $P(AB)$, $P(\overline{B}|\overline{A})$.

26.一批零件共有 100 个,次品率为 10%,每次从中任取一个零件,取后不放回,如果取到一个合格品就不再取下去,求在三次内取到合格品的概率.

27.已知一批产品中一、二、三等品各占 60%,30%,10%,从中任取 1 件,结果不是三等品,求取到的是一等品的概率.

28.有两箱同种类的零件,第一箱装了 50 只,其中 10 只是一等品;第二箱装 30 只,其中 29 只是一等品,今从两箱中任挑出一箱,然后从该箱中取零件两次,每次任取 1 只,做不放回抽样.求:

(1)第一次取到的是一等品的概率;

(2)在第一次取到的零件是一等品的条件下,第二次取到的也是一等品的概率.

29 在某城市中发行三种报纸 A,B,C,经调查在该市居民中,订阅 A 报的有 45%,订阅 B 报的有 35%,订阅 C 报的有 30%,同时订阅 A 及 B 报的有 10%,同时订阅 A 及 C 报的有 8%,同时订阅 B 及 C 报的有 5%,同时订阅 A,B,C 报的有 3%,试求下列事件的概率:

(1)只订 A 报;(2)只订 A 及 B 报;(3)只订一种报纸;(4)正好订两种报纸.

30.甲、乙、丙 3 人同时向一飞机射击,设击中飞机的概率分别为 0.4,0.5,0.7,如果只有 1 人击中飞机,则飞机被击落的概率是 0.2;如果 2 人击中飞机,则飞机被击落的概率是 0.6;如果 3 人都击中飞机,则飞机一定被击落.求飞机被击落的概率.

第二章 随机变量及其分布

在随机试验中,人们除了对某些特定事件发生的概率感兴趣外,往往还关心某个与随机试验的结果相联系的变量.为了进行定量的数学处理,必须把随机试验的结果数量化,这就是引进随机变量的原因.随机变量与普通的变量不同,对于随机变量,人们虽然无法事先预知其确切取值,但可以研究其取值的统计规律性.本章将介绍两类随机变量,并描述随机变量统计规律性的分布.首先介绍离散型随机变量及其分布律,并给出了三种常用的离散型随机变量;其次,通过介绍随机变量的分布函数介绍随机变量的统计规律性,并研究离散型随机变量分布律与分布函数间的关系;接下来介绍连续型随机变量及其概率密度函数,并给出常用连续型随机变量;最后介绍随机变量函数的分布.

通过本章内容的学习,能够利用函数的知识来分析概率论问题,能够更清晰地了解事件发生的统计规律性.本章引入了随机变量的概念,它是随机事件的推广.本章主要讨论一维随机变量及其分布.

第一节 随机变量

一、随机变量

为全面研究随机试验的结果,揭示随机现象的统计规律性,需将试验的结果数量化,即将随机试验的样本空间所包含的基本事件与实数相对应.

在部分随机试验中,试验的结果本身就是由数量来表示.

例 2.1.1 从一批产品中抽取 10 件,观察次品的数量,则该试验的结果就可分别由数 0, 1, 2, 3, 4, 5, 6, 7, 8, 9, 10 来表示.

例 2.1.2 抛掷一枚骰子,观察其出现的点数,则该试验的结果就可分别由数 1, 2, 3, 4, 5, 6 来表示.

在另一部分随机试验中,试验的结果本身与数量无关,但可以指定一个数量来表示.

例 2.1.3 抛掷一枚硬币观察其出现正面或者反面的试验,则试验结果分别为"出现正面"和"出现反面"两种结果.若规定"出现正面"对应数 1,"出现反面"对应数 0,则该试验的每种可能结果都有唯一确定的实数与之对应.

上述例子表明,随机试验的结果都可以用一个实数来表示,这个数随着试验的结果不同而变化.因而,这个数是样本点的函数,这个函数就是我们要引入的随机变量.

定义 2.1.1 设随机试验的样本空间为 S,对任意的样本点 $e \in S$,则称定义在样本空间 S 上的实值单值函数 $X = X(e)$ 为随机变量.

本书通常用大写字母 X, Y, Z 等表示随机变量,用小写字母 x, y, z 等表示随机变量对应的取值.

例 2.1.4 从分别标有号码 1, 2, 3, 4, 5, 6, 7 的 7 张卡片中任意取出 2 张,求余下的卡片中的最大号码数.

令 X 表示"余下的卡片中的最大号码数",则 X 的可能取值为 $5,6,7$.

例 2.1.5 将一枚硬币抛掷两次,正面为 H,反面为 T,令 X 表示"正面出现的次数",则 X 的可能取值为 $0,1,2$,即

$$X = X(e) = \begin{cases} 0, e = (\text{T}, \text{T}) \\ 1, e = (\text{T}, \text{H}), (\text{H}, \text{T}) \\ 2, e = (\text{H}, \text{H}) \end{cases}$$

随机变量的引入,使随机试验中的各种事件可通过随机变量的关系式表达出来.对随机现象统计规律的研究,就由对事件及事件概率的研究转化为对随机变量及其取值规律的研究,使人们可利用数学分析的方法对随机试验的结果进行广泛而深入的研究.

随机变量因其取值方式不同,通常分为离散型和非离散型两类.非离散型随机变量中最重要的是连续型随机变量.本书主要讨论离散型随机变量和连续型随机变量.

同步习题 2.1

1.从一个装有编号为 $1,2,\cdots,9$ 的球的袋中任意摸一球,令 X 表示"摸到编号为 i 的球", $i=1,2,\cdots,9$,则随机变量 X 的取值为?

2.将一枚硬币抛掷三次,正面为 H,反面为 T,令随机变量 X 表示"正面出现的次数",则 X 的可能取值为?

3.思考:随机变量与普通函数有什么区别?

第二节　离散型随机变量

一、离散型随机变量及其概率分布

设 X 是一个随机变量,如果其全部可能的取值只有有限个或可数无穷个,则称 X 为一个**离散型随机变量**.

设 $x_1, x_2, \cdots$ 是随机变量 X 的所有可能取值,对每个取值 x_i,$\{X = x_i\}$ 是其样本空间 S 上的一个事件,为描述随机变量 X,还需知道这些事件发生的概率.

定义 2.2.1 设离散型随机变量 X 的所有可能取值为 $x_i(i=1,2,\cdots)$,称函数

$$P\{X = x_i\} = p_i, i = 1, 2, \cdots$$

为 X 的概率分布或概率函数,也可简称为分布律.

分布律通常可以用表格形式表示:

X	x_1	x_2	$\cdots$	x_n	$\cdots$
p_i	p_1	p_2	$\cdots$	p_n	$\cdots$

由概率的公理化定义,分布律满足如下两个性质:

(1)非负性: $p_i \geqslant 0, i = 1, 2, \cdots$.

(2)规范性: $\sum\limits_{i=1}^{\infty} p_i = 1$.

例 2.2.1 某篮球运动员投中篮圈的概率为 0.8，求他两次独立投篮投中次数 X 的概率分布.

解 由题意可得，该试验满足伯努利概型，投中的概率为 0.8，则不中的概率为 0.3，且 X 的可能取值为 0，1，2，则

$$P\{X=0\} = C_2^0 \times 0.7^0 \times 0.3^2 = 0.09$$

$$P\{X=1\} = C_2^1 \times 0.7^1 \times 0.3^1 = 0.42$$

$$P\{X=2\} = C_2^2 \times 0.7^2 \times 0.3^0 = 0.49$$

且

$$P\{X=0\} + P\{X=1\} + P\{X=2\} = 1$$

于是，X 的分布律可表示为

X	0	1	2
p_i	0.09	0.42	0.49

二、常用离散型随机变量的分布

(一)两点分布

定义 2.2.2 若一个随机变量 X 只有两个可能取值，且其分布为

$$P\{X = x_1\} = P, P\{X = x_2\} = 1 - P \quad (0 < P < 1)$$

则称 X 服从 x_1，x_2 处参数为 p 的**两点分布**.

特别地，若 X 服从 $x_1=0$，$x_2=1$ 处参数为 p 的两点分布，即

X	0	1
p_i	q	p

则称 X 服从参数为 p 的 0~1 分布.

易知：(1) $0 < p, q < 1$；(2) $p + q = 1$.

例 2.2.2 一个箱子中有 10 个球，其中 7 个红球，3 个黑球，现从中随机地抽取 1 个，若规定 $X=0$ 表示取到红球，$X=1$ 表示取到黑球，则

$$P\{X = 0\} = 0.7, P\{X = 1\} = 0.3$$

则称 X 服从参数为 0.3 的 0~1 分布.

(二)二项分布

定义 2.2.3 若一个随机变量 X 的分布律为

$$P(X = k) = C_n^k p^k (1-p)^{n-k}, k = 0, 1, \cdots, n$$

则称随机变量 X 服从参数为 n，p 的**二项分布**. 记为 $X \sim b(n, p)$.

注：(1) 二项分布试验的背景即为 n 重伯努利概型.

(2) 当 $n=1$ 时，二项分布即为两点分布，则两点分布可表示为 $X \sim b(1, p)$.

例 2.2.3 将一颗骰子掷 6 次，观察点数 1 恰好出现 4 次的概率.

解 将抛掷一次骰子看作一次试验，每次试验中出现点数 1 的概率均为 $\frac{1}{6}$，并且 6 次试验

之间相互独立,则该试验满足 6 重伯努利概型.则点数 1 恰好出现 4 次的概率为

$$P(X=4)=C_6^4\left(\frac{1}{6}\right)^4\left(1-\frac{1}{6}\right)^2=\frac{375}{46656}\approx 0.008$$

例 2.2.4 若每次射击中靶的概率为 0.7,独立射击 10 次,求
(1)恰好命中 5 炮的概率;(2)至少命中 1 炮的概率.

解 由题意分析可得,设随机变量 X 表示射中的次数,则 $X\sim b(10,0.7)$.

(1)$P(X=5)=C_{10}^5(0.7)^5(1-0.7)^5\approx 0.206$;

(2)$P(X\geqslant 1)=1-P(X<1)=1-P(X=0)=1-C_{10}^0(0.7)^0(1-0.3)^{10}\approx 0.972$.

(三)泊松分布

二项分布应用非常广泛,但当试验次数 n 很大时,计算就会很麻烦.1937 年法国数学家泊松研究发现,当 n 很大而 p 很小时,有

$$\lim_{n\to\infty}b(k;n,p_n)=\lim_{n\to\infty}C_n^k p^k(1-p)^{n-k}=e^{-\lambda}\frac{\lambda^k}{k!},$$

即当 $n\to\infty,np_n\to\lambda(\lambda>0$ 为常数).

定义 2.2.4 若一个随机变量 X 的分布律为

$$P\{X=k\}=e^{-\lambda}\frac{\lambda^k}{k!},\lambda>0,k=0,1,2,\cdots$$

则称 X 服从参数为 λ 的**泊松分布**.记为 $X\sim P(\lambda)$[或 $X\sim\pi(\lambda)$].

在实际生活中,有很多离散型随机变量服从泊松分布.例如,在某个时间间隔内,某一地区发生的交通事故的次数、某人手机收到的信息次数、某物流公司每天的出车数、某段时间内超市中顾客的流动数等,都可以用服从某一参数的泊松分布的随机变量来描述.

例 2.2.5 某工厂生产某类型产品,次品率为 0.01,每件产品是否为次品相互独立,现生产 300 件产品,经检验废品数大于 5 件的概率为多少?

解 由题意分析可得,$n=300,p=0.01$ 设随机变量 X 表示废品的个数,则 $X\sim b(300,0.01)$.可知,$\lambda=np=3$,即

$$P\{X>5\}=\sum_{k=6}^{300}b(k;300,0.01)=1-P\{X\leqslant 5\}=1-\sum_{k=0}^5 b(k;300,0.01)\approx 1-\sum_{k=0}^5 e^{-3}\frac{3^k}{k!}.$$

查泊松分布表得

$$P\{X>5\}\approx 1-0.916082=0.083918.$$

例 2.2.6 某物流公司长途货运业务中,汽车的故障时有发生.假设每辆汽车发生故障的概率为 0.001,如果每天有 1000 辆汽车进行货运,求汽车发生故障的次数不少于 3 次的概率.

解 汽车发生故障的次数 X 服从泊松分布,$n=1000,p=0.001$,则 $\lambda=np=3$,即

$$P\{X\geqslant 3\}=1-P\{X<3\}=0.0=1-P\{X=0\}-P\{X=1\}-P\{X=2\}=0.0803,$$

即汽车发生故障的次数不少于 3 次的概率为 0.0803.

同步习题 2.2

1.设 X 服从参数为 λ 的泊松分布,且已知 $2P\{X=3\}=P\{X=4\}$,求:
(1)λ;(2)$P\{X>1\}$.

2.设随机变量 X 和 Y 分别服从 $b(2,p)$ 和 $b(4,p)$,已知 $P(X\geqslant 1)=\frac{5}{9}$,求 $P(Y\geqslant 1)$.

3.有 10 件产品,其中有 3 件次品,X 表示取得的产品中的次品数.

(1)不放回地任取 2 件,求 X 的分布律;

(2)有放回地依次取 2 件,求 X 的分布律.

4.盒中有 8 个白球,2 个黑球,每次取一球(不放回),直到取到白球为止,用 X 表示抽取的次数,求 X 的分布律.

5.某粮仓内老鼠的数目服从泊松分布,已知该粮仓内有一只老鼠的概率为有两只老鼠的 2 倍,求:

(1)粮仓内无老鼠的概率;

(2)粮仓内至少有一只老鼠的概率.

6.某售货店有 6 名售货员,共配称 4 台,如果每个售货员每小时有大约 15 分钟需要用称,而且每个售货员是否要用称的情况是独立的,求任意时刻称不够用的概率.

7.某社区 1000 人,假设每天每人大约 1‰ 的概率到社区超市购物,且各人是否购物情况独立,大致上社区超市一天的可能接待的顾客书 $X \sim B(1000, 0.01)$,计算社区超市一天顾客数正好为 15 个的概率.

第三节　随机变量的分布函数

一、分布函数的定义

对于非离散型随机变量,由于其可能取值不能一一列举出来,且它们取某个确定值的概率可能是零.例如,在测试灯泡寿命时,可认为寿命 X 的取值是一个随机变量,如果它全部可能地取 $[0, +\infty)$,事件 $\{X=500\}$ 是指灯泡的寿命恰好为 500 小时.在实际问题中,测试数百万只的灯泡,可能没有一个灯泡的寿命正好是 500 小时,即认为 $P\{X=500\}=0$.对于类似的问题,我们并不感兴趣它取某个值的概率,而是对其在某个区间的概率比较感兴趣.为此,我们引入随机变量的概念.

定义 2.3.1　设 X 是一个随机变量,x 是任意实数,称函数
$$F(x) = P\{X \leqslant x\}, x \in (-\infty, +\infty)$$
为 X 的**分布函数**,记作 $X \sim F(x)$ 或 $F_X(x)$.

注:关于分布函数的几点说明.

(1)几何意义:如果将 X 看成是数轴上随机的坐标点,那么 $F(x)$ 是指 X 落在区间 $(-\infty, x]$ 上的概率.

(2)对任意实数 x_1, x_2,若 $x_1 < x_2$,则随机点落在区间 $(x_1, x_2]$ 内的概率为
$$P\{x_1 < X \leqslant x_2\} = P\{X \leqslant x_2\} - P\{X \leqslant x_1\} = F(x_2) - F(x_1).$$

(3)随机变量的分布函数是一个普通的函数,它完整地描述了随机变量的统计规律性.通过它,人们就可以利用数学分析的方法来全面研究随机变量.

(一)分布函数的性质

设 $F(x)$ 是 X 的分布函数,则有

(1)单调非减:若 $x_1 < x_2$,则 $F(x_1) \leqslant F(x_2)$.

(2)有界性：$F(-\infty)=\lim\limits_{X\to-\infty}F(x)=0$，$F(+\infty)=\lim\limits_{X\to+\infty}F(x)=1$.

(3)右连续性：$\lim\limits_{x\to x_0^+}F(x)=F(x_0)$，即 $F(x+0)=F(x)$.

注：对于任意一个函数，若满足上述三条性质，则它一定是某随机变量的分布函数.

例 2.3.1 判断 $F(x)=\dfrac{1}{\pi}\left(\arctan x+\dfrac{\pi}{2}\right)$ 是否是某一随机变量 X 的分布函数？

解 显然 $F(x)$ 是连续型函数，对函数求导得

$$F'(x)=\frac{1}{\pi}\left(\frac{1}{1+x^2}\right)>0,$$

则 $F(x)$ 是单调递增的. 对 $F(x)$ 函数观察不难发现

$$F(-\infty)=0,F(+\infty)=1.$$

综上所述，$F(x)$ 是某一随机变量 X 的分布函数.

二、离散型随机变量的分布函数

设离散型随机变量 X 的概率分布为

X	x_1	x_2		x_n	$\cdots$
p_i	p_1	p_2	$\cdots$	p_n	$\cdots$

则 X 的分布函数为

$$F(x)=P\{X\leqslant x\}=\sum_{x_i\leqslant x}P\{X=x_i\}=\sum_{x_i\leqslant x}P_i.$$

具体而言：

当 $x<x_1$ 时，$F(x)=P\{X\leqslant x\}=P\{\varnothing\}=0$；

当 $x_1\leqslant x<x_2$ 时，$F(x)=P\{X\leqslant x\}=P\{X=x_1\}=p_1$；

当 $x_2\leqslant x<x_3$ 时，$F(x)=P\{X\leqslant x\}=P\{X=x_1\}+P\{X=x_2\}=p_1+p_2$；

……

当 $x<x_n$ 时，$F(x)=P\{X\leqslant x\}=P\{X=x_1\}+\cdots+P\{X=x_{n-1}\}=p_1+p_2+\cdots+p_{n-1}$.

如图 2-1 所示，不难看出，离散型随机变量的分布函数是概率值的累加函数，它的图形有如下特点：

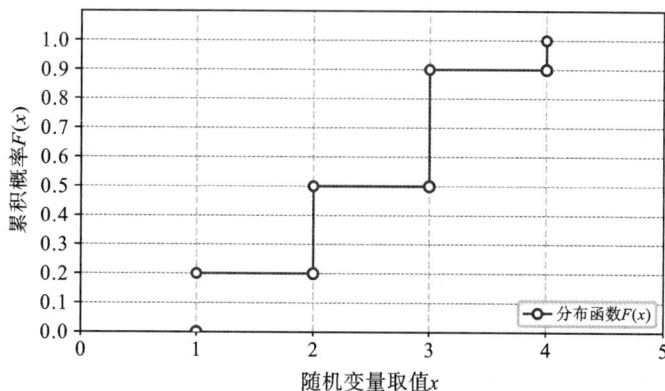

图 2-1 离散型随机变量分布函数阶梯图

(1)阶梯型;

(2)在 $x=x_k(k=1,2,\cdots)$ 处概率跳跃即为跳跃点;

(3)跳跃的高度分别为 $p_k=P\{X=x_k\}$.

例 2.3.2 设随机变量 X 的分布律为

X	-1	2	3
p_i	0.3	0.2	0.5

求 $F(x)$.

解 当 $x<-1$ 时,$F(x)=P\{X\leqslant x\}=P\{\varnothing\}=0$;

当 $-1\leqslant x<2$ 时,$F(x)=P\{X\leqslant x\}=P\{X=-1\}=0.3$;

当 $2\leqslant x<3$ 时,$F(x)=P\{X\leqslant x\}=P\{X=-1\}+P\{X=2\}=0.3+0.2=0.5$;

当 $3\leqslant x$ 时,$F(x)=P\{X\leqslant x\}=P\{X=-1\}+P\{X=2\}+P\{X=3\}=0.3+0.2+0.5=1$.

综上,X 的分布函数为

$$F(x)=\begin{cases} 0 & x<-1 \\ 0.3 & -1\leqslant x<2 \\ 0.5 & 2\leqslant x<3 \\ 1 & x\geqslant 3 \end{cases}.$$

例 2.3.3 设随机变量 X 的分布函数为

$$F(x)=\begin{cases} 0 & x<-2 \\ \dfrac{1}{6} & -2\leqslant x<0 \\ \dfrac{1}{2} & 0\leqslant x<1 \\ 1 & x\geqslant 1 \end{cases}$$

求 X 的分布律.

解 由于 $F(x)$ 是一个阶梯型函数,故 X 是一个离散型随机变量.$F(x)$ 的跳跃点分别为 $-2,0,1$,对应跳跃的高度分别为 $\dfrac{1}{6},\dfrac{1}{3},\dfrac{1}{2}$,故 X 的分布律为

X	-2	0	1
p_i	$\dfrac{1}{6}$	$\dfrac{1}{3}$	$\dfrac{1}{2}$

注:结合上述两个例题不难发现,离散型随机变量的分布律和分布函数可以相互确定,所以分布函数也可以完整刻画出离散型随机变量的概率分布.

同步习题 2.3

1.函数 $F(x)=\begin{cases} \mathrm{e}^x & x<0 \\ 1-\mathrm{e}^{-x} & x\geqslant 0 \end{cases}$ 是否是某个随机变量的分布函数?

2.设随机变量 X 的分布律为

X	0	2	3
p_i	0.3	0.3	0.4

求：(1) $P\{1 < X \leqslant 2\}$；(2)分布函数 $F(x)$.

3.抛均匀硬币一次，观察正反面出现的情况，若 X 表示恰好出现正面向上的次数，求随机变量 X 的分布函数.

4.设随机变量 X 的分布函数为

$$F(x) = \begin{cases} 0 & x < 1 \\ 0.3 & 1 \leqslant x < 2 \\ 0.7 & 2 \leqslant x < 3 \\ 1 & x \geqslant 3 \end{cases}$$

求 X 的分布律.

5.设随机变量 X 的分布函数为 $F(x) = A + B\arctan x$，求
(1)常数 A,B；(2) $P(|X| < 1)$.

第四节　连续型随机变量

一、连续型随机变量及其概率密度

定义 2.4.1　若对随机变量 X 的概率分布函数 $F(x)$，存在非负可积函数 $f(x)$，使得对于任意实数 x，有

$$F(x) = P\{X \leqslant x\} = \int_{-\infty}^{x} f(t)\mathrm{d}t,$$

则称 X 为**连续型随机变量**，其中 $f(x)$ 称为 X 的**概率密度函数**，简称为**概率密度**或**密度函数**.

由上述定义可知，概率密度函数 $f(x)$ 具有以下性质.

(1)非负性：$f(x) \geqslant 0$.

通过对概率密度函数积分来求概率，由高数相关知识可知 $f(x)$ 必须为非负的函数.

(2)规范性：$\displaystyle\int_{-\infty}^{+\infty} f(x)\mathrm{d}x = 1$.

由定义可知 $F(+\infty) = \displaystyle\int_{-\infty}^{+\infty} f(x)\mathrm{d}x$，又因为分布函数的性质可知 $F(+\infty) = 1$，因此满足规范性.

(3)连续型随机变量取特定值的概率为 0，即 $P\{X = a\} = 0$. 这可以作为反例说明概率为零的事件不一定是不可能事件.

(4)区间概率：$P\{a < X \leqslant b\} = F(b) - F(a) = \displaystyle\int_{a}^{b} f(x)\mathrm{d}x$.

由性质(3)可知连续型随机变量取特定值的概率为 0，则

$$P\{a < X \leqslant b\} = P\{a < X < b\} = P\{a \leqslant X \leqslant b\} = P\{a \leqslant X \leqslant b\}.$$

(5)若 $f(x)$ 在 x 处是连续的，则 $F'(x) = f(x)$.

例 2.4.1　设随机变量 X 的分布函数为

$$F(x) = \begin{cases} 0 & x \leqslant 0 \\ x^2 & 0 < x < 1. \\ 1 & x \geqslant 1 \end{cases}$$

求:(1)随机变量 X 的概率密度函数;(2) $P\left\{-1 < X \leqslant \dfrac{1}{2}\right\}$.

解　(1) X 的概率密度函数为

$$f(x) = F'(x) = \begin{cases} 2x & 0 < x < 1 \\ 0 & 其他 \end{cases}.$$

(2)法 1: $P\left\{-1 < X \leqslant \dfrac{1}{2}\right\} = F\left(\dfrac{1}{2}\right) - F(-1) = \dfrac{1}{4}$;

法 2: $P\left\{-1 < X \leqslant \dfrac{1}{2}\right\} = \displaystyle\int_{-1}^{\frac{1}{2}} f(x)\mathrm{d}x = \int_{-1}^{0} 0\mathrm{d}x + \int_{0}^{\frac{1}{2}} 2x\mathrm{d}x = \dfrac{1}{4}$.

例 2.4.2　设随机变量 X 的概率密度函数为

$$f(x) = \begin{cases} k\mathrm{e}^{-2x} & x > 0 \\ 0 & 其他 \end{cases}.$$

求:(1)常数 k;(2)求分布函数 $F(x)$;(3)求 $P\{1 < X \leqslant 2\}$.

解　(1)由概率密度函数的性质(2)完备性可知

$$1 = \int_{-\infty}^{+\infty} f(x)\mathrm{d}x = \int_{-\infty}^{0} 0\mathrm{d}x + \int_{0}^{+\infty} k\mathrm{e}^{-2x}\mathrm{d}x = \left(-\dfrac{k}{2}\mathrm{e}^{-2x}\right)\Big|_{0}^{+\infty} = \dfrac{k}{2},$$

即 $k = 2$.

(2)当 $x \leqslant 0$ 时, $F(x) = P\{X \leqslant x\} = \displaystyle\int_{-\infty}^{x} f(t)\mathrm{d}t = \int_{-\infty}^{x} 0\mathrm{d}t = 0$;

当 $x > 0$ 时, $F(x) = P\{X \leqslant x\} = \displaystyle\int_{-\infty}^{x} f(t)\mathrm{d}t = \int_{-\infty}^{0} 0\mathrm{d}t + \int_{0}^{x} 2\mathrm{e}^{-2t}\mathrm{d}t = 1 - \mathrm{e}^{-2x}$.

则分布函数为

$$F(x) = \begin{cases} 1 - \mathrm{e}^{-2x} & x > 0 \\ 0 & 其他 \end{cases}.$$

(3) $P\{1 < X \leqslant 2\} = F(2) - F(1) = \mathrm{e}^{-2} - \mathrm{e}^{-4}$.

二、常用连续型随机变量的分布

(一)均匀分布

若连续型随机变量 X 的概率密度为

$$f(x) = \begin{cases} \dfrac{1}{b-a} & a < x < b \\ 0 & 其他 \end{cases}.$$

则称随机变量 X 在区间 (a, b) 上服从**均匀分布**,记为 $X \sim U(a, b)$.

注:均匀分布又称为在区间 (a, b) 上的等概率分布.

由分布函数的求解可得均匀分布的分布函数表达式为

$$F(x) = \begin{cases} 0 & x \leqslant a \\ \dfrac{x-a}{b-a} & a < x < b. \\ 1 & x \geqslant b \end{cases}$$

例 2.4.3 设一个汽车站里,某路公共汽车每 5 分钟有一辆车到达,计算某乘客在车站候车的等待时间超过 4 分钟的概率.

解 设随机变量 X 表示乘客等待的时间,则有 $X \sim U(0,5)$,得

$$P\{X > 4\} = 1 - P\{X \leqslant 4\} = 1 - F(4) = 1 - \frac{4}{5} = \frac{1}{5}$$

即该乘客在车站候车的等待时间超过 4 分钟的概率为 $\frac{1}{5}$.

(二)指数分布

若连续型随机变量 X 的概率密度为

$$f(x) = \begin{cases} \lambda \mathrm{e}^{-\lambda x} & x > 0 \\ 0 & \text{其他} \end{cases}$$

则称随机变量 X 服从参数为 λ 的**指数分布**,记为 $X \sim e(\lambda)$,其中 $\lambda > 0$ 是常数.

指数分布常用于可靠性统计研究中,在现代仿真模拟中有很多应用,如元件的寿命、动植物的寿命、服务系统的服务时长等.

由分布函数的求解可得均匀分布的分布函数表达式为

$$F(x) = \begin{cases} 1 - \mathrm{e}^{-\lambda x} & x > 0 \\ 0 & \text{其他} \end{cases}$$

例 2.4.4 某电子元件的寿命 X(年)服从指数分布且概率密度函数为

$$f(x) = \begin{cases} \dfrac{2}{3} \mathrm{e}^{-\frac{2}{3}x} & x > 0 \\ 0 & \text{其他} \end{cases}$$

从中任取一只,则该电子元件的寿命大于 3 年的概率.

解 由题意可得

$$P\{X > 3\} = \int_{3}^{+\infty} \frac{2}{3} \mathrm{e}^{-\frac{2}{3}x} \mathrm{d}x = 1 - \mathrm{e}^{-\frac{2}{3}x}$$

(三)正态分布

若连续型随机变量 X 的概率密度为

$$f(x) = \frac{1}{\sqrt{2\pi}\sigma} \mathrm{e}^{-\frac{(x-\mu)^2}{2\sigma^2}}, \quad -\infty < x < +\infty$$

则称随机变量 X 服从参数为 μ, σ^2 的**正态分布**,记为 $X \sim N(\mu, \sigma^2)$.其中 $\mu, \sigma(\sigma > 0)$ 为常数.

正态分布时最常见也是最重要的一种分布,后续我们将学习中心极限定理,这是概率论学界近 300 年的一个中心议题,主要探讨的是什么样的随机变量服从正态分布.

1. 正态分布概率密度函数的图形特征

(1)正态分布呈钟型分布;

(2)概率密度函数 $f(x)$ 关于 $x = \mu$ 对称;

(3)概率密度函数 $f(x)$ 在 $x = \mu$ 处取得最大值 $f(x) = \dfrac{1}{\sqrt{2\pi}\sigma}$;

(4)概率密度函数 $f(x)$ 在 $x = \mu \pm \sigma$ 处有拐点且以 x 轴为渐近线;

(5)σ 代表了概率密度函数 $f(x)$ 曲线的陡峭程度,σ 取值越小,在曲线中峰越陡峭.

若 $X \sim N(\mu, \sigma^2)$，则 X 的分布函数为

$$F(x) = \frac{1}{\sqrt{2\pi}\sigma} \int_{-\infty}^{x} e^{-\frac{(t-\mu)^2}{2\sigma^2}} dt, \ -\infty < x < +\infty$$

2. 标准正态分布

当 $\mu = 0, \sigma = 1$ 时，正态分布称为标准正态分布，为了突显标准正态分布的特殊性，将其概率密度函数表示为

$$\varphi(x) = \frac{1}{\sqrt{2\pi}} e^{-\frac{x^2}{2}}, \ -\infty < x < +\infty$$

分布函数表示为

$$\Phi(x) = \frac{1}{\sqrt{2\pi}} \int_{-\infty}^{x} e^{-\frac{t^2}{2}} dt, \ -\infty < x < +\infty$$

关于分布函数有如下性质：

(1) $\Phi(0) = 0.5$；

(2) $\Phi(-x) = 1 - \Phi(x)$.

注：书末附有标准正态分布表.

任何一个正态分布都可以化为标准正态分布从而通过标准正态分布表查找其概率.

定理 1　设 $X \sim N(\mu, \sigma^2)$，则 $Y = \dfrac{X - \mu}{\sigma} \sim N(0, 1)$，即对随机变量进行标准化处理.

3. 一般正态分布的概率计算

若 $X \sim N(\mu, \sigma^2)$，则它的分布函数为

$$F(x) = P\{X \leqslant x\} = P\left\{\frac{X - \mu}{\sigma} \leqslant \frac{x - \mu}{\sigma}\right\} = \Phi\left(\frac{x - \mu}{\sigma}\right)$$

由此可见，标准正态分布函数 $\Phi(x)$ 和一般正态分布函数 $F(x)$ 的关系为

$$F(x) = \Phi\left(\frac{x - \mu}{\sigma}\right)$$

例 2.4.5　设 $X \sim N(2, 9)$，求 $P\{2 < X \leqslant 4\}$.

$$P\{2 < X \leqslant 5\} = F(5) - F(2) = \Phi\left(\frac{5 - 2}{3}\right) - \Phi\left(\frac{2 - 2}{3}\right)$$

$$= \Phi(1) - \Phi(0) = 0.8413 - 0.5 = 0.3413$$

例 2.4.6　假设某地区成年男性的身高（单位：cm）$X \sim N(170, 7.69^2)$，求该地区成年男性的身高超过 175 cm 的概率.

解　由题意可得 $X \sim N(170, 7.69^2)$，则

$$P\{X > 175\} = 1 - P\{X \leqslant 175\} = 1 - F(175) = 1 - \Phi\left(\frac{175 - 170}{7.69}\right)$$

$$\approx 1 - \Phi(0.65) = 1 - 0.7422 = 0.2578$$

同步习题 2.4

1. 设随机变量 X 具有概率密度

$$f(x) = \begin{cases} \dfrac{1}{2}x & 0 \leqslant x \leqslant 2 \\ 0 & \text{其他} \end{cases}$$

求：(1) $P(X<4)$；(2) $P(|X|\leqslant 1)$.

2. 设随机变量 X 服从参数为 2 的指数分布，求 c 使得 $P(X>c)=\dfrac{1}{2}$.

3. 设随机变量 X 在 $(-2,6)$ 上服从均匀分布，求方程 $t^2+Xt+1=0$ 有实根的概率.

4. 已知 $X\sim f(x)=\begin{cases} cx^2 & 0\leqslant x\leqslant 1 \\ 0 & \text{其他} \end{cases}$，求

(1) 常数 c；(2) 概率分布函数 $F(x)$.

5. 设随机变量 X 的概率密度为

$$f(x)=\begin{cases} Ax & 0\leqslant x\leqslant 1 \\ A(2-x) & 1<x\leqslant 2 \\ 0 & \text{其他} \end{cases}$$

求：(1) 常数 A；(2) $P\left(\dfrac{1}{2}\leqslant X\leqslant \dfrac{3}{2}\right)$.

6. 设 $X\sim N(0,1)$，求

(1) $P(2\leqslant X\leqslant 5)$；(2) $F(3)$；(3) $P(|X|\leqslant 5)$.

7. 设 $X\sim N(3,4)$，求

(1) $P(2\leqslant X\leqslant 5)$；(2) $P(|X-1|\leqslant 3)$.

8. 某学校到医院有两条路可选：走第一条路平均用时短但是不确定性大，经验告诉我们可能的用时 $X\sim N(27,4)$ 分钟，走第二条路平均用时长但是不确定性小，经验告诉我们可能的用时 $Y\sim N(29,1)$ 分钟. 现在有一名学生病重急需 30 分钟以内送达医院，问选择走哪条路为好？

第五节　随机变量函数的分布

在实际问题中，对于一个随机变量 X，我们不仅对随机变量的概率分布感兴趣，对由随机变量 X 构成的函数同样感兴趣. 本节主要考虑如何利用随机变量 X 的分布去求 $Y=g(X)$ 的分布.

一、离散型随机变量函数的分布

设离散型随机变量 X 的概率分布为
$$P\{X=x_i\}=p_i,i=1,2,\cdots$$
易知，X 的函数 $Y=g(X)$ 显然还是离散型随机变量.

函数 $Y=g(X)$ 的自变量为 X，函数取值由随机变量 X 决定，自变量 X 的所有可能取值一一确定了函数 $Y=g(X)$ 的取值，即 Y 的概率分布完全由 X 的概率分布确定.

例 2.5.1　已知随机变量 X 的分布律为

X	-2	0	1
P	0.3	0.1	0.6

求 $Y=X^2$ 的分布律.

　　解　由随机变量 X 的分布律可知，Y 的可能取值为 $0,1,4$. 由于

$$P\{Y = 0\} = P\{X^2 = 0\} = P\{X = 0\} = 0.1$$

$$P\{Y = 1\} = P\{X^2 = 1\} = P\{X = 1\} = 0.6$$

$$P\{Y = 4\} = P\{X^2 = 4\} = P\{X = -2\} = 0.3$$

综述,Y 的分布律为

X		0	1	4
P	p_i	0.1	0.6	0.3

注:求离散型随机变量函数的分布律关键点在于只改变函数的取值,不改变概率,遇到函数取值相同时概率求和即可.

二、连续型随机变量函数的分布

一般而言,连续型随机变量的函数不一定是连续型随机变量,但我们主要讨论连续型随机变量的函数仍为连续型随机变量的情形.连续型随机变量由概率密度函数来直观地反映概率的分布情况,所以我们不仅希望求出随机变量函数的分布函数,同时讨论如何求连续型随机变量函数的概率密度函数.

例 2.5.2 设随机变量 X 的概率密度函数为

$$f(x) = \begin{cases} e^{-x} & x > 0 \\ 0 & 其他 \end{cases}$$

求随机变量 $Y = 2X + 1$ 的概率密度.

解 设随机变量 Y 的分布函数和概率密度函数分别为 $F(y)$ 和 $f(y)$.

$$F(y) = P\{Y \leqslant y\} = P\{2X + 1 \leqslant y\} = P\left\{X \leqslant \frac{y-1}{2}\right\}$$

$$= \int_{-\infty}^{\frac{y-1}{2}} f(x)\mathrm{d}x = \int_0^{\frac{y-1}{2}} e^{-x}\mathrm{d}x - 1 - e^{\frac{1-y}{3}}$$

两边同时对 y 求导得

$$f(y) = F'(y) = \begin{cases} f\left(\frac{y-1}{2}\right) \cdot \left(\frac{y-1}{2}\right)' & \frac{y-1}{2} > 0 \\ 0 & 其他 \end{cases}$$

$$= \begin{cases} \dfrac{1}{2} e^{\frac{1-y}{2}} & y > 1 \\ 0 & 其他 \end{cases}$$

例 2.5.3 设随机变量 X 的概率密度函数为

$$f(x) = \begin{cases} \dfrac{x}{8} & 0 < x < 4 \\ 0 & 其他 \end{cases}$$

求 $Y = 2X + 8$ 的概率密度.

解 设随机变量 Y 的分布函数和概率密度函数分别为 $F(y)$ 和 $f(y)$.

$$F(y) = P\{Y \leqslant y\} = P\{2X + 8 \leqslant y\} = P\left\{X \leqslant \frac{y-8}{2}\right\}$$

$$f(y) = F'(y) = f\left(\frac{y-8}{2}\right) \times \frac{1}{2}$$

当 $0 < x < 4$ 时,则 $5 < y < 13$,则

$$f(y) = \begin{cases} \dfrac{y-8}{32} & 8 < y < 16 \\ 0 & \text{其他} \end{cases}$$

同步习题 2.5

1.已知随机变量 X 的分布律为

X	-2	1	2	3
P	0.2	0.3	0.1	0.4

试求:

(1)$Y = 2X + 1$ 的分布律;(2)$Z = X^2$ 的分布律.

2.设随机变量 $X \sim N(0,1)$,求下列随机变量 Y 的概率密度函数:

(1)$Y = 2X - 1$;(2)$Y = \mathrm{e}^{-X}$.

本章知识结构图

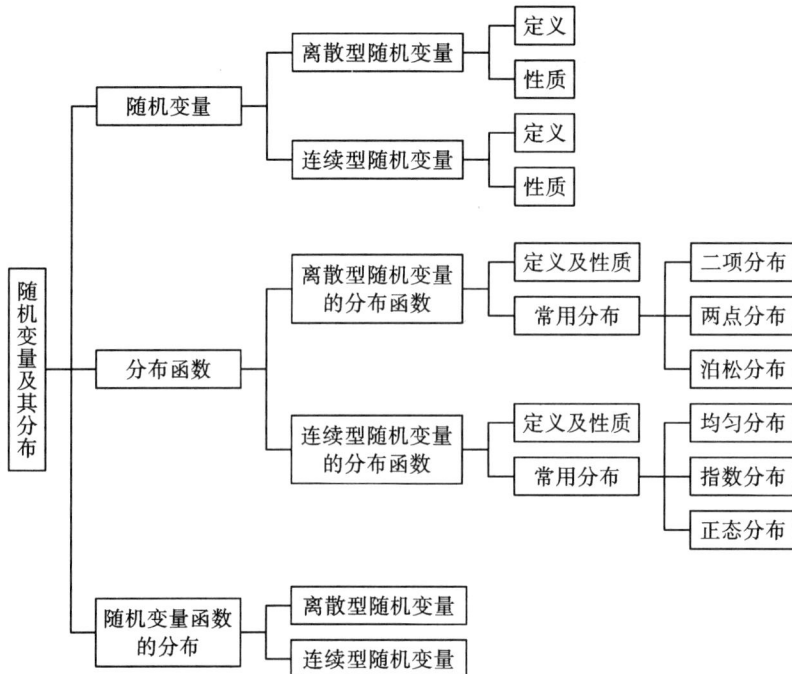

总 习 题

一、单选题

1. 设 $F(x)=\begin{cases} 0 & x\leqslant 0 \\ \dfrac{x}{2} & 0<x<1 \\ 1 & x\geqslant 1 \end{cases}$，则 $F(x)$（　　）.

A. 是某随机变量的分布函数　　　　　B. 不是分布函数

C. 是离散型分布函数　　　　　　　　D. 是连续型分布函数

2. 已知随机变量 X 的分布律为

X	0	1	2	3
p_i	0.1	0.3	0.4	0.2

则 $F(2)=$（　　）.

A. 0.2　　　　　　　　　　　　　　B. 0.4

C. 0.8　　　　　　　　　　　　　　D. 1

3. 设 $F(x)$ 和 $f(x)$ 分别为某随机变量的分布函数和概率密度，则必有（　　）.

A. $F(+\infty)=1$　　　　　　　　　B. $\displaystyle\int_{-\infty}^{+\infty}F(x)\mathrm{d}x=1$

C. $F(x)=\displaystyle\int_{-\infty}^{+\infty}f(x)\mathrm{d}x$　　　　D. $f(x)$ 单调不减

4. 设随机变量 $X\sim P(\lambda)$，且 $P(X=3)=P(X=4)$，则 λ 为（　　）.

A. 3　　　　　　　　　　　　　　　B. 2

C. 1　　　　　　　　　　　　　　　D. 4

5. 设随机变量 $X\sim N(\mu,\sigma^2)$，则随着 σ 的增大，概率 $P(|X-\mu|<\sigma)$（　　）.

A. 单调增大　　　　　　　　　　　　B. 单调减小

C. 保持不变　　　　　　　　　　　　D. 增减不定

6. 设随机变量 X 的分布函数为 $F(x)=\begin{cases} 0 & x<0 \\ \dfrac{1}{2} & 0\leqslant x<1 \\ 1-\mathrm{e}^{-x} & x\geqslant 1 \end{cases}$，则 $P(X=1)=$（　　）.

A. 0　　　　　　　　　　　　　　　B. $\dfrac{1}{2}$

C. $\dfrac{1}{2}-\mathrm{e}^{-1}$　　　　　　　　　　　D. $1-\mathrm{e}^{-1}$

7. 设连续型随机变量 X 的密度函数和分布函数分别为 $f(x)$ 和 $F(x)$，则下列选项中正确的是（　　）.

A. $0\leqslant f(x)\leqslant 1$　　　　　　　　B. $P(X=x)=F(x)$

C. $P(X=x)\leqslant F(x)$　　　　　　　D. $P(X=x)=f(x)$

二、填空题

1. 设随机变量 X 的分布律为 $P(X=i)=a\left(\dfrac{1}{2}\right)^{i}(i=1,2,\cdots)$，则 $a=$ _____.

2. 已知离散型随机变量 X 的分布函数为

$$F(x)=\begin{cases} 0 & x<-1 \\ 0.4 & -1\leqslant x<1 \\ 0.8 & 1\leqslant x<3 \\ 1 & x\geqslant 3 \end{cases}$$，则 X 的分布律为 _____.

3. 设 $F_1(x)$ 与 $F_2(x)$ 分别为随机变量 X_1 和 X_2 的分布函数，若 $F(x)=aF_1(x)-bF_2(x)$ 是某随机变量的分布函数，则 $a=$ _____，$b=$ _____.

4. 设随机变量 $X\sim P(\lambda)$，且 $P(X=0)=P(X=1)$，则 $P(X=2)=$ _____.

5. 同时掷 3 颗质地均匀的骰子，则至少有一颗出现 6 点的概率为 _____.

6. 设随机变量 $X\sim N(3,\sigma^2)$，且 $P(0<X<6)=0.4$，则 $P(X>0)=$ _____.

7. 设随机变量 X 的分布函数为

$$F(x)=\begin{cases} 0 & x<-1 \\ a & -1\leqslant x<1 \\ \dfrac{2}{3}-a & 1\leqslant x<2 \\ a+b & x\geqslant 2 \end{cases}$$ 且 $P(X=2)=\dfrac{1}{2}$，则 $a=$ _____，$b=$ _____.

8. 已知随机变量 $X\sim U(0,5)$，则 $P(|X|>2)=$ _____.

三、计算题

1. 已知袋中有 5 个球，其中 2 个白球，现从中任取 3 个，求取到的白球个数 X 的分布律和分布函数.

2. 一箱产品 10 件，其中 3 件优质品，X 表示取得的产品中的次品数.
（1）不放回地任取 2 件，求 X 的分布律和分布函数；
（2）放回地任取 2 件，求 X 的分布律和分布函数.

3. 袋中有 5 个同样大小的球，编号为 1,2,3,4,5，从中任取 3 个球，令 X 表示取出的球的最大号码，求 X 的分布律和分布函数.

4. 某书店开设新书征订业务，每位顾客在一周内收到书店回单的概率为 0.2，有 4 位顾客预定新书．求一周内收到回单的顾客数 X 的分布律.

5. 一电话交换台每分钟接到的呼唤次数服从参数为 4 的泊松分布，求
（1）每分钟恰有 8 次呼唤的概率；
（2）每分钟呼唤次数大于 10 的概率.

6. 设随机变量 X 的分布律为

X	-1	2	3
p_i	0.25	0.5	0.25

求：（1）求 X 的分布函数 $F(x)$；（2）求 $P\left(X\leqslant\dfrac{1}{2}\right)$，$P\left(\dfrac{3}{2}<X\leqslant\dfrac{5}{2}\right)$，$P(2<X\leqslant 3)$.

7. 用随机变量 X 的分布函数 $F(x)$ 表示下述概率

(1) $P(X>a)$； (2) $P(X<a)$；

(3) $P(X=a)$； (4) $P(a\leqslant X<b)$；

(5) $P(a<X<b)$； (6) $P(a\leqslant X\leqslant b)$.

8. 设事件 A 在每次实验中发生的概率均为 0.4，当 A 发生 3 次及以上时，指示灯发出信号，求下列事件的概率：

(1) 进行 4 次独立试验，指示灯发出信号；

(2) 进行 5 次独立试验，指示灯发出信号.

9. 设 $X\sim b(2,P)$，$Y\sim b(4,P)$，且 $P(X\geqslant1)=\dfrac{5}{9}$，求 $P(Y\geqslant1)$.

10. 设随机变量的 X 的分布函数为

$$F(x)=\begin{cases} 0 & x<0 \\ \dfrac{1}{12} & 0\leqslant x<1 \\ \dfrac{1}{4} & 1\leqslant x<2 \\ 1 & x\geqslant2 \end{cases}$$

求 $P(X=1)$，$P\left(\dfrac{1}{2}<X\leqslant1\right)$，$P(1\leqslant X\leqslant2)$

11. 已知离散型随机变量的 X 的分布函数为

$$F(x)=\begin{cases} 0 & x<-1 \\ 0.3 & -1\leqslant x<0 \\ 0.6 & 0\leqslant x<1 \\ 0.8 & 1\leqslant x<3 \\ 1 & x\geqslant3 \end{cases}$$

试给出 X 的分布律，并计算 $P(X=0\,|\,X<1)$

12. 已知连续型随机变量 X 的分布函数为

$$F(x)=\begin{cases} a+be^{-\frac{x^2}{2}} & x>0 \\ 0 & x\leqslant0 \end{cases}$$

试求：(1) 常数 a,b 的值；(2) 密度函数 $f(x)$.

13. 已知连续型随机变量 X 的分布函数为

$$F(x)=\begin{cases} 0 & x<0 \\ Ax^2 & 0\leqslant x\leqslant1 \\ 1 & x>1 \end{cases}$$

试求：(1) 常数 A；(2) X 的概率密度 $f(x)$；(3) $P\left(\dfrac{1}{4}<X<\dfrac{1}{2}\right)$.

14. 已知连续型随机变量 X 的分布函数为

$$F(x)=\begin{cases} A-e^{-x} & x>0 \\ 0 & x\leqslant0 \end{cases}$$

求(1)常数 A;(2)$P(X\leqslant2)$,$P(X>3)$,$P(-1\leqslant X\leqslant3)$;(3)$X$ 的密度函数.

15.设连续型随机变量 X 的密度函数为

$$f(x)=\begin{cases} 2(1-x) & 0<x<1 \\ 0 & \text{其他} \end{cases}$$

求:(1)求 X 的分布函数 $F(x)$;(2)求 $P\left(\dfrac{1}{4}<X<\dfrac{3}{2}\right)$.

16.设随机变量 X 的密度函数为 $f(x)=ce^{-|x|}$,$-\infty<x<+\infty$,求:

(1)常数 c;

(2)$P(0<X\leqslant1)$.

17.设随机变量 X 在区间 $[0,5]$ 上服从均匀分布,求方程 $t^2+Xt+1=0$ 有实根的概率.

18.某仪器装有三只独立工作的同型号电器元件,其寿命都服从同一指数分布,密度函数为

$$f(x)=\begin{cases} \dfrac{1}{600}e^{-\frac{x}{600}} & x>0 \\ 0 & x\leqslant0 \end{cases}$$

试求在仪器使用最初的 200 h 内,至少有一个电子元件损坏的概率.

19.设 $X\sim N(0,1)$,求:$P(1<X\leqslant2)$,$P(-2<X\leqslant-1)$,$P(|X|>1.5)$.

20.设 $X\sim N(1,4)$,求 $P(X\leqslant-3)$,$P(1\leqslant X\leqslant3)$,$P(|X|>1)$.

21.设随机变量 X 的分布律为

X	-2	-1	0	1	2
p_i	$\dfrac{1}{5}$	$\dfrac{1}{6}$	$\dfrac{1}{5}$	$\dfrac{1}{15}$	$\dfrac{11}{30}$

求:(1)$Y=X+2$ 的分布律;(2)$Y=X^2$ 的分布律.

22.设随机变量 X 的分布律为

X	-1	0	1	2	3
p_i	$\dfrac{1}{5}$	$\dfrac{1}{10}$	$\dfrac{1}{10}$	$\dfrac{3}{10}$	$\dfrac{3}{10}$

求:(1)$Y=X-1$ 的分布律;(2)$Y=X^2$ 的分布律.

23.设事件 A 在每次试验中发生的概率均为 0.4,当 A 发生 3 次或 3 次以上时,指示灯发出信号,求下列事件的概率:

(1)进行 5 次独立试验,指示灯发出信号;

(2)进行 7 次独立试验,指示灯发出信号.

24.设书籍上每页的印刷错误的个数 X 服从泊松分布,经统计发现在某本书上,有一个印刷错误与有两个印刷错误的页数相同,求任意检查 4 页,每页上都没有印刷错误的概率.

25.连续型设随机变量 X 的概率密度为

$$f(x)=\begin{cases} A(9-x^2) & -3\leqslant x\leqslant3 \\ 0 & \text{其他} \end{cases}$$

(1)求常数 A;

(2)求分布函数 $F(x)$;

(3)求 $P(-1 < X \leq 1)$.

26.已知随机变量 X 的分布律为

X	1	3	5
p_i	0.1	0.4	0.5

求 $Y = X^2 - 1$ 的分布律.

27.已知 100 件产品中,有 90 件为一等品,10 件二等品,随机取 2 件安装在一台设备上,若一台设备中有 $i(i=0,1,2)$ 件二等品,则此设备的使用寿命服从参数为 $\lambda = i + 1$ 的指数分布.

(1)试求设备寿命超过 1 的概率;

(2)已知设备寿命超过 1,求安装在设备上的两个零件都是一等品的概率.

第三章　多维随机变量及其概率

到现在为止,我们只讨论了随机现象用一个随机变量来描述,但有些随机现象用一个随机变量来描述是有困难的,例如在打靶时,弹着点的位置用一个随机变量就只能反映它偏离靶心的距离(例如环数),但距离并不能全面反映弹着点的位置.若引入直角坐标系,用(X,Y)来反映弹着点的位置,就比较清楚.显然,坐标X,Y都是随机变量,都具有自己的分布,而它们之间也有联系,这时就必须考虑两个随机变量.如飞机的重心在空中的位置是由三个随机变量(空间直角坐标系中的三个坐标)来确定的,等等.因此,需要研究多维随机变量并寻找它们的统计规律、性质,以及研究它们之间的联系.

本章,我们主要讨论二维随机变量.从二维随机变量到n维随机变量的推广,是直接的、形式上的,比较容易推导.

第一节　二维随机变量及其分布

一、二维随机变量

定义3.1.1　设E是随机试验,$X=X(\omega)$和$Y=Y(\omega)$是定义在同一个样本空间$S=\{\omega\}$上的随机变量,则称(X,Y)为二维随机变量或二维随机向量.

说明:二维随机变量(X,Y)的性质不仅与X和Y有关,还依赖于两个随机变量之间的相互关系,因此要将随机变量(X,Y)作为一个整体进行研究.

二、二维随机变量的联合分布函数

(一)二维随机变量的联合分布函数定义

定义3.1.2　设(X,Y)为二维随机变量,对于任意的$(x,y)\in R^2$,则称
$$F(x,y) = P\{X \leqslant x, Y \leqslant y\}$$
为二维随机变量(X,Y)的联合分布函数,简称为分布函数.本章我们只研究二维随机变量,它的很多结果不难推广到$n>2$的情况.

若将(X,Y)看作平面直角坐标系上的随机点,那么$F(x,y)=P\{X \leqslant x, Y \leqslant y\}$表示随机点落入阴影部分的概率(见图3-1),即落入点(x,y)左下方区域内的概率.

如果把二维随机变量(X,Y)看成是平面上随机点的坐标,那么,分布函数$F(x,y)$在(x,y)处的函数值就是随机点(X,Y)落在图3-1所示的以点(x,y)为顶点,而位于该点左下方的无穷矩形域内的概率.依照上述解释,借助于图3-1,容易算出随机点(X,Y)落随机点(X,Y)落入矩形区域$\{(x,y)\,|\,x_1<X\leqslant x_2, y_1<Y\leqslant y_2\}$的概率:
$$P\{x_1 < X \leqslant x_2, y_1 < Y \leqslant y_2\} = F(x_2,y_2) - F(x_1,y_2) - F(x_2,y_1) + F(x_1,y_1)$$

(二)联合分布函数$F(x,y)$的性质

(1)单调性:对x或y都是单调不减的;

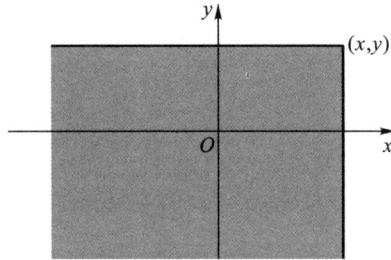

图 3-1

(2)有界性:对任意的 x 和 y,有 $0 \leqslant F(x,y) \leqslant 1$,并且:

$$F(-\infty, y) = \lim_{x \to -\infty} F(x,y) = 0$$

$$F(x, -\infty) = \lim_{y \to -\infty} F(x,y) = 0$$

$$F(+\infty + \infty) = \lim_{\substack{x \to +\infty \\ y \to +\infty}} F(x,y) = 1$$

(3)右连续:对 x 或 y 都是右连续的,即 $F(x+0,y) = F(x,y)$,$F(x,y+0) = F(x,y)$;

(4)对任意的 (x_1, y_1) 和 (x_2, y_2),其中 $x_1 < x_2, y_1 < y_2$,有

$$F(x_2, y_2) - F(x_1, y_2) - F(x_2, y_1) + F(x_1, y_1) \geqslant 0$$

例 3.1.1 判断二元函数 $F(x,y) = \begin{cases} 0 & x+y<0 \\ 1 & x+y \geqslant 0 \end{cases}$ 是不是某二维随机变量的分布函数.

解 作为二维随机变量分布函数 $F(x,y)$,对任意的 $x_1 < x_2, y_1 < y_2$ 应有

$$F(x_2, y_2) - F(x_1, y_2) - F(x_2, y_1) + F(x_1, y_1) \geqslant 0$$

而本题中 $F(x,y) = \begin{cases} 0 & x+y<0 \\ 1 & x+y \geqslant 0 \end{cases}$,若取 $x_1 = -1, x_2 = 1, y_1 = -1, y_2 = 1$,

$$F(x_2, y_2) - F(x_1, y_2) - F(x_2, y_1) + F(x_1, y_1) = -1 < 0$$

故函数 $F(x,y)$ 不能作为某二维随机变量的分布函数.

三、二维离散型随机变量及其概率分布

(一)二维离散型随机变量

定义 3.1.3 当随机变量 X 和 Y 都只能取有限个或可列无限个值时,称 (X,Y) 为二维离散型随机变量.

定义 3.1.4 设 (X,Y) 为二维离散型随机变量,其所有可能取值为 $(x_i, y_j)(i=1,2,\cdots; j=1,2,\cdots)$,则称 $P\{X=x_i, Y=y_j\} = p_{ij}(i,j=1,2,\cdots)$ 为 (X,Y) 的联合分布律,简称为 (X,Y) 的分布律.

若二维随机变量 (X,Y) 只取有限个或可列个数对 (x_i, y_j),则称 (X,Y) 为二维离散型随机变量,称 $p_{ij} = P\{X=x_i, Y=y_j\}$,$i,j=1,2,\cdots$ 为 (X,Y) 的联合分布律或者联合概率分布,简称为分布律或者概率分布.

(二)联合分布律的性质

(1)非负性:$p_{ij} \geqslant 0, i,j=1,2,\cdots$;

(2)正则性:$\sum_i \sum_j p_{ij} = 1$.

二维联合分布律的表示形式：

x_1	p_{11}	p_{12}	$\cdots$	p_{1j}	$\cdots$
x_2	p_{21}	p_{22}	$\cdots$	p_{2j}	$\cdots$
$\cdots$	$\cdots$	$\cdots$	$\cdots$	$\cdots$	$\cdots$
x_i	p_{i1}	p_{i2}	$\cdots$	p_{ij}	$\cdots$
$\cdots$	$\cdots$	$\cdots$	$\cdots$	$\cdots$	$\cdots$

例 3.1.1 设 (X,Y) 的分布律为

X	Y		
	1	2	3
1	$\dfrac{1}{3}$	$\dfrac{a}{6}$	$\dfrac{1}{4}$
2	0	$\dfrac{1}{4}$	a^2

求常数 a 的值.

解 由分布律性质知,

$$\frac{1}{3}+\frac{a}{6}+\frac{1}{4}+\frac{1}{4}+a^2=1$$

则 $6a^2+a-1=0,(3a-1)(2a+1)=0$,

解得 $a=\dfrac{1}{3}$ 或 $a=-\dfrac{1}{2}$（负值舍去）,所以 $a=\dfrac{1}{3}$.

例 3.1.2 设 (X,Y) 的分布律为

X	Y		
	1	2	3
0	0.1	0.1	0.3
1	0.25	0	0.25

求：(1) $P\{X=0\}$；(2) $P\{Y\leqslant 2\}$；(3) $P\{X<1,Y\leqslant 2\}$；(4) $P\{X+Y=2\}$.

解 (1) $\{X=0\}=\{X=0,Y=1\}\bigcup\{X=0,Y=2\}\bigcup\{X=0,Y=3\}$,且事件 $\{X=0,Y=1\}$,$\{X=0,Y=2\}$,$\{X=0,Y=3\}$ 两两互不相容,所以

$P\{X=0\}=P\{X=0,Y=1\}+P\{X=0,Y=2\}+P\{X=0,Y=3\}=0.1+0.1+0.3=0.5$.

(2) $\{Y\leqslant 2\}=\{Y=1\}\bigcup\{Y=2\}$

$\qquad\qquad =\{X=0,Y=1\}\bigcup\{X=1,Y=1\}\bigcup\{X=0,Y=2\}\bigcup\{X=1,Y=2\}$

且上式并集事件两两互不相容,所以

$P\{Y\leqslant 2\}=P\{Y=1\}+P\{Y=2\}$

$\qquad\qquad =P\{X=0,Y=1\}+P\{X=1,Y=1\}+P\{X=0,Y=2\}+P\{X=1,Y=2\}$

$\qquad\qquad =0.1+0.25+0.1+0=0.45$

(3)$\{X<1,Y\leqslant 2\}=\{X=0,Y=1\}\bigcup\{X=0,Y=2\}$,且事件$\{X=0,Y=1\},\{X=0,Y=2\}$互不相容,所以 $P\{X<1,Y\leqslant 2\}=P\{X=0,Y=1\}+P\{X=0,Y=2\}=0.1+0.1=0.2$.

(4)$\{X+Y=2\}=\{X=0,Y=2\}\bigcup\{X=1,Y=1\}$,且事件$\{X=0,Y=2\},\{X=1,Y=1\}$互不相容,所以 $P\{X+Y=2\}=P\{X=0,Y=2\}+P\{X=1,Y=1\}=0.1+0.25=0.35$.

四、二维连续型随机变量及其分布

(一)二维连续型随机变量

设(X,Y)为二维随机变量,若存在函数 $f(x,y)$,对于任意区域 A,满足

$$P\{(X,Y)\in A\}=\iint\limits_{A}f(x,y)\mathrm{d}x\mathrm{d}y$$

则称(X,Y)为二维连续型随机变量,称 $f(x,y)$ 为(X,Y)的联合概率密度函数,简称为概率密度.

(二)联合概率密度函数 $f(x,y)$ 的性质

(1)非负性:$f(x,y)\geqslant 0$;

(2)正则性:$\int_{-\infty}^{+\infty}\int_{-\infty}^{+\infty}f(x,y)\mathrm{d}x\mathrm{d}y=1$.

(三)补充说明

对于二维连续型随机变量(X,Y),联合分布函数与联合概率密度函数也可以相互求出:

(1)若 $f(x,y)$ 在点(x,y)处连续,$F(x,y)$为相应的联合分布函数,则有$\dfrac{\partial^2 F(x,y)}{\partial x\partial y}=f(x,y)$;

(2)若已知联合概率密度函数 $f(x,y)$,则 $F(x,y)=\int_{-\infty}^{x}\int_{-\infty}^{y}f(u,v)\mathrm{d}v\mathrm{d}u$.

(四)二维连续型随机变量的两种常用分布

1.二维均匀分布

设 G 是平面上的一个有界区域,其面积为 S_G,若随机变量(X,Y)的概率密度为 $f(x,y)=$
$\begin{cases}\dfrac{1}{S_G} & (x,y)\in G \\ 0 & \text{其他}\end{cases}$.则称随机变量$(X,Y)$服从区域 G 上的二维均匀分布.

说明:二维均匀分布相当于向平面区域 G 内随机的投点,若 D 为 G 的子区域,则点(X,Y)落入区域 D 内的概率与区域 D 的位置无关,只与 D 的面积有关,其概率值等于子区域 D 的面积与大区域 G 的面积之比,即

$$P\{(X,Y)\in D\}=\iint\limits_{D}f(x,y)\mathrm{d}x\mathrm{d}y=\iint\limits_{(x,y)\in D}\frac{1}{S_G}\mathrm{d}x\mathrm{d}y=\frac{1}{S_G}\iint\limits_{(x,y)\in D}1\mathrm{d}x\mathrm{d}y=\frac{S_D}{S_G}$$

2.二维正态分布

如果二维随机变量(X,Y)的联合概率密度为

$$f(x,y)=\frac{1}{2\pi\sigma_1\sigma_2\sqrt{1-\rho^2}}\mathrm{e}^{-\frac{1}{2(1-\rho^2)}\left[\frac{(x-\mu_1)^2}{\sigma_1^2}-2\rho\frac{(x-\mu_1)(y-\mu_2)}{\sigma_1\sigma_2}+\frac{(y-\mu_2)^2}{\sigma_2^2}\right]}$$

$-\infty<x,y<+\infty$,其中五个参数 $\mu_1,\mu_2,\sigma_1^2,\sigma_2^2,\rho$ 均为常数,且 $-\infty<\mu_1,\mu_2<+\infty$,$\sigma_1,\sigma_2>0$,$-1\leqslant\rho\leqslant 1$,则称$(X,Y)$服从二维正态分布,记为$(X,Y)\sim N(\mu_1,\mu_2,\sigma_1^2,\sigma_2^2,\rho)$.

例 3.1.3 设二维随机变量(X,Y)的分布函数为

$$F(X,Y) = A\left(B + \arctan \frac{x}{2}\right)\left(C + \arctan \frac{y}{3}\right), x,y \in R$$

求:(1)常数 A,B,C;(2)事件$\{2<X<+\infty, 0<Y\leqslant 3\}$的概率.

解 (1)由分布函数的性质(2)知

$$F(x, -\infty) = A\left(B + \arctan \frac{x}{2}\right)\left(C - \frac{\pi}{2}\right) = 0$$

$$F(-\infty, y) = A\left(B - \frac{\pi}{2}\right)\left(C + \arctan \frac{y}{3}\right) = 0$$

$$F(+\infty, +\infty) = A\left(B + \frac{\pi}{2}\right)\left(C + \frac{\pi}{2}\right) = 1$$

由此解得

$$A = \frac{1}{\pi^2}, B = C = \frac{\pi}{2}$$

(2)由式(3.2)及上式可得

$$P\{2 < X < +\infty, 0 < Y \leqslant 3\} = F(+\infty, 3) - F(+\infty, 0) - F(2, 3) + F(2, 0)$$

$$= \frac{3}{4} - \frac{1}{2} - \frac{9}{16} + \frac{3}{8} = \frac{1}{16}.$$

五、二维连续型随机变量及其联合概率密度

定义 3.1.5 设二维连续型随机变量,(X,Y)的分布函数为 $F(x,y)$,若存在一个非负函数 $f(x,y)$,对于任意实数 x,y 有

$$F(x,y) = \int_{-\infty}^{x} \int_{-\infty}^{y} f(s,t)\mathrm{d}s\mathrm{d}t$$

则称(X,Y)是二维连续型随机变量,$f(x,y)$称为 X 与 Y 的联合概率密度,二维连续型随机变量的联合概率密度具有以下性质:

(1)$f(x,y) \geqslant 0$;

(2)$\int_{-\infty}^{+\infty} \int_{-\infty}^{+\infty} f(x,y)\mathrm{d}x\mathrm{d}y = 1$;

(3)若 $f(x,y)$ 在点(x,y)处连续,则有

$$\frac{\partial^2 F(x,y)}{\partial x \partial y} = f(x,y)$$

(4)若 D 是 XOY 平面上的闭区域,则随机点 (X,Y) 落在区域 D 内的概率为

$$P\{(X,Y) \in D\} = \iint_D f(x,y)\mathrm{d}x\mathrm{d}y$$

该概率值是以 XOY 面上闭区域 D 为底,以曲面 $z = f(x,y)$ 为顶的曲顶柱体的体积,显然对任意实数 $a<b, c<d$ 有

$$P\{a < X \leqslant b, c < Y \leqslant d\} = \int_a^b \int_c^d f(x,y)\mathrm{d}y\mathrm{d}x$$

例 3.1.4 一箱中有 10 件产品,其中 6 件一级品,4 件二级品,现随机抽取 2 次,每次任取一件,定义两个随机变量 X 和 Y.

$$X = \begin{cases} 1, & \text{第一次抽到一级品} \\ 0, & \text{第一次抽到二级品} \end{cases}, \quad Y = \begin{cases} 1, & \text{第二次抽到一级品} \\ 0, & \text{第二次抽到二级品} \end{cases}$$

求第一次抽取后放回和第一次抽取后不放回这两种情况下 (X,Y) 的联合分布律

解　①第一次抽取后放回抽样,由乘法公式可得

$$P\{X = 0, Y = 0\} = P\{X = 0\} \times P\{Y = 0 \mid X = 0\} = \frac{4}{10} \times \frac{4}{10} = \frac{4}{25}$$

同理:

$$P\{X = 0, Y = 1\} = \frac{4}{10} \times \frac{6}{10} = \frac{6}{25}$$

$$P\{X = 1, Y = 0\} = \frac{6}{10} \times \frac{4}{10} = \frac{6}{25}$$

$$P\{X = 1, Y = 1\} = \frac{6}{10} \times \frac{6}{10} = \frac{9}{25}$$

其联合分布律如下:

X	Y	
	0	1
0	$\dfrac{4}{25}$	$\dfrac{6}{25}$
1	$\dfrac{4}{25}$	$\dfrac{9}{25}$

可验证 $\sum_{i=1} \sum_{j=1} p_{ij} = \frac{4}{25} + \frac{6}{25} + \frac{6}{25} + \frac{9}{25} = 1$

②第一次抽取后不放回抽样,由乘法公式同样可得

$$P\{X = 0, Y = 0\} = \frac{4}{10} \times \frac{3}{9} = \frac{2}{15}$$

$$P\{X = 0, Y = 1\} = \frac{4}{10} \times \frac{6}{9} = \frac{6}{15}$$

$$P\{X = 1, Y = 0\} = \frac{6}{10} \times \frac{4}{9} = \frac{4}{15}$$

$$P\{X = 1, Y = 1\} = \frac{6}{10} \times \frac{5}{9} = \frac{5}{15}$$

其联合分布律如下:

X	Y	
	0	1
0	$\dfrac{2}{15}$	$\dfrac{4}{15}$
1	$\dfrac{4}{15}$	$\dfrac{5}{15}$

可验证 $\sum_{i=1} \sum_{j=1} p_{ij} = \frac{2}{15} + \frac{4}{15} + \frac{4}{15} + \frac{5}{15} = 1.$

第二节　边缘分布与随机变量的独立性

一、边缘分布函数

前面我们讨论了二维随机变量(X,Y)作为一个整体的联合分布,而X和Y又各自是一维随机变量,它们也有各自的分布函数,分别记为$F_X(x)$和$F_Y(y)$,我们分别称其为二维随机变量(X,Y)关于X的边缘分布函数和关于Y的边缘分布函数,亦简称为X的边缘分布函数和Y的边缘分布函数.

1. 随机变量 X 的边缘分布函数

定义 3.2.1 设二维随机变量(X,Y)的联合分布函数$F(x,y)$已知,则两个分量X和Y的分布函数可以由联合分布函数求得,即$F_X(x)=P\{X\leqslant x\}=P\{X\leqslant x,Y<+\infty\}=F(x,+\infty)$,其中$-\infty<x<+\infty$,称$F_X(x)$为随机变量$X$的边缘分布函数.

2. 随机变量 Y 的边缘分布函数

$F_Y(y)=F(+\infty,y)$,其中$-\infty<y<+\infty$,称$F_Y(y)$为随机变量Y的边缘分布函数.

例 3.2.1 从三张分别标有$1,2,3$号的卡片中任意抽取一张,以X及其号码,放回之后拿掉三张中号码大于X的卡片(如果有的话),再从剩下的卡片中任意抽取一张,以Y记其号码. 求二维随机变量(X,Y)的联合分布和边缘分布.

解 二维随机变量(X,Y)所有可能的取值为$(1,1),(2,1),(2,2),(3,1),(3,2),(3,3)$. 由于:

$$P\{X=i,Y=j\}=P\{X=i\}P\{Y=j\mid X=i\},i,j=1,2,3$$

由此可得到X和Y的联合分布和边缘分布律如下表所示:

X	Y			
	1	2	3	$p_{i.}$
1	$\dfrac{1}{3}$	0	0	$\dfrac{1}{3}$
2	$\dfrac{1}{6}$	$\dfrac{1}{6}$	0	$\dfrac{1}{3}$
3	$\dfrac{1}{9}$	$\dfrac{1}{9}$	$\dfrac{1}{9}$	$\dfrac{1}{3}$
$p_{.j}$	$\dfrac{11}{18}$	$\dfrac{5}{18}$	$\dfrac{2}{18}$	1

此表中,中间部分是(X,Y)的联合分布律,而边缘部分是X和Y的边缘分布律. 则X和Y的边缘分布律分别是:

X	1	2	3
p_k	$\dfrac{1}{3}$	$\dfrac{1}{3}$	$\dfrac{1}{3}$

X	1	2	3
p_k	$\dfrac{11}{18}$	$\dfrac{5}{18}$	$\dfrac{2}{18}$

二、边缘分布律

(1)随机变量 X 的边缘分布律：

设二维离散型随机变量 (X,Y) 的联合分布律为

$p_{ij} = P\{X = x_i, Y = y_j\}, i, j = 1, 2, \cdots,$

随机变量 X 的边缘分布律为

$$P\{X = x_i\} = \sum_{j=1}^{+\infty} P\{X = x_i, Y = y_j\} = \sum_{j=1}^{+\infty} p_{ij}, i = 1, 2, \cdots,$$

简记为 $p_{i\cdot}$；随机变量 Y 的边缘分布律为

$$P\{Y = y_j\} = \sum_{i=1}^{+\infty} P\{X = x_i, Y = y_j\} = \sum_{i=1}^{+\infty} p_{ij}, j = 1, 2, \cdots, 简记为 p_{\cdot j}.$$

(2)利用联合分布律就能得到单个随机变量的边缘分布律，且可以一起列入下表：

X	Y					
	y_1	y_2	$\cdots$	y_j	$\cdots$	$p_{i\cdot}$
x_1	p_{11}	p_{12}	$\cdots$	p_{1j}	$\cdots$	$p_{1\cdot}$
x_2	p_{21}	p_{22}	$\cdots$	p_{2j}	$\cdots$	$p_{2\cdot}$
$\cdots$	$\cdots$	$\cdots$	$\cdots$	$\cdots$	$\cdots$	$\cdots$
x_i	p_{i1}	p_{i2}	$\cdots$	p_{ij}	$\cdots$	$p_{i\cdot}$
$\cdots$	$\cdots$	$\cdots$	$\cdots$	$\cdots$	$\cdots$	$\cdots$
$p_{\cdot j}$	$p_{\cdot 1}$	$p_{\cdot 2}$	$\cdots$	$p_{\cdot j}$	$\cdots$	1

例 3.2.2　设盒中有 2 个红球 3 个白球，从中每次任取一球，连续取两次，记 X, Y 分别表示第一次与第二次取出红球的个数，分别对有放回摸球与不放回摸球两种情况，求 (X,Y) 的分布律与边缘分布律．

解　(1)有放回摸球的情况：

由于事件 $\{X=i\}$ 与 $\{Y=j\}$ 相互独立 $(i, j = 0, 1)$，所以

$$P\{X = 0, Y = 0\} = P\{X = 0\} \times P\{Y = 0\} = \frac{3}{5} \times \frac{3}{5} = \frac{9}{25}$$

$$P\{X = 0, Y = 1\} = P\{X = 0\} \times P\{Y = 1\} = \frac{3}{5} \times \frac{2}{5} = \frac{6}{25}$$

$$P\{X = 1, Y = 0\} = P\{X = 1\} \times P\{Y = 0\} = \frac{2}{5} \times \frac{3}{5} = \frac{6}{25}$$

$$P\{X = 1, Y = 1\} = P\{X = 1\} \times P\{Y = 1\} = \frac{2}{5} \times \frac{2}{5} = \frac{4}{25}$$

则 (X,Y) 的分布律与边缘分布律为

X	Y		
	0	0	$p_i.$
0	$\frac{3}{5} \cdot \frac{3}{5}$	$\frac{3}{5} \cdot \frac{2}{5}$	$\frac{3}{5}$
1	$\frac{2}{5} \cdot \frac{3}{5}$	$\frac{2}{5} \cdot \frac{2}{5}$	$\frac{2}{5}$
$p._j$	$\frac{3}{5}$	$\frac{2}{5}$	

(2)不放回摸球情况:

$$P\{X = 0, Y = 0\} = P\{X = 0\} \times P\{Y = 0\} = \frac{3}{5} \times \frac{2}{4} = \frac{3}{10}$$

$$P\{X = 0, Y = 1\} = P\{X = 0\} \times P\{Y = 1\} = \frac{3}{5} \times \frac{2}{4} = \frac{3}{10}$$

$$P\{X = 1, Y = 0\} = P\{X = 1\} \times P\{Y = 0\} = \frac{2}{5} \times \frac{3}{4} = \frac{3}{10}$$

$$P\{X = 1, Y = 1\} = P\{X = 1\} \times P\{Y = 1\} = \frac{2}{5} \times \frac{1}{4} = \frac{1}{10}$$

则(X, Y)的分布律与边缘分布律为

X	Y		
	0	0	$p_i.$
0	$\frac{3}{5} \cdot \frac{2}{4}$	$\frac{3}{5} \cdot \frac{2}{4}$	$\frac{3}{5}$
1	$\frac{2}{5} \cdot \frac{3}{4}$	$\frac{2}{5} \cdot \frac{1}{4}$	$\frac{2}{5}$
$p._j$	$\frac{3}{5}$	$\frac{2}{5}$	

三、边缘概率密度

(一)随机变量 X 的边缘概率密度

一维连续型随机变量 X 的可能取值为某个或某些区间,甚至是整个数轴,二维随机变量 (X, Y) 的可能取值范围则为 XOY 平面上的某个或某些区域,甚至为整个平面,一维随机变量 X 的概率特征为存在一个概率密度函数 $f(x)$,满足:

$$f(x) \geqslant 0, \int_{-\infty}^{+\infty} f(x) \mathrm{d}x = 1$$

且 $P\{a \leqslant X \leqslant b\} = \int_a^b f(x) \mathrm{d}x$,分布函数 $F(x) = \int_{-\infty}^x f(t) \mathrm{d}t$.

定义 3.3.1 设二维连续型随机变量 (X, Y) 的联合概率密度为 $f(x, y)$,则关于 X 的边缘分布函数为

$$F_X(x) = F(x, +\infty) = \int_{-\infty}^x \int_{-\infty}^{+\infty} f(u, v) \mathrm{d}u \mathrm{d}v = \int_{-\infty}^x \left[\int_{-\infty}^{+\infty} f(u, v) \mathrm{d}v \right] \mathrm{d}u$$

对 $F_X(x)$ 求导可得

$$f_X(x) = F'_X(x) = \int_{-\infty}^{+\infty} f(x,y)\mathrm{d}y$$

称

$$f_X(x) = \int_{-\infty}^{+\infty} f(x,y)\mathrm{d}y, -\infty < x < +\infty$$

为随机变量 X 的边缘概率密度.

(二)边缘概率密度

定义 3.2.2　随机变量 Y 的边缘概率密度为

$$f_Y(y) = \int_{-\infty}^{+\infty} f(x,y)\mathrm{d}x, -\infty < y < +\infty$$

(三)二维正态分布

定义 3.2.3　若二维随机变量 (X,Y) 概率密度为

$$f(x,y) = \frac{1}{2\pi\sigma_1\sigma_2} \mathrm{e}^{-\frac{1}{2(1-\rho^2)}\left\{\frac{(x-\mu_1)^2}{\sigma_1^2} - 2\rho\frac{(x-\mu_1)(x-\mu_2)}{\sigma_1\sigma_2} + \frac{(x-\mu_2)^2}{\sigma_2^2}\right\}}, (-\infty < x < +\infty, -\infty < y < +\infty)$$

式中, $\mu_1, \mu_2, \sigma_1^2, \sigma_2^2, \rho$ 都是常数, 且 $\sigma_1 > 0, \sigma_2 > 0, |\rho| < 1$, 则称 (X,Y) 服从二维正态分布, 记为 $(X,Y) \sim N(\mu_1, \mu_2, \sigma_1^2\sigma_2^2\rho)$, 二维正态分布的图形如图 3.2 所示.

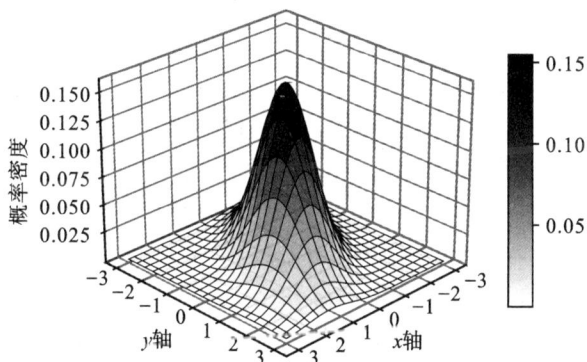

图 3.2　二维正态分布图

其两个边缘分布是一维正态分布

$$N(\mu_1, \sigma_1^2) \text{ 和 } N(\mu_2, \sigma_2^2)$$

即联合分布可以完全确定其边缘分布, 反之, 边缘分布不能确定联合分布.

例 3.2.3　设 (X,Y) 的概率密度为

$$f(x,y) = \begin{cases} \mathrm{e}^{-(x+y)}, & x > 0, y > 0 \\ 0, & \text{其他} \end{cases}$$

求 (X,Y) 的分布函数 $F(x,y)$.

解　由定义知:

$$F(x,y) = \int_{-\infty}^{x} \int_{-\infty}^{y} f(u,v)\mathrm{d}u\mathrm{d}v$$

当 $x > 0, y > 0$ 时,

$$F(x,y) = \int_0^x \int_0^y \mathrm{e}^{-(u+v)} \mathrm{d}u\mathrm{d}v = \int_0^x \mathrm{e}^{-u}\mathrm{d}u \cdot \int_0^y \mathrm{e}^{-v}\mathrm{d}v = (1 - \mathrm{e}^{-x})(1 - \mathrm{e}^{-y})$$

当 $x \leqslant 0$ 或 $y \leqslant 0$ 时，

$$F(x, y) = 0$$

从而

$$F(x, y) = \begin{cases} (1 - \mathrm{e}^{-x})(1 - \mathrm{e}^{-y}) & x > 0, y > 0 \\ 0 & 其他 \end{cases}$$

四、随机变量的独立性

随机变量 X 与 Y 相互独立：设二维随机变量 (X, Y) 的联合分布函数为 $F(x, y)$，且 X 与 Y 的边缘分布函数为 $F_X(x)$、$F_Y(y)$，若对任意的一组取值 (x, y)，有

$$F(x, y) = F_X(x) \cdot F_Y(y)$$

成立，则称随机变量 X 与 Y 是相互独立的，由此定义可得：

$$P\{X \leqslant x, Y \leqslant y\} = P\{X \leqslant x\} P\{Y \leqslant y\}$$

定义 3.2.1 设 (X, Y) 为二维离散型随机变量，对任意的 (x_i, y_i)，则离散型随机变量 X 与 Y 相互独立等价于：

$$P\{X = x_i, Y = y_j\} = P\{X = x_i\} \cdot P\{Y = y_j\}$$

设 (X, Y) 为二维连续型随机变量，对任意的 (x, y)，则连续型随机变量 X 与 Y 相互独立等价于：

$$f(x, y) = f_X(x) \cdot f_Y(y)$$

说明：

(1) 要判别 (X, Y) 中的 X 与 Y 相互独立，必须对"任意一组取值"都满足上述结论；

(2) 要判别 X 与 Y 不独立，则只需要找到一组不满足上述结论的 (X, Y) 值即可.

这样，二维正态随机变量 (X, Y) 的两个分量 X 和 Y 都服从正态分布，并且与参数 ρ 无关，所以，对于确定的 $\mu_1, \mu_2, \sigma_1, \sigma_2$ 当取不同的 ρ 时，对应了不同的二维正态分布，但其中的分量 X 或 Y 却服从相同的正态分布，对这个现象的解释是，边缘概率密度只考虑了单个分量 X 或 Y 的情况，而未涉及 X 和 Y 之间的关系，X 和 Y 之间的关系这个信息是包含在 (X, Y) 的概率密度函数之内的，在第四章"随机变量的数字特征"中将指出参数 ρ 正好刻画了 X 和 Y 之间关系的密切程度.

因此，仅由 X 和 Y 的边缘概率密度（或边缘分布律），一般不能确定 (X, Y) 的联合概率密度函数（或联合分布律）.

例 3.2.2 设 X 和 Y 的联合分布律为

X	Y	
	0	1
1	$\dfrac{1}{6}$	$\dfrac{2}{6}$
2	$\dfrac{1}{6}$	$\dfrac{2}{6}$

试判别随机变量 X 和 Y 是否相互独立.

解 由已知得随机变量 X 和 Y 的边缘分布律为

X	1	2
p_i	$\dfrac{1}{2}$	$\dfrac{1}{2}$

Y	0	1
p_i	$\dfrac{1}{3}$	$\dfrac{2}{3}$

由于

$$P_{10} = P_{1.} \cdot P_{.0} = \frac{1}{2} \times \frac{1}{3} = \frac{1}{6}$$

$$P_{12} = P_{1.} \cdot P_{.2} = \frac{1}{2} \times \frac{2}{3} = \frac{2}{6}$$

$$p_{20} = p_{2.} \cdot p_{.0} = \frac{1}{2} \times \frac{1}{3} = \frac{1}{6}$$

$$p_{21} = p_{2.} \cdot p_{.1} = \frac{1}{2} \times \frac{2}{3} = \frac{2}{6}$$

即

$$P_{ij} = P_{i.} \cdot P_{.j}, i,j = 1,2$$

所以 X 和 Y 是相互独立的.

例 3.2.3 投掷一枚硬币和一枚骰子,以 X 表示硬币出现正面的次数,以 Y 表示骰子出现的点数,则 (X,Y) 的联合分布律为

$$P\{X=i, Y=j\} = \frac{1}{12}, i=0,1; j=1,2,3,4,5,6$$

易知

$$P\{X=i\} = \frac{1}{2}, i=0,1; P\{Y=j\} = \frac{1}{6}, j=1,2,3,4,5,6$$

对于一切的 $i,j(i=0,1; j=1,2,3,4,5,6)$ 有

$$P\{X=i, Y=j\} = \frac{1}{12} = \frac{1}{2} \times \frac{1}{6} = P\{X=i\} \times P\{Y=j\}$$

所以 X,Y 是相互独立的

第三节 条件分布

设有二维随机变量 (X,Y),在给定了 Y 取某个或某些值的条件下,确定 X 的分布,即为条件分布,它一般采取如下形式:设二维随机变量 (X,Y),在给定了 Y(或 X)取某个或某些值的条件下,去求 X(或 Y)的条件分布.

例如,考虑某大学的全体学生,从中随机抽取一个学生,分别以 X 和 Y 表示其体重和身高,则 X 和 Y 都是随机变量,它们都有一定的概率分布,现在若限制 $1.7 \leqslant Y \leqslant 1.8$(以米为单位),在这个条件下去求 X 的条件分布,就意味着要从该校学生中把身高在 $1.7 \sim 1.8$ m 的人都挑出来,然后在挑出的学生中求其体重的分布,容易想象,这个分布与不加这个条件时的分布会很不一样.例如,在条件分布中体重取大值者的概率会显著增加.

从这个例子也可以看出条件分布这个概念的重要性,在本例中,搞清楚了 X 的条件分布随 Y 之值而变化的情况,就能了解身高对体重的影响在数量上的刻画,由于在很多问题中有关的变量往往是彼此相关的,这使条件分布成为研究变量间的相依关系的重要工具,它在概率

论与数理统计的许多分支中都有着重要应用.

一、二维离散型随机变量的条件分布律

(一)随机变量 X 的条件分布律

定义 3.3.1 设二维离散型随机变量 (X,Y),其联合分布律为

$$p_{ij} = P\{X = x_i, Y = y_j\}, i, j = 1, 2, \cdots$$

关于 Y 的边缘分布律为

$$P\{Y = y_j\} = \sum_{i=1}^{+\infty} p_{ij} = p_{\cdot j}, j = 1, 2, \cdots$$

则称

$$p_{i|j} = P\{X = x_i \mid Y = y_j\} = \frac{P\{X = x_i, Y = y_j\}}{P\{Y = y_j\}} = \frac{p_{ij}}{p_{\cdot j}}, i = 1, 2, \cdots$$

为在 $Y = y_j$ 的条件下随机变量 X 的条件分布律.

(二)随机变量 Y 的条件分布律

定义 3.3.2 关于 X 的边缘分布律为

$$P\{X = x_i\} = \sum_{j=1}^{+\infty} p_{ij} = p_{i \cdot}, i = 1, 2, \cdots$$

则称

$$p_{j|i} = P\{Y = y_j \mid X = x_i\} = \frac{P\{X = x_i, Y = y_j\}}{P\{X = x_i\}} = \frac{p_{ij}}{p_{i \cdot}}, j = 1, 2, \cdots$$

为在 $X = x_i$ 的条件下随机变量 Y 的条件分布律.

说明:当随机变量 X 与 Y 相互独立时,条件分布律就等于其相应的边缘分布律,即

$$p_{i|j} = p_{i \cdot}, p_{j|i} = p_{\cdot j}.$$

二、二维连续型随机变量的条件概率密度

设 (X,Y) 是二维连续型随机变量,这时由于对任意 x, y,有 $P\{X = x\} = 0, P\{Y = y\} = 0$,因此就不能直接用条件概率公式引入"条件分布函数"了.

(1)随机变量 X 的条件概率密度与条件分布函数:设二维连续型随机变量 (X,Y) 的联合概率密度为 $f(x,y)$,随机变量 X,Y 的边缘概率密度分别为 $f_X(x)$ 和 $f_Y(y)$,则称

$$f_{X|Y}(x \mid y) = \frac{f(x,y)}{f_Y(y)}$$

与

$$F_{X|Y}(x \mid y) = \int_{-\infty}^{x} \frac{f(u,y)}{f_Y(y)} \mathrm{d}u$$

为给定 $Y = y$ 条件下,X 的条件概率密度和条件分布函数.

(2)随机变量 Y 的条件概率密度与条件分布函数,称

$$f_{Y|X}(y \mid x) = \frac{f(x,y)}{f_X(x)}$$

与

$$F_{Y|X}(y \mid x) = \int_{-\infty}^{y} \frac{f(x,v)}{f_X(x)} \mathrm{d}v$$

为给定 $X = x$ 条件下，Y 的条件概率密度和条件分布函数.

例 3.3.2　设二维离散型随机变量 (X,Y) 的联合分布律为

X	Y		
	-1	1	2
-1	0.25	0.1	0.2
0	0.2	0.1	0.15

分布求随机变量

$$Z_1 = X + Y, Z_2 = X - Y, Z_3 = XY$$

的分布律.

解　(1)根据 $Z_1 = X + Y$ 可得 Z_1 值有 $-2, -1, 0, 1, 2$

当 $Z_1 = -2$ 时，则 $P\{Z = -2\} = P\{X = -1, Y = -1\} = 0.25$

当 $Z_1 = -1$ 时，则 $P\{Z = -1\} = P\{X = 0, Y = -1\} = 0.2$

当 $Z_1 = 0$ 时，则 $P\{Z = 0\} = P\{X = -1, Y = 1\} = 0.1$

当 $Z_1 = 1$ 时，则 $P\{Z = 1\} = P\{X = 0, Y = 1\} + P\{X = -1, Y = 2\} = 0.1 + 0.2 = 0.3$

当 $Z_1 = 2$ 时，则 $P\{Z = 2\} = P\{X = 0, Y = 2\} = 0.15$

所以 $Z_1 = X + Y$ 的概率分布律为

$Z_1 = X + Y$	-2	-1	0	1	2
P	0.25	0.2	0.1	0.3	0.15

(2)根据 $Z_2 = X - Y$ 可得 Z_2 的值有 $-3, -2, -1, 0, 1, 2$

$$P\{Z = -3\} = P\{X = -1, Y = 2\} = 0.2$$

$$P\{Z = -2\} = P\{X = -1, Y = 1\} + P\{X = 0, Y = 2\} = 0.1 + 0.15 = 0.25$$

$$P\{Z = -1\} = P\{X = 0, Y = 1\} = 0.1$$

$$P\{Z = 0\} = P\{X = -1, Y = -1\} = 0.25$$

$$P\{Z = 1\} = P\{X = 0, Y = -1\} = 0.2$$

所以 $Z_2 = X - Y$ 的概率分布律为

$Z_2 = X - Y$	-3	-2	-1	0	1
P	0.2	0.25	0.1	0.25	0.2

(3)根据 $Z_3 = XY$ 可得 Z_3 的取值有 $-2, -1, 0, 1$，

$$P\{Z = -2\} = P\{X = -1, Y = 2\} = 0.2$$

$$P\{Z = -1\} = P\{X = -1, Y = 1\} = 0.1$$

$$P\{Z = 0\} = P\{X = 0, Y = -1\} + P\{X = 0, Y = 1\} + P\{X = 0, Y = 2\}$$

$$= 0.2 + 0.1 + 0.15 = 0.45$$

$$P\{Z=1\}=P\{X=-1,Y=-1\}=0.25$$

所以 $Z_3=XY$ 的概率分布律为

$Z_3=XY$	-2	-1	0	1	
P	0.2	0.1	0.45	0.25	

第四节 二维随机变量函数的分布

一、二维离散型随机变量函数的分布

从以上两个例题可以看出,求二维离散型随机变量函数的分布律,其方法与求一维离散型随机变量函数的分布律是一样的:首先确定所有可能的取值,其次分别求出所有取值的概率,再进行整理便得到了随机变量函数的分布律.

例 3.1.1 描述了二项分布的可加性(关于第一个参数的可加性),下面把常用离散型随机变量的可加性总结如下.

(1)0~1分布:若随机变量 $X_i,i=1,2,\cdots,n$ 相互独立,且 $X_i\sim B(1,p)$,则

$$X_1+X_2+\cdots+X_n\sim B(n,p)$$

(2)二项分布:若随机变量

$$X\sim B(n_1,p),Y\sim B(n_2,p)$$

且 X 与 Y 相互独立,则

$$X+Y\sim B(n_1+n_2,p)$$

(3)泊松分布:若随机变量

$$X\sim P(\lambda_1),Y\sim P(\lambda_2)$$

且 X 与 Y 相互独立,则

$$X+Y\sim P(\lambda_1+\lambda_2)$$

注意,在以上的三个结论中,都要求随机变量之间相互独立.

例 3.4.1 设 (X,Y) 的分布律为

X	Y		
	0	1	2
0	$\dfrac{1}{4}$	$\dfrac{1}{6}$	$\dfrac{1}{8}$
1	$\dfrac{1}{4}$	$\dfrac{1}{8}$	$\dfrac{1}{12}$

求 $Z=X+Y$ 的分布律.

解 Z 的可能取值为 $0,1,2,3$,因为事件 $\{Z=0\}=\{X=0,Y=0\}$,所以

$$P\{Z=0\}=P\{X=0,Y=0\}=\frac{1}{4}$$

事件 $\{Z=1\}=\{X=0,Y=1\}\bigcup\{X=1,Y=0\}$,与事件 $\{X=0,Y=1\}$ 与 $\{X=1,Y=0\}$ 互不

相容,所以 $P\{Z=1\}=\dfrac{1}{4}+\dfrac{1}{6}=\dfrac{5}{12}$;

　　事件$\{Z=2\}=\{X=0,Y=2\}\bigcup\{X=1,Y=1\}$;

　　事件$\{X=0,Y=2\}$与$\{X=1,Y=1\}$互不相容,所以 $P\{Z=2\}=\dfrac{1}{8}+\dfrac{1}{8}=\dfrac{1}{4}$;

　　事件$\{Z=3\}=\{X=1,Y=2\}$,所以 $P\{Z=3\}=\dfrac{1}{12}$;

从而得出 Z 的分布律为

Z	0	1	2	3
P	$\dfrac{1}{4}$	$\dfrac{5}{12}$	$\dfrac{1}{4}$	$\dfrac{1}{12}$

二、二维连续型随机变量函数的分布

　　设(X,Y)是二维连续型随机变量,$g(x,y)$是二元函数,则 $Z=g(X,Y)$,是一维随机变量. 已知(X,Y)的联合概率密度 $f(x,y)$,求 $Z=g(X,Y)$ 的分布,一般情况下,Z 的分布函数为

$$F_Z(z) = P\{Z\leqslant z\} = P\{g(X,Y)\leqslant z\} = \iint\limits_{g(x,y)\leqslant z} f(x,y)\mathrm{d}x\mathrm{d}y$$

　　当 Z 为连续型随机变量时,对分布函数求导可以得到 Z 的概率密度:

$$f_Z(z) = F'_Z(z)$$

(一)和的分布

　　定义 3.4.2　设二维连续型随机变量(X,Y)的联合概率密度为 $f(x,y)$,则 $Z=X+Y$ 的概率密度为

$$f_Z(z) = \int_{-\infty}^{+\infty} f(x,z-x)\mathrm{d}x \text{ 或 } f_Z(z) = \int_{-\infty}^{+\infty} f(z-y,y)\mathrm{d}y$$

　　(2)卷积公式:若 X 与 Y 相互独立,其边缘概率密度分别为 $f_X(x)$ 和 $f_Y(y)$,则 $Z=X+Y$ 的概率密度为

$$f_Z(z) = \int_{-\infty}^{+\infty} f_X(x)f_Y(z-x)\mathrm{d}x \text{ 或 } f_Z(z) = \int_{-\infty}^{+\infty} f_X(z-y)f_Y(y)\mathrm{d}y$$

并称这两个公式为卷积公式,记为

$$f_Z = f_X * f_Y.$$

　　(3)若随机变量 X 与 Y 相互独立,且

$$X \sim N(\mu_1,\sigma_1^2),Y \sim N(\mu_2,\sigma_2^2)$$

则

$$X+Y \sim N(\mu_1+\mu_2,\sigma_1^2+\sigma_2^2)$$

对于不全为零的实数 k_1,k_2,则

$$k_1 X + k_2 Y \sim N(k_1\mu_1+k_2\mu_2,k_1^2\sigma_1^2+k_2^2\sigma_2^2)$$

　　(4)若

$$X_i \sim N(\mu_i,\sigma_i^2)(i=1,2,\cdots,n)$$

并且 $X_1,X_2,\cdots,X_n$ 相互独立,$k_1,k_2,\cdots,k_n$ 是不全为零的实数,则随机变量

$$k_1 X_1 + k_2 X_2 + \cdots + k_n X_n \sim N\left(\sum_{i=1}^{n} k_i \mu_i , \sum_{i=1}^{n} k_i^2 \sigma_i^2 \right)$$

(二)积的分布、商的分布

(1)**定义 3.4.3** 设二维连续型随机变量(X,Y)的联合概率密度为$f(x,y)$,则

$$Z = XY, Z = \frac{Y}{X}$$

的概率密度分别为

$$f_{XY}(z) = \int_{-\infty}^{+\infty} \frac{1}{|x|} f\left(x, \frac{z}{x}\right) dx \text{ 和 } f_{Y/X}(z) = \int_{-\infty}^{+\infty} |x| f(x, xz) dx$$

若X与Y相互独立,其边缘概率密度分别为$f_X(x)$和$f_Y(y)$,则

$$Z = XY, Z = \frac{Y}{X}$$

的概率密度分别为

$$f_{XY}(z) = \int_{-\infty}^{+\infty} \frac{1}{|x|} f_X(x) f_Y\left(\frac{z}{x}\right) dx \text{ 和 } f_{Y/X}(z) = \int_{-\infty}^{+\infty} |x| f_X(x) f_Y(xz) dx$$

称这两个公式为积的分布公式与商的分布公式.

(三)最大值、最小值的分布

(1)**定义 3.4.4** 设随机变量X与Y相互独立,其分布函数分别为$F_X(x)$和$F_Y(y)$,则$M = \max\{X, Y\}$和$N = \min\{X, Y\}$的分布函数为

$$F_M(z) = F_X(z) F_Y(z) \text{ 和 } F_N(z) = 1 - [1 - F_X(z)][1 - F_Y(z)]$$

(2)推广形式:设n个随机变量$X_1, X_2, \cdots, X_n$相互独立,其分布函数为

$$F_{X_i}(x_i), i = 1, 2, \cdots, n$$

则

$$M = \max\{X_1, X_2, \cdots, X_n\}$$

和

$$N = \min\{X_1, X_2, \cdots, X_n\}$$

的分布函数分别为

$$F_M(z) = F_{X_1}(z) F_{X_2}(z) \cdots F_{X_n}(z)$$

和

$$F_N(z) = 1 - [1 - F_{X_1}(z)][1 - F_{X_2}(z)] \cdots [1 - F_{X_n}(z)]$$

(3)当n个随机变量$X_1, X_2, \cdots, X_n$独立同分布时,其分布函数均为$F(x)$,则M和N的分布函数为

$$F_M(z) = [F(z)]^n \text{ 和 } F_N(z) = 1 - [1 - F(z)]^n$$

说明:对于连续型随机变量,求出最大值、最小值的分布函数后,再对分布函数求导,就可以求出其概率密度函数.

例 3.4.2 设X, Y是互相独立的随机变量,都服从标准正态分布$N(0,1)$,求$Z = X + Y$的概率密度.

解 X, Y的概率密度分别为

$$f_X(x) = \frac{1}{\sqrt{2\pi}} e^{-\frac{x^2}{2}}, f_Y(y) = \frac{1}{\sqrt{2\pi}} e^{-\frac{y^2}{2}}$$

则 Z 的概率密度

$$f_Z(z) = \int_{-\infty}^{+\infty} f_X(x) f_Y(z-x) \mathrm{d}x = \frac{1}{2\pi} \int_{-\infty}^{+\infty} e^{-\frac{x^2}{2}} e^{-\frac{(z-x)^2}{2}} \mathrm{d}x = \frac{1}{2\pi} e^{-\frac{z^2}{4}} \int_{-\infty}^{+\infty} e^{-(x-\frac{z}{2})^2} \mathrm{d}x.$$

令 $t = x - \dfrac{z}{2}$ 得 $f_Z(z) = \dfrac{1}{2\pi} e^{-\frac{z^2}{4}} \int_{-\infty}^{+\infty} e^{-t^2} \mathrm{d}t = \dfrac{1}{2\pi} e^{-\frac{z^2}{4}} \sqrt{\pi} = \dfrac{1}{2\sqrt{\pi}} e^{-\frac{z^2}{4}}$，即 $Z \sim N(0,2)$.

三、n 维随机变量

（1）n 维随机变量：设 $X_1, X_2, \cdots, X_n$ 是定义在同一个样本空间 E 上的 n 个随机变量，则称 $(X_1, X_2, \cdots, X_n)$ 为 n 维随机变量或 n 维随机向量.

（2）联合分布函数：设 $(X_1, X_2, \cdots, X_n)$ 为 n 维随机变量，对于任意的

$$(x_1, x_2, \cdots, x_2) \in R^n$$

则称

$$F(x_1, x_2, \cdots, x_n) = P\{X_1 \leqslant x_1, X_2 \leqslant x_2, \cdots, X_n \leqslant x_n\}$$

为 n 维随机变量 $(X_1, X_2, \cdots, X_n)$ 的联合分布函数.

（3）离散型随机变量的联合分布律：若 n 维随机变量 $(X_1, X_2, \cdots, X_n)$ 只取有限个或可列个值

$$(x_1, x_2, \cdots, x_n) \in R^n$$

则称 $(X_1, X_2, \cdots, X_n)$ 为 n 维离散型随机变量，称

$$p(x_1, x_2, \cdots, x_n) = P\{X_1 = x_1, X_2 = x_2, \cdots, X_n = x_n\}$$

为 n 维离散型随机变量 $(X_1, X_2, \cdots, X_n)$ 的联合分布律.

（4）连续型随机变量的联合概率密度：若存在非负可积函数 $f(x_1, x_2, \cdots, x_n)$，对于 n 维空间中的任意区域 G，总有下式成立

$$P\{(X_1, X_2, \cdots, X_n) \in G\} = \underset{G}{\int \cdots \int} f(x_1, x_2, \cdots, x_n) \mathrm{d}x_1 \cdots \mathrm{d}x_n$$

则称 $(X_1, X_2, \cdots, X_n)$ 为 n 维连续型随机变量，称 $f(x_1, x_2, \cdots, x_n)$ 为 n 维连续型随机变量 $(X_1, X_2, \cdots, X_n)$ 的联合概率密度.

（5）n 个随机变量相互独立：若 n 维随机变量 $(X_1, X_2, \cdots, X_n)$ 的联合分布函数为 $F(x_1, x_2, \cdots, x_n)$，令 $F_{X_i}(x_i)$ 为 X_i 的边缘分布函数. 如果对任意的实数 $(x_1, x_2, \cdots, x_n)$ 都有

$$F(x_1, x_2, \cdots, x_n) = \prod_{i=1}^{n} F_{X_i}(x_i)$$

则称 $X_1, X_2, \cdots, X_n$ 相互独立.

①设 $(X_1, X_2, \cdots, X_n)$ 为离散型随机变量，对于所有可能的取值 $(x_1, x_2, \cdots, x_n)$，则 $X_1, X_2, \cdots, X_n$ 相互独立等价于：

$$P\{X_1 = x_1, X_2 = x_2, \cdots, X_n = x_n\} = \prod_{i=1}^{n} P\{X_i = x_i\}$$

②设 $X_1, X_2, \cdots, X_n$ 为连续型随机变量，对于任意的实数 $(x_1, x_2, \cdots, x_n)$，则 $X_1, X_2, \cdots, X_n$ 相互独立等价于：

$$f(x_1, x_2, \cdots, x_n) = \prod_{i=1}^{n} f_{X_i}(x_i)$$

例 3.4.1　设二维随机变量 (X, Y) 具有概率密度

$$f(x,y) = \begin{cases} ce^{-2x-y} & x \geqslant 0, y \geqslant 0 \\ 0 & \text{其他} \end{cases}$$

试求:(1)常数 c;(2)分布函数 $F(x,y)$;(3)$P\{(X,Y) \in G\}$,其中 G 是直线 $y=2,x=1,x$ 轴和 y 轴所围成的区域.

解 (1)由联合概率密度的性质,有

$$1 = c \int_0^{+\infty} e^{-2x} dx \int_0^{+\infty} e^{-y} dy = c \left(-\frac{1}{2} e^{-2x} \right) \Big|_0^{+\infty} (-e^{-y}) \Big|_0^{+\infty} = c \times \frac{1}{2} \times 1$$

故 $c=2$.

(2)根据分布函数的定义,有

$$F(x,y) = P\{X \leqslant x, Y \leqslant y\} = \int_{-\infty}^y \int_{-\infty}^x f(u,v) du dv = \int_0^x \int_0^y 2e^{-2u-v} du dv = (1-e^{-2x})(1-e^{-y})$$

由此知,(X,Y) 的联合分布函数为

$$F(x,y) = \begin{cases} (1-e^{-2x})(1-e^{-y}) & x \geqslant 0, y \geqslant 0 \\ 0 & \text{其他} \end{cases}$$

(3)

$$P\{(X,Y) \in G\} = \iint_G f(x,y) dx dy = \int_0^1 dx \int_0^2 2e^{-2x-y} dy = \int_0^1 2e^{-2x} dx \int_0^2 e^{-y} dy = (1-e^{-2})^2$$

本章知识结构图

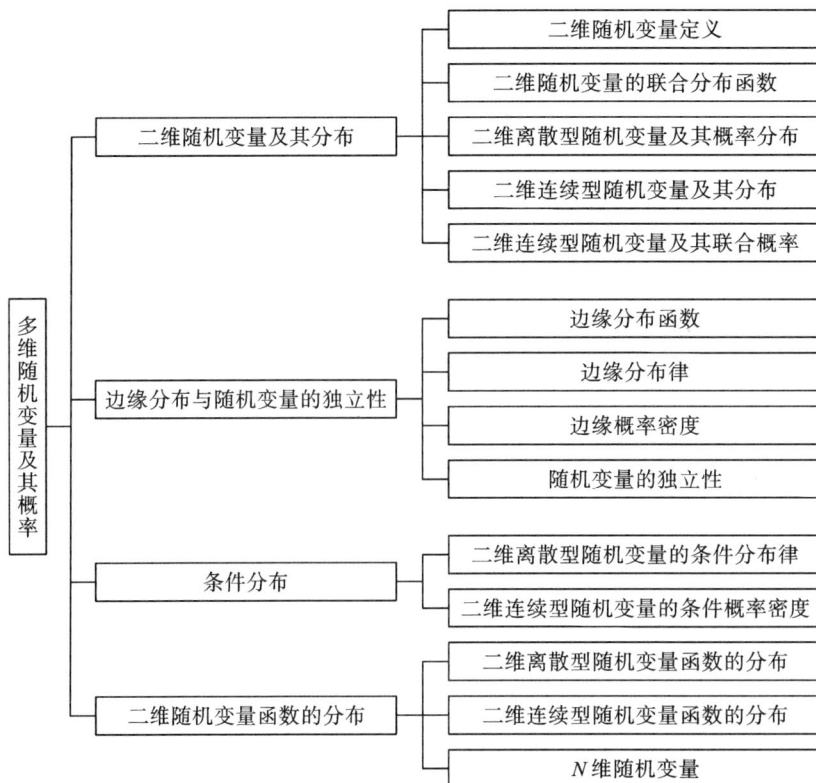

```
                                        ┌─────────────────────────────┐
                                        │      二维随机变量定义         │
                                        ├─────────────────────────────┤
                                        │   二维随机变量的联合分布函数   │
                     ┌──────────────┐   ├─────────────────────────────┤
                     │ 二维随机变量  │───│  二维离散型随机变量及其概率分布 │
                     │  及其分布    │   ├─────────────────────────────┤
                     └──────────────┘   │   二维连续型随机变量及其分布   │
                                        ├─────────────────────────────┤
                                        │  二维连续型随机变量及其联合概率 │
                                        └─────────────────────────────┘

                                        ┌─────────────────────────────┐
                                        │        边缘分布函数          │
        ┌─────┐                         ├─────────────────────────────┤
        │多维 │    ┌──────────────────┐ │        边缘分布律           │
        │随机 │────│边缘分布与随机变量 │─├─────────────────────────────┤
        │变量 │    │   的独立性       │ │        边缘概率密度          │
        │及其 │    └──────────────────┘ ├─────────────────────────────┤
        │概率 │                         │       随机变量的独立性        │
        └─────┘                         └─────────────────────────────┘

                     ┌──────────────┐   ┌─────────────────────────────┐
                     │   条件分布    │───│   二维离散型随机变量的条件分布律 │
                     └──────────────┘   ├─────────────────────────────┤
                                        │  二维连续型随机变量的条件概率密度 │
                                        └─────────────────────────────┘

                                        ┌─────────────────────────────┐
                     ┌──────────────┐   │   二维离散型随机变量函数的分布  │
                     │ 二维随机变量  │   ├─────────────────────────────┤
                     │  函数的分布   │───│   二维连续型随机变量函数的分布  │
                     └──────────────┘   ├─────────────────────────────┤
                                        │         N 维随机变量         │
                                        └─────────────────────────────┘
```

总习题

一、单选题

1. $F(x,y)$ 是 (X,Y) 的联合分布函数，则 X 的边缘分布函数是（　　）.

A. $F(x,+\infty)$　　　　　　　　　　B. $F(x,-\infty)$

C. $F(+\infty,y)$　　　　　　　　　　D. $F(-\infty,y)$

2. 设二维随机变量 (X,Y) 的分布律为

X	Y		
	0	1	2
0	$\frac{1}{12}$	$\frac{1}{6}$	$\frac{1}{6}$
1	$\frac{1}{12}$	$\frac{1}{12}$	0
2	$\frac{1}{6}$	$\frac{1}{12}$	$\frac{1}{6}$

则 $P(XY=0)=$（　　）.

A. $\frac{1}{12}$　　　　　　　　　　B. $\frac{1}{6}$

C. $\frac{1}{3}$　　　　　　　　　　D. $\frac{2}{3}$

3. 设二维随机变量 (X,Y) 的联合分布律为

X	Y		
	0	1	3
0	$\frac{1}{15}$	q	$\frac{1}{5}$
1	p	$\frac{1}{5}$	$\frac{3}{10}$

且 X 与 Y 相互独立，则 p,q 的值为（　　）.

A. $p=\frac{1}{10},q=\frac{2}{15}$　　　　　　　　B. $p=\frac{2}{15},q=\frac{1}{10}$

C. $p=\frac{1}{6},q=\frac{1}{15}$　　　　　　　　D. $p=\frac{1}{15},q=\frac{1}{6}$

4. 设随机变量 X 和 Y 相互独立同分布都服从 $b(1,0.5)$，则 $P(X=Y)=$（　　）.

A. 0　　　　　　　　　　B. 0.25

C. 0.5　　　　　　　　　　D. 1

5. 设二维随机变量 (X,Y) 的联合密度函数为

$$f(x,y)=\begin{cases} kx+y & 0<x<1,0<y<2 \\ 0 & \text{其他} \end{cases},\text{则 } k=（\quad）.$$

A. $\dfrac{1}{3}$ B. 3

C. 0.5   D. 2

二、填空题

1. 从数 1,2,3,4 中任取一个数,记为 X,再从 $1,2,\cdots,X$ 中任取一个数,记为 Y,则概率 $P(Y=2)=$ _____.

2. 设二维随机变量 (X,Y) 的联合分布律如下,若 X 与 Y 相互独立,则 $\alpha=$ _____,$\beta=$ _____.

X	Y		
	1	2	3
1	$\dfrac{1}{6}$	$\dfrac{1}{9}$	$\dfrac{1}{18}$
2	$\dfrac{1}{3}$	α	β

三、计算题

1. 将两封信随机地投入编号为 1、2 的两个信箱中,用 X 表示第一封信投入的信箱号码,Y 表示第 2 封信投入的信箱号码,求:(1)(X,Y) 的联合分布律;(2)关于 X 和关于 Y 的联合分布律;(3)$P(X \geqslant Y)$;(4)判断 X 与 Y 是否独立.

2. 一口袋中有 4 个球,上面分别标有数字 1,2,2,3,从该袋中任取一球,不放回,再从该袋中任取一球,用 X,Y 分别表示第一次、第二次取得的球上的数字,求二维随机变量 (X,Y) 的联合分布律.(2)关于 X 和关于 Y 的联合分布律;(3)判断 X 与 Y 是否独立.

3. 一盒中装有 2 只白球,3 只黑球,现进行有放回摸球,每次 1 球.用 X 表示第一次摸出的白球数,用 Y 表示第二次摸出的白球数,求

(1)二维随机变量 (X,Y) 的联合分布律;(2)X 及 Y 的边缘分布律;(3)$P(X \geqslant Y)$;(4)判断 X 与 Y 是否独立.

4. X 表示随机地在 1,2,3,4 中取出的一个整数值,Y 表示在数 1 至数 X 中随机地取出的一个整数值,求 (X,Y) 的联合分布律.

5. 二维随机变量 (X,Y) 的联合分布律为

X	Y			
	1	2	3	4
1	$\dfrac{1}{4}$	0	0	$\dfrac{1}{16}$
2	$\dfrac{1}{16}$	$\dfrac{1}{4}$	0	$\dfrac{1}{4}$
3	$\dfrac{1}{6}$	$\dfrac{1}{16}$	$\dfrac{1}{16}$	0

求(1)$P(0.5<X<1.5,0<Y<4)$;(2)$P(1\leqslant X\leqslant 2,3\leqslant Y\leqslant 4)$.

6.设相互独立的两个随机变量 X,Y 具有同一分布律,且 X 的分布律为

X	0	1
P	$\frac{1}{2}$	$\frac{1}{2}$

求随机变量 $Z=\max(X,Y)$ 的分布律,$X+Y$ 的分布律,$P(X=Y)$ 的概率.

7.随机变量 X 与 Y 相互独立,下表列出二维随机变量(X,Y)的联合分布律及关于 X 和 Y 的边缘分布律中的部分数值,试将其余数值填入表中空白处.

X	Y			$p_{i.}$
	1	2	3	
1		$\frac{1}{8}$		
2	$\frac{1}{8}$			
$p_{.j}$	$\frac{1}{6}$			1

8.设二维随机变量(X,Y)的联合概率密度为

$$f(x,y)=\begin{cases} ae^{-(2x+3y)} & x\geqslant 0,y\geqslant 0 \\ 0 & \text{其他} \end{cases}$$

试求:(1)常数 a;(2)$P\left(X<\frac{1}{2},Y<\frac{1}{2}\right)$;(3)$f_X(x)$,$f_Y(y)$;(4)判断 X 与 Y 是否相互独立.

9.设 X,Y 相互独立,密度函数分别为

$$f(x)=\begin{cases} 1 & 0\leqslant x\leqslant 1 \\ 0 & \text{其他} \end{cases},f(y)=\begin{cases} e^{-y} & y>0 \\ 0 & \text{其他} \end{cases},求:(1)f(x,y);(2)P(X<1,Y<1).$$

10.设二维随机变量(X,Y)的联合分布律为

X	Y		
	-1	1	2
-1	$\frac{5}{20}$	$\frac{2}{20}$	$\frac{6}{20}$
2	$\frac{3}{20}$	$\frac{3}{20}$	$\frac{1}{20}$

求 $X+Y$ 及 XY 的分布律.

11.设二维随机变量(X,Y)的联合分布律为

X	Y		
	-1	0	2
-1	$\dfrac{4}{15}$	$\dfrac{1}{3}$	$\dfrac{1}{5}$
2	$\dfrac{1}{15}$	$\dfrac{2}{15}$	0

求：(1) $X-Y$ 的分布律；(2) $\max(X,Y)$ 的分布律.

12. 一家大型保险公司为一些客户提供服务，这些客户既购买了车险，又购买了财险.每种类型的保单都有一定的免赔额，车险的免赔额为 100 元或 250 元，财险的免赔额为 0 元、100 元或 200 元.假设一个人同时购买了这两种保险，X 表示车险的免赔额，Y 表示财险的免赔额.根据该公司的历史数据可以得到随机变量 (X,Y) 的联合分布律，求：(1) 客户财险的免赔额不低于 100 元的概率；(2) 客户的免赔总额不超过 300 元的概率.

100	0.20	0.10	0.20
250	0.05	0.15	0.30

13. 有 7 件外观相同的产品，经检测其中有 3 件一等品、2 件二等品、2 件三等品，任意选出 4 件产品，用 X 表示取到一等品的件数，用 Y 表示取到二等品的件数，求 X,Y 的联合分布律.

14. 一家银行的服务包括人工服务和自助服务.在一天中，X 表示接受人工服务所花费的时间，Y 表示自助服务所花费的时间.随机变量 (X,Y) 所有可能取值的集合为（单位：h）

$$D=\{(x,y):0\leqslant x\leqslant 1,0\leqslant y\leqslant 1\}$$

(X,Y) 的联合概率密度为

$$f(x,y)=\begin{cases} \dfrac{6}{5}(x+y^2) & 0\leqslant x\leqslant 1,0\leqslant y\leqslant 1 \\ 0 & \text{其他} \end{cases}$$

求人工服务和自助服务的时间均不超过一刻钟的概率，即

$$P\left\{0\leqslant X\leqslant \dfrac{1}{4},0\leqslant Y\leqslant \dfrac{1}{4}\right\}$$

15. 设二维随机变量 (X,Y) 服从区域 G 上的均匀分布，其中 G 是由 $x-y=0,x+y=2$ 与 $y=0$ 所围成的三角形区域，求随机变量 (X,Y) 落入区域 D 内的概率.

16. 设 (X,Y) 服从二维正态分布，概率密度函数为

$$f(x,y)=\dfrac{1}{2\pi\times 10^2}\mathrm{e}^{-\frac{x^2+y^2}{2\times 10^2}}$$

求 $P\{Y\geqslant X\}$.

17. 一家银行的服务包括人工服务和自助服务.在一天中，X 表示接受人工服务所花费的时间，Y 表示自助服务所花费的时间.随机变量 (X,Y) 所有可能取值的集合为

$$D=\{(x,y):0\leqslant x\leqslant 1,0\leqslant y\leqslant 1\}$$

(X,Y) 的联合概率密度为（单位：h）

$$f(x,y) = \begin{cases} \dfrac{6}{5}(x+y^2) & 0 \leqslant x \leqslant 1, 0 \leqslant y \leqslant 1 \\ 0 & \text{其他} \end{cases}$$

求随机变量 X 和 Y 的边缘概率密度,以及 $P\left\{\dfrac{1}{4} \leqslant Y \leqslant \dfrac{3}{4}\right\}$.

18.设二维随机变量(X,Y)服从二维正态分布

$$N(\mu_1, \mu_2, \sigma_1^2, \sigma_2^2, \rho)$$

证明:X 的边缘分布为 $N(\mu_1, \sigma_1^2)$,Y 的边缘分布为 $N(\mu_2, \sigma_2^2)$.

19.在左转车道上,每个信号周期内的私家车数量记为 X,公交车数量记为 Y,X 与 Y 都是随机变量,且(X,Y)的联合分布见下表:

X	Y		
	0	1	2
0	0.025	0.015	0.010
1	0.050	0.030	0.020
2	0.125	0.075	0.050
3	0.150	0.090	0.060
4	0.100	0.060	0.040
5	0.050	0.030	0.020

问随机变量 X 和 Y 是否相互独立?

20.设二维随机变量(X,Y)的联合概率密度为

$$f(x,y) = \begin{cases} \dfrac{6}{5}(x+y^2) & 0 \leqslant x \leqslant 1, 0 \leqslant y \leqslant 1 \\ 0 & \text{其他} \end{cases}$$

边缘概率密度,判断随机变量 X 与 Y 的独立性.

21.设二维随机变量(X,Y)服从二维正态分布

$$N(\mu_1, \mu_2, \sigma_1^2, \sigma_2^2, \rho)$$

请证明 X 与 Y 相互独立的充要条件为 $\rho = 0$.

22.设二维随机变量(X,Y)服从二维正态分布 $N(1,0,1,1,0)$,求概率 $P\{XY-Y<0\}$.

23.一个加油站既有自助服务,也有人工服务.在一次加油中,令 X 表示特定时间内自助加油使用的油枪数量,Y 表示人工加油使用的油枪数量.随机变量(X,Y)的联合分布律见下表:

X	Y		
	0	1	2
0	0.10	0.04	0.02
1	0.08	0.20	0.06
2	0.06	0.14	0.30

当 $X=1$ 时,求 Y 的条件分布律.

24.设二维连续型随机变量(X,Y)的概率密度为

$$f(x,y) = \begin{cases} 3x & 0<x<1,0<y<x \\ 0 & 其他 \end{cases}$$

求概率 $P\left\{Y\leqslant\dfrac{1}{8}\middle|X=\dfrac{1}{4}\right\}$.

25.设二维随机变量(X,Y)的分布律为

X	Y		
	-2	1	3
-1	$1/25$	$3/25$	$12/25$
1	$2/25$	$4/25$	$3/25$

求:(1)$Z=X+Y$ 的分布律;(2)$Z=X^2+Y$ 的分布律.

26.设随机变量 X 与 Y 相互独立,且

$$X \sim B(n_1,p),Y \sim B(n_2,p)$$

求 $Z=X+Y$ 的分布律.

27.设二维随机变量(X,Y)的概率密度为

$$f(x,y) = \begin{cases} 2-x-y & 0<x<1,0<y<1 \\ 0 & 其他 \end{cases}$$

求 $Z=X+Y$ 的概率密度 $f_Z(z)$.

28.设随机变量 X 与 Y 独立同分布,都服从标准正态分布 $N(0,1)$,求 $Z=X+Y$ 的分布.

29.设随机变量 X 与 Y 独立同分布,其概率密度为

$$f(x) = \begin{cases} e^{-x} & x>0 \\ 0 & 其他 \end{cases}$$

求 $Z=\dfrac{Y}{X}$ 的概率密度.

30.系统 L 中有三个同种型号的半导体元件,设其寿命为 $X_i,i=1,2,3$,寿命的概率密度为

$$f(x) = \begin{cases} \theta e^{-\theta x} & x>0 \\ 0 & 其他 \end{cases}$$

其中 $\theta>0$.求在并联与串联两种情况下系统寿命的概率密度.

第四章 随机变量的数字特征

随机变量的分布函数、分布律或概率密度虽然能够完整地描述随机变量的统计规律,但在实际问题中,随机变量的分布往往不容易确定,而且有些问题并不需要知道随机变量分布规律的全貌,只需要知道它的某些特征就够了.例如,考察某种灯管的质量时,常常关注的是这种灯管的平均寿命,这说明随机变量的平均值是一个重要的数量特征.又如,比较两台机床生产精度的高低,不仅要看它们生产的零件的平均尺寸,还必须考察每个零件尺寸与平均尺寸的偏离程度,只有偏离程度较小的才是精度高的,这说明随机变量与其平均值偏离的程度也是一个重要的数量特征.这些刻画随机变量某种特征的数量指标称为随机变量的数字特征,它们在理论和实践上都具有重要的意义.本章将介绍常用的随机变量数字特征——数学期望、方差、协方差和相关系数,以及它们的实际应用.

第一节 数学期望

如何定义随机变量的数学期望,我们先从下面这个实例入手.

某一片板膜制造设备厂使用甲、乙两种设备进行生产,设甲、乙两种设备各生产 10 组产品,每组中出现的次品件数分别为 X 和 Y,次品件数与相应的组数记录分别如表 4-1 和表 4-2 所示.

表 4-1

次品件数 X	0	1	2	3
组数	4	3	2	1

表 4-2

次品件数 Y	0	1	2
组数	3	5	2

问:甲、乙两种设备哪个性能比较好?

解 从上面的统计表很难立即看出结果,我们可以从两种设备的每组平均次品数来评定其技术水平.甲设备的每组平均次品数为

$$\frac{0\times4+1\times3+2\times2+3\times1}{10}=0\times0.4+1\times0.3+2\times0.2+3\times0.1=1(件)$$

乙设备的每组平均次品数为

$$\frac{0\times3+1\times5+2\times2}{10}=0\times0.3+1\times0.5+2\times0.2=0.9(件)$$

故从每组的平均次品数看,乙设备的性能优于甲设备.

以甲设备的计算为例,0.4,0.3,0.2,0.1 是事件 $\{X=k\}$,$k=0,1,,2,3$ 在 10 次试验中发

生的频率,当试验次数相当大时,这些频率接近于事件$\{X=k\},k=0,1,,2,3$在一次试验中发生的概率p_k,则上述平均次品数可表示为$\sum_{k=0}^{3}kp_k$. 由此我们引入随机变量**数学期望**的概念.

一、随机变量的数学期望

定义 4.1.1 设离散型随机变量X的分布律为$P\{X=x_k\}=p_k,k=1,2,\cdots$,若级数$\sum_{k=1}^{+\infty}x_kp_k$绝对收敛,则称其和为随机变量$X$的**数学期望**,简称期望或均值,记为$E(X)$,即

$$E(X)=\sum_{k=1}^{+\infty}x_kp_k$$

从定义可以看出,随机变量X的数学期望$E(X)$完全由X的分布律确定.

定义 4.1.2 设连续型随机变量X的概率密度函数为$f(x)$,若积分$\int_{-\infty}^{+\infty}f(x)\mathrm{d}x$绝对收敛,则称该积分值为随机变量$X$的数学期望,简称期望或均值,记为$E(X)$,即

$$E(X)=\int_{-\infty}^{+\infty}xf(x)\mathrm{d}x$$

例 4.1.1 求下列离散型随机变量的数学期望:

(1)两点分布;(2)二项分布.

解 (1)由于随机变量X服从$(0\sim1)$分布,其分布律如下:

X	0	1
P	$1-p$	p

可得

$$E(X)=\sum_{k=1}^{2}x_kp_k=0\times(1-p)+1\times p=p$$

(2)设随机变量X服从参数为λ的泊松分布,即$X\sim P(\lambda)$,其分布律为

$$P\{X=k\}=\frac{\lambda^k}{k!}\mathrm{e}^{-\lambda},k=0,1,2\cdots,\lambda>0$$

则

$$E(X)=\sum_{k=0}^{+\infty}kp_k=\sum_{k=0}^{+\infty}k\cdot\frac{\lambda^k}{k!}\mathrm{e}^{-\lambda}$$

$$=\lambda\mathrm{e}^{-\lambda}\sum_{k=1}^{+\infty}\frac{\lambda^{k-1}}{(k-1)!}=\lambda\mathrm{e}^{-\lambda}\sum_{k=0}^{+\infty}\frac{\lambda^k}{k!}=\lambda\mathrm{e}^{-\lambda}\cdot\mathrm{e}^{\lambda}=\lambda$$

例 4.1.2 设盒子中有5个球,其中2个白球和3个黑球,从中随机抽取3个球,记X为抽取到的白球数,求$E(X)$.

解 X的所有可能取值为$0,1,2$,并且有

$$P(X=0)=\frac{C_3^3}{C_5^3}=0.1,P(X=1)=\frac{C_3^2C_2^1}{C_5^3}=0.6,P(X=2)=\frac{C_3^1C_2^2}{C_5^3}=0.3.$$

于是

$$E(X)=\sum_{k=1}^{3}x_kp_k=0\times0.1+1\times0.6+2\times0.3=1.2$$

例 4.1.3　求下列连续型随机变量的数学期望：

(1)指数分布；(2)正态分布.

解　(1)设随机变量 X 服从参数为 λ 的指数分布，即 $X \sim E(\lambda)$，其概率密度为

$$f(x) = \begin{cases} \lambda e^{-\lambda x} & x > 0 \\ 0 & x \leqslant 0 \end{cases}$$

则

$$E(X) = \int_{-\infty}^{+\infty} x f(x) \mathrm{d}x = \int_0^{+\infty} x \cdot \lambda e^{-\lambda x} \mathrm{d}x = (-x e^{-\lambda x}) \mid_0^{+\infty} + \int_0^{+\infty} e^{-\lambda x} \mathrm{d}x$$

$$= -\frac{1}{\lambda} e^{-\lambda x} \mid_0^{+\infty} = \frac{1}{\lambda}$$

(2)设随机变量 X 服从正态分布，即 $X \sim N(\mu, \sigma^2)$，其概率密度为

$$f(x) = \frac{1}{\sqrt{2\pi}\sigma} e^{-\frac{(x-\mu)^2}{2\sigma^2}}, \ -\infty < x < +\infty$$

则

$$E(X) = \int_{-\infty}^{+\infty} x f(x) \mathrm{d}x = \int_{-\infty}^{+\infty} x \frac{1}{\sqrt{2\pi}\sigma} e^{-\frac{(x-\mu)^2}{2\sigma^2}} \mathrm{d}x$$

$$= \frac{1}{\sqrt{2\pi}\sigma} \int_{-\infty}^{+\infty} (x-\mu) e^{-\frac{(x-\mu)^2}{2\sigma^2}} \mathrm{d}x + \frac{1}{\sqrt{2\pi}\sigma} \int_{-\infty}^{+\infty} \mu e^{-\frac{(x-\mu)^2}{2\sigma^2}} \mathrm{d}x$$

$$= \frac{1}{\sqrt{2\pi}\sigma} \int_{-\infty}^{+\infty} t e^{-\frac{t^2}{2\sigma^2}} \mathrm{d}t + \mu \int_{-\infty}^{+\infty} \frac{1}{\sqrt{2\pi}\sigma} e^{-\frac{(x-\mu)^2}{2\sigma^2}} \mathrm{d}x = \mu$$

二、随机变量函数的数学期望

在实际问题中，常常需要求出随机变量函数的数学期望，例如，飞机在空中飞行过程中某部位受到压力 $F = kv^2$（其中 v 是风速，$k > 0$ 且为常数），如何利用 v 的分布求出 F 的期望？一种方法是先求出 F 的分布，再根据期望定义求出 $E(F)$，但一般情况下 F 的分布不容易得到. 那么，是否可以不求出 F 的分布，而直接由 v 的分布得到 $E(F)$，下面的定理可解决此类问题.

定理 4.1.1　设随机变量 X 的函数 $Y = g(X)$，且 $E[g(X)]$ 存在.

(1)若 X 为离散型随机变量，其分布律为 $P\{X = x_k\} = p_k, k = 1, 2, \cdots$，则

$$E[Y] = E[g(X)] = \sum_{k=1}^{+\infty} g(x_k) p_k$$

(2)若 X 为连续型随机变量，其概率密度为 $f(x)$，则

$$E[Y] = E[g(X)] = \int_{-\infty}^{+\infty} g(x) f(x) \mathrm{d}x$$

该定理说明，在求 $Y = g(X)$ 的数学期望时，只需知道 X 的分布即可，该定理还可以推广到两个或者多个随机变量的函数的情况.

定理 4.1.2　设有二维随机变量 (X, Y) 的函数 $Z = g(X, Y)$，且 $E[g(X, Y)]$ 存在.

(1)若 (X, Y) 为离散型随机变量，其联合分布律为

$$P(X = x_i, Y = y_j) = p_{ij}, i, j = 1, 2, \cdots$$

则

$$E[Z] = E[g(X, Y)] = \sum_{i=1}^{+\infty} \sum_{i=1}^{+\infty} g(x_i, y_j) p_{ij}$$

（2）若(X,Y)为连续型随机变量，其联合概率密度为$f(x,y)$，则

$$E[Z] = E[g(X,Y)] = \int_{-\infty}^{+\infty}\int_{-\infty}^{+\infty} g(x,y)f(x,y)\mathrm{d}x\mathrm{d}y$$

例 4.1.4 设随机变量X的分布律为

X	-2	2	3	4
p	$\dfrac{1}{8}$	$\dfrac{1}{4}$	$\dfrac{1}{2}$	$\dfrac{1}{8}$

求EX^2，$E\left(\dfrac{1}{X+1}\right)$.

解 由随机变量函数期望的计算公式可得

$$EX^2 = (-2)^2 \times \frac{1}{8} + 2^2 \times \frac{1}{4} + 3^2 \times \frac{1}{2} + 4^2 \times \frac{1}{8} = 8$$

$$E\left(\frac{1}{X+1}\right) = \frac{1}{-2+1} \times \frac{1}{8} + \frac{1}{2+1} \times \frac{1}{4} + \frac{1}{3+1} \times \frac{1}{2} + \frac{1}{4+1} \times \frac{1}{8} = \frac{13}{120}$$

例 4.1.5 一餐馆有三种不同价格的快餐出售，价格分别为 10 元、12 元和 15 元. 随机选取一对前来就餐的夫妇，以X表示丈夫所选快餐的价格，以Y表示妻子所选快餐的价格，X和Y的联合分布律为

X	Y		
	10	12	15
10	0.05	0.05	0.10
12	0.05	0.10	0.35
15	0	0.20	0.10

求：（1）$X+Y$的数学期望；（2）$\max(X,Y)$的数学期望.

解 （1）由公式$EZ = E[g(x,y)] = \displaystyle\sum_{i=1}^{\infty}\sum_{j=1}^{\infty} g(x,y)p_{ij}$ 可得

$$\begin{aligned}
E(X+Y) &= \sum_{i=1}^{3}\sum_{j=1}^{3}(x_i+x_j)p_{ij} \\
&= 20 \times 0.05 + 22 \times 0.10 + 25 \times 0.10 + 24 \times 0.10 + 27 \times 0.55 + 30 \times 0.10\ \text{元} \\
&= 25.95\ \text{元}
\end{aligned}$$

（2）同理可得

$$\begin{aligned}
E[\max(X,Y)] &= \sum_{i=1}^{3}\sum_{j=1}^{3}\max(x_i,x_j)p_{ij} \\
&= 10 \times 0.05 + 12 \times 0.2 + 15 \times 0.75\ \text{元} = 14.15\ \text{元}
\end{aligned}$$

三、数学期望的性质

由数学期望的定义和随机变量函数的数学期望，很容易得到数学期望的下列性质.

（1）若C为常数，则$E(C) = C$.

(2)若 C 为常数,X 是随机变量,则 $E(CX)=CE(X)$.

(3)若 X 和 Y 均是任意的随机变量,则 $E(X+Y)=E(X)+E(Y)$.

(4)若 X 和 Y 是相互独立的随机变量,则 $E(XY)=E(X)E(Y)$.

例 4.1.6 已知随机变量 $X \sim N(5,10^2)$,求 $Y=3X+5$ 的数学期望 $E(Y)$.

解 由于 X 服从正态分布 $N(5,10^2)$,则 $E(X)=5$,由数学期望的性质得
$$E(Y)=E(3X+5)=3E(X)+5=20.$$

同步习题 4.1

1.已知甲、乙两箱中装有同种产品,其中甲箱中装有 3 件合格品和 3 件次品,乙箱中仅装有 3 件合格品. 从甲箱中任取 3 件产品放入乙箱后,求:(1)乙箱中次品件数的数学期望;(2)从乙箱中任取一件产品是次品的概率.

2.游客乘电梯从底层到电视塔顶层观光,电梯于每个正点的第 5 分钟、第 25 分钟和第 55 分钟从底层起行,假设一游客在早上 8 点的第 X 分钟到底层候电梯处,且 X 在 $[0,60]$ 上服从均匀分布,求游客等候时间的数学期望.

3.设某种商品每周的需求量 X 服从区间 $[10,30]$ 上的均匀分布,而商店进货数量为区间 $[10,30]$ 中的某一整数,商店每销售一单位商品可获利 500 元.若供大于求,则降价处理,每处理一单位商品亏损 100 元;若供不应求,则可从外部调剂供应,此时每一单位商品仅获利 300 元. 为使商店所获利润的期望值不少于 9280 元,试确定最少进货量.

4.设随机变量 X 与 Y 相互独立,且都服从参数为 1 的指数分布,记 $U=\max\{X,Y\}$,$V=\min\{X,Y\}$.求(1)V 的概率密度 $f_V(v)$;(2)求 $E(U+V)$.

5.设随机变量 X 服从参数为 1 的指数分布,求 $Y=X+\mathrm{e}^{-2X}$ 的数学期望.

6.设随机变量 X 的分布律为

X	-2	0	2
p_i	0.4	0.3	0.3

求 $E(X),E(X^2),E(3X^2+5)$.

7.设随机变量 (X,Y) 在区域 A 上服从均匀分布,其中 A 为由 x 轴和 y 轴及直线 $x+y+1=0$ 所围成的区域. 求 $E(X),E(-3X+2Y),E(XY)$.

8.设随机变量 X 服从参数为 2 的泊松分布,求随机变量 $Y=3X-2$ 的数学期望.

9.设连续型随机变量 X 的概率密度为
$$f(x)=\begin{cases} kx^\alpha & 0<x<1 \\ 0 & \text{其他} \end{cases}$$
其中 $k,\alpha>0$,又已知 $E(X)=0.75$,求 k,α 的值.

第二节 方 差

数学期望体现了随机变量取值的平均水平,它是随机变量的重要数字特征. 但仅仅知道数学期望是不够的,还需要知道随机变量取值的波动程度,即随机变量所取的值与它的数学期望

的偏离程度,例如,有一批电子管,其平均寿命 $E(X)=10000$ h,但仅由这一指标还不能判断这批电子管质量的好坏,还需要考察电子管寿命 X 与 $E(X)$ 的偏离程度,若偏离程度较小,则电子管质量比较稳定,因此,研究随机变量与其平均值的偏离程度是十分重要的,这种偏离程度可用随机变量 $[X-E(X)]^2$ 的平均值 $E\{[X-E(X)]^2\}$ 来表示.

一、随机变量的方差

定义 4.2.1 设 X 为随机变量,如果 $E\{[X-E(X)]^2\}$ 存在,则称为 X 的方差,记为 $D(X)$. 即

$$D(X) = E\{[X - E(X)]^2\}$$

称 $\sqrt{D(X)}$ 为随机变量 X 的标准差.

由定义可知,随机变量 X 的方差反映了 X 的取值与其数学期望的平均偏离程度. 如果 $D(X)$ 的值较小,则 X 的取值比较集中;反之,则 X 的取值比较分散. 所以 $D(X)$ 是刻画 X 取值分散程度的一个数字特征.

若 X 为离散型随机变量,其分布率为

$$P\{X = x_i\} = p_i, k = 1, 2, \cdots$$

则

$$D(X) = \sum_{k=1}^{+\infty} [x_k - E(X)]^2 p_k$$

若 X 为连续型随机变量,其概率密度为 $f(x)$,则

$$D(X) = \int_{-\infty}^{+\infty} [x - E(X)]^2 f(x) \mathrm{d}x$$

为了计算方便,可以用下面简化的方差计算公式:

$$D(X) = E(X^2) - [E(X)]^2$$

例 4.2.1 求下列离散型随机变量的方差.

(1)(0~1)分布;(2)泊松分布.

解 (1)$X\sim$(0~1)分布,上一节已求出 $E(X)=p$,而

$$E(X^2) = 1^2 \times p + 0^2 \times q = p$$

所以 $\qquad D(X) = E(X^2) - [E(X)]^2 = p - p^2 = pq$

(2)$X\sim P(\lambda)$,上一节已求出 $E(X)=\lambda$,则

$$EX^2 = E[X(X-1) + X] = E[X(X-1)] + EX$$

$$= \sum_{k=0}^{\infty} k(k-1) \frac{\lambda^k \mathrm{e}^{-\lambda}}{k!} + \lambda$$

$$= \lambda^2 \mathrm{e}^{-\lambda} \mathrm{e}^{\lambda} + \lambda = \lambda^2 + \lambda$$

所以

$$D(X) = E(X^2) - [E(X)]^2 = \lambda^2 + \lambda - \lambda^2 = \lambda$$

例 4.2.2 求下列连续型随机变量的方差.

(1)均匀分布;(2)指数分布.

解 (1)设随机变量 $X\sim U(a,b)$,其概率密度函数为

$$f(x) = \begin{cases} \dfrac{1}{b-a} & a \leqslant x \leqslant b \\ 0 & \text{其他} \end{cases}$$

$$E(X) = \int_a^b x \cdot \frac{1}{b-a} \mathrm{d}x = \frac{a+b}{2}$$

$$D(X) = E(X^2) - [E(X)]^2 = \int_a^b x^2 \cdot \frac{1}{b-a} \mathrm{d}x - \left(\frac{a+b}{2}\right)^2 = \frac{(b-a)^2}{12}$$

（2）设 $X \sim E(\lambda)$，上一节已求出 $E(X) = \dfrac{1}{\lambda}$，则

$$D(X) = E(X^2) - [E(X)]^2 = \int_0^{+\infty} x^2 \cdot \lambda \mathrm{e}^{-\lambda x} \mathrm{d}x - \left(\frac{1}{\lambda}\right)^2 = \frac{2}{\lambda^2} - \frac{1}{\lambda^2} = \frac{1}{\lambda^2}$$

例 4.2.3　甲、乙两台机床同时加工某种零件，它们每生产 1000 件产品所出现的次品数分别用 X,Y 表示，其分布律如下所示，请问哪一台机床的加工质量较好？

X,Y	0	1	2	3
$P(X)$	0.7	0.2	0.06	0.04
$P(Y)$	0.8	0.06	0.04	0.1

解　因为

$$E(X) = 0 \times 0.7 + 1 \times 0.2 + 2 \times 0.06 + 3 \times 0.04 = 0.44$$
$$E(Y) = 0 \times 0.8 + 1 \times 0.06 + 2 \times 0.04 + 3 \times 0.1 = 0.44$$

所以，甲、乙两台机床加工的平均水平相等，而

$$E(X^2) = 0^2 \times 0.7 + 1^2 \times 0.2 + 2^2 \times 0.06 + 3^2 \times 0.04 = 0.8$$
$$E(Y^2) = 0^2 \times 0.8 + 1^2 \times 0.06 + 2^2 \times 0.04 + 3^2 \times 0.1 = 1.12$$

所以

$$D(X) = E(X^2) - [E(X)]^2 = 0.8 - 0.44^2 = 0.6064$$
$$D(Y) = E(Y^2) - [E(Y)]^2 = 1.12 - 0.44^2 = 0.9264$$

所以甲台机床的加工质量好。

二、方差的性质

（1）设 C 为常数，则 $D(C) = 0$.

（2）设 X 为随机变量，C 为常数，则有 $D(CX) = C^2 D(X)$.

（3）$D(X \pm Y) = D(X) + D(Y) \pm 2E\{X - E(X)\}\{Y - E(y)\}$，

特别地，当 X 和 Y 相互独立时，则 $D(X \pm Y) = DX + DY$.

性质（3）可推广到有限多个相互独立的随机变量之和的情形，即若 $X_1, X_2, \cdots, X_n$ 相互独立，则有

$$D(X_1 + X_2 + \cdots + X_n) = D(X_1) + D(X_2) + \cdots + D(X_n)$$

例 4.2.4　设随机变量 X 和 Y 相互独立，且 X 服从参数为 $\dfrac{1}{2}$ 的指数分布，Y 服从参数为 9 的泊松分布，求 $D(X - 2Y + 1)$.

解 因为 X 服从参数为 $\frac{1}{2}$ 的指数分布，Y 服从参数为 9 的泊松分布，故 $D(X)=4$，$D(Y)=9$.

根据方差的性质，可得 $D(X-2Y+1)=D(X)+4D(Y)=4+4\times9=40$.

同步习题 4.2

1. 设随机变量 X 服从泊松分布，且 $P\{X=1\}=P\{X=2\}$，求 $E(X)$，$D(X)$.

2. 设随机变量 X 服从泊松分布，且

$$3P\{X=1\}+2P\{X=2\}=4P\{X=0\}$$

求 X 的期望与方差.

3. 已知 $X\sim b(n,p)$，且 $E(X)=3$，$D(X)=2$，试求 X 的全部取值，并计算 $P\{X\leqslant8\}$.

4. 设 Y 服从参数为 3 的泊松分布，且 X 与 Y 的独立，求 $D(XY)$.

5. 设随机变量 X_1,X_2,X_3,X_4 相互独立，且有 $E(X_i)=i$，$D(X_i)=5-i$，$i=1,2,3,4$. 设

$$Y=2X_1-X_2+3X_3-\frac{1}{2}X_4$$

求 $E(Y)$，$D(Y)$.

6. 5 家商店联营，它们每两周售出的某种农产品的数量（以 kg 计）分布为 X_1,X_2,X_3,X_4，X_5. 已知 $X_1\sim N(200,225)$，$X_2\sim N(240,240)$，$X_3\sim N(180,225)$，$X_4\sim N(260,265)$，$X_5\sim N(320,270)$，求证 X_1,X_2,X_3,X_4,X_5 相互独立.

7. 设甲、乙两家灯泡厂生产的灯泡的寿命（单位：小时）X 和 Y 的分布律分别为

X	900	1000	1100
p_i	0.1	0.8	0.1

Y	900	1000	1100
p_i	0.1	0.8	0.1

试问哪家工厂生产的灯泡质量较好？

第三节　协方差与相关系数

在本章的第一节和第二节中，我们介绍了一维随机变量的数字特征. 对于二维随机变量 (X,Y)，除了讨论随机变量 X 和 Y 各自的数学期望和方差，还需要研究描述 X 与 Y 之间相互关系的数字特征. 本节将介绍**协方差**和**相关系数**，用来描述 X 与 Y 之间相关关系的数字特征.

一、协方差与相关系数的概念

定义 4.3.1 设二维随机变量 (X,Y)，若 $E\{[X-E(X)][Y-E(Y)]\}$ 存在，则称它为随机变量 X 与 Y 的协方差，记为 $\mathrm{Cov}(X,Y)$. 即

$$\mathrm{Cov}(X,Y)=E\{[X-E(X)][Y-E(Y)]\}$$

当 $D(X)>0$，$D(Y)>0$ 时，

$$\rho_{XY}=\frac{\mathrm{Cov}(X,Y)}{\sqrt{D(X)}\sqrt{D(Y)}}$$

称为随机变量 X 与 Y 的相关系数.

当 $\rho_{XY}=0$ 时,称随机变量 X 与 Y 不相关或者线性无关.

将随机变量 X 与 Y 标准化,得

$$X^* = \frac{X-E(X)}{\sqrt{D(X)}}, Y^* = \frac{Y-E(Y)}{\sqrt{D(Y)}}$$

由相关系数的定义,显然有 $\rho_{XY}=\text{Cov}(X^*,Y^*)$.

在实际应用当中,协方差和相关系数是用来描述随机变量 X 与 Y 之间线性相关方向和依赖程度的数字特征.

由协方差定义和数学期望的性质,可得协方差的计算公式

$$\text{Cov}(X,Y)=E(XY)-E(X)E(Y)$$

二、协方差与相关系数的性质

(1) $\text{Cov}(X,Y)=\text{Cov}(Y,X)$.

(2) $\text{Cov}(aX,bY)=ab\text{Cov}(X,Y)$,其中 a,b 为常数.

(3) $\text{Cov}(X+Y,Z)=\text{Cov}(X,Z)+\text{Cov}(Y,Z)$.

(4) $D(X\pm Y)=D(X)+D(Y)\pm 2\text{Cov}(X,Y)$.

(5) $|\rho_{XY}|\leqslant 1$.

(6) $|\rho_{XY}|=1$ 的充分必要条件是 X 与 Y 以概率1具有确定的线性关系,即 $P\{Y=aX+b\}=1$,其中 $a\neq 0$,a,b 为常数.

由性质(5)和(6),可以进一步说明相关系数反映了随机变量之间的一种相互关系的本质:$|\rho_{XY}|$ 越大,这时 Y 与 X 的线性关系就越密切,当 $|\rho_{XY}|=1$ 时,Y 与 X 就有确定的线性关系;反之,$|\rho_{XY}|$ 越小,说明 Y 与 X 的线性关系就越弱,若 $|\rho_{XY}|=0$,则表示 Y 与 X 之间无线性关系,故称 Y 与 X 是不相关的. 可见,$|\rho_{XY}|$ 的大小确实是 Y 与 X 间线性关系强弱的一种度量.

例 4.3.1 已知随机变量 (X,Y) 的联合分布律如下:

X	Y		
	-1	0	2
0	0.1	0.2	0
1	0.3	0.05	0.1
2	0.15	0	0.1

求 $\text{Cov}(X,Y)$.

解 由已知可得随机变量 X 的边缘分布律为

$$P(X=0)=0.3, P(X=1)=0.45, P(X=2)=0.25,$$

可得随机变量 Y 的边缘分布律为

$$P(Y=-1)=0.55, P(Y=0)=0.25, P(Y=2)=0.25.$$

则

$$E(X)=0\times 0.3+1\times 0.45+2\times 0.25=0.95,$$

$$E(Y)=(-1)\times 0.55+0\times 0.25+2\times 0.2=-0.15$$

$$E(XY) = 0 \times (-1) \times 0.15 + 0 \times 0 \times 0 + 0 \times 2 \times 0.1 +$$
$$1 \times (-1) \times 0.1 + 1 \times 0 \times 0.2 + 1 \times 2 \times 0 +$$
$$2 \times (-1) \times 0.3 + 2 \times 0 \times 0.05 + 2 \times 2 \times 0.1$$
$$= -0.3$$

故 $\text{Cov}(X,Y) = E(XY) - E(X)E(Y) = -0.3 + 0.95 \times 0.15 = -0.1575$.

例 4.3.2 若 $X \sim N(0,1)$，且 $Y = X^2$，问：X 与 Y 是否相关？是否相互独立？

解 因为 $X \sim N(0,1)$，概率密度函数为 $\varphi(x) = \dfrac{1}{\sqrt{2\pi}} e^{-\frac{x^2}{2}}$ 为偶数，所以

$$E(X) = E(X^3) = 0$$

于是由

$$\text{Cov}(X,Y) = E(XY) - E(X)E(Y) = E(X^3) - E(X)E(X^2) = 0$$

得

$$\rho_{XY} = \frac{\text{Cov}(X,Y)}{\sqrt{D(X)}\,\sqrt{D(Y)}} = 0$$

这说明 X 与 Y 是不相关的，但是 $Y = X^2$，显然 X 与 Y 是不相互独立的.

例 4.3.3 已知 $D(X) = 4$，$D(Y) = 1$，$\rho_{XY} = 0.5$，求 $D(3X - 2Y)$.

解 由方差、协方差和相关系数的定义公式可得

$$\begin{aligned} D(3X - 2Y) &= 9D(X) + 4D(Y) - 12\text{Cov}(X,Y) \\ &= 9D(X) + 4D(Y) - 12\rho_{XY}\,\sqrt{D(X)}\,\sqrt{D(Y)} \\ &= 9 \times 4 + 4 \times 1 - 12 \times 0.5 \times \sqrt{4} \times \sqrt{1} \\ &= 28 \end{aligned}$$

三、随机变量的矩

数学期望、方差、协方差和相关系数都是随机变量常用的数字特征，实际上它们都是某种矩，下面给出矩的一般定义.

定义 4.3.2 设 X 与 Y 是随机变量，

若

$$E(X^k), k = 1, 2, \cdots$$

存在，则称它为 X 的 k 阶原点矩.

若

$$E\{[X - E(X)]^k\}, k = 1, 2, \cdots$$

存在，则称它为 X 的 k 阶中心矩.

若

$$E(X^k Y^l), k, l = 1, 2, \cdots$$

存在，则称它为 X 和 Y 的 $k + l$ 阶混合矩.

若

$$E\{[X - E(X)]^k [Y - E(Y)]^l\}, k, l = 1, 2, \cdots$$

存在，则称它为 X 和 Y 的 $k + l$ 阶混合中心矩.

由该定义可知，随机变量 X 的数学期望 $E(X)$ 是 X 的一阶原点矩，方差 $D(X)$ 是 X 的二

阶中心矩,协方差 $\mathrm{Cov}(X,Y)$ 是 X 与 Y 的 $1+1$ 阶混合中心矩.

同步习题 4.3

1.设 X 服从参数为 2 的泊松分布,$Y=3X-2$,试求 EY,DY 及 ρ_{XY}.

2.设随机变量 X 的方差 $D(X)=16$,随机变量 Y 的方差 $D(Y)=25$,又知 X 与 Y 的相关系数 $\rho_{XY}=0.5$,求 $D(X+Y)$ 与 $D(X-Y)$.

3.设 (X,Y) 服从单位圆域 $G:x^2+y^2\leqslant 1$ 上的均匀分布,证明 X,Y 不相关.

4.设 100 件产品中的一、二、三等品率分别为 0.8,0.1 和 0.1.现从中随机地取 1 件,并记

$$X_i=\begin{cases}1 & \text{取到 } i \text{ 等品} \\ 0 & \text{其他}\end{cases}(i=1,2,3)$$

求 X_1 与 X_2 的相关系数.

5.设 $X\sim N(\mu,\sigma^2)$,$Y\sim N(\mu,\sigma^2)$,且 X,Y 相互独立,试求 $Z_1=\alpha X+\beta Y$ 和 $Z_2=\alpha X-\beta Y$ 的相关系数(其中 α,β 是不为零的常数).

6.设随机变量 (X,Y) 具有概率密度

$$f(x,y)=\begin{cases}\dfrac{1}{8}(x+y) & 0\leqslant x\leqslant 2,0\leqslant y\leqslant 2 \\ 0 & \text{其他}\end{cases},$$

求 $EX,EY,\mathrm{Cov}(X,Y),D(X+Y),\rho_{XY}$.

7.设 $E(X)=E(Y)=1$,$E(Z)=-1$,$D(X)=D(Y)=D(Z)=1$,$\rho_{XY}=0$,$\rho_{XZ}=\dfrac{1}{2}$,$\rho_{YZ}=\dfrac{1}{2}$.

求:(1)$E(X+Y+Z)$;(2)$D(X+Y+Z)$.

8.设随机变量 $X\sim N(0,4)$,随机变量 $Y\sim B\left(3,\dfrac{1}{3}\right)$,且 X,Y 不相关,求 $D(X-3Y+1)$.

9.设随机变量 (X,Y) 的分布律为

X	Y		
	-1	0	1
-1	$\dfrac{1}{8}$	$\dfrac{1}{8}$	$\dfrac{1}{8}$
0	$\dfrac{1}{8}$	0	$\dfrac{1}{8}$
1	$\dfrac{1}{8}$	$\dfrac{1}{8}$	$\dfrac{1}{8}$

试验证 X 和 Y 是不相关的,且 X 和 Y 不相互独立.

10.设随机变量 $X\sim U(0,1)$,$Y\sim U(1,3)$,X 与 Y 相互独立,求 $E(XY)$ 与 $D(XY)$.

11.设 $E(X)=2$,$E(Y)=4$,$D(X)=4$,$D(Y)=9$,$\rho_{XY}=0.5$,求:(1)$U=3X^2-2XY+Y^2-3$ 的数学期望;(2)$V=3X-Y+5$ 的方差.

12.设随机变量 X_1,X_2,X_3 相互独立,其中 X_1 在 $[0.6]$ 上服从均匀分布,X_2 服从参数为 $\lambda=\dfrac{1}{2}$ 的指数分布,X_3 服从参数为 $\lambda=3$ 的泊松分布,记 $Y=X_1-2X_2+3X_3$,求 $D(Y)$.

本章知识结构图

总习题

一、单选题

1. 设二维随机变量 (X,Y) 的分布律为

X	Y	
	0	1
0	0.3	0.1
1	a	0.4

则下列各项正确的是(　　).

    A. $a=0.4, EX=0.3$ B. $a=0.2, EX=0.6$

    C. $a=0.3, EX=0.5$ D. $a=0.4, EX=0.4$

2. 对任意随机变量 X,若 EX 存在,则 $E[E(EX)]$ 等于(　　).

    A. 0   B. X

  C. EX D. $E(X^3)$

3. 设随机变量 $X \sim E(2)$，随机变量 $Y = 2X + e^{-2X}$，则 $E(Y) = ($ $)$.

  A. $\dfrac{3}{2}$ B. 5

  C. $\dfrac{3}{4}$ D. $\dfrac{4}{3}$

4. $X \sim B(n, p)$，$EX = 2.4$，$DX = 1.44$，则 n, p 的值为 $($ $)$.

  A. $n = 4, p = 0.6$ B. $n = 6, p = 0.4$

  C. $n = 8, p = 0.3$ D. $n = 24, p = 0.1$

5. 已知 $EX = -1$，$DX = 3$，则 $E[3(X^2 - 2)] = ($ $)$.

  A. 9 B. 6

  C. 30 D. 36

6. 设 X, Y 是任意两个随机变量，$E(XY) = EXEY$，则 $($ $)$.

  A. $D(XY) = DXDY$ B. $D(X+Y) = DX + DY$

  C. X 与 Y 相互独立   D. X 与 Y 不独立

7. 已知 $DX = 25$，$DY = 1$，且 X 与 Y 相互独立，则 $D(X - Y + 1)($ $)$.

  A. 24 B. 6

  C. 26 D. 27

8. 设二维随机变量 (X, Y) 的联合分布律为

X	Y		
	0	1	2
0	$\dfrac{1}{4}$	0	0
1	$\dfrac{1}{16}$	$\dfrac{1}{4}$	0
2	$\dfrac{1}{6}$	$\dfrac{1}{16}$	$\dfrac{1}{16}$

则 $E(XY) = ($ $)$.

  A. $\dfrac{5}{16}$ B. $\dfrac{5}{8}$

  C. $\dfrac{3}{4}$ D. $\dfrac{4}{3}$

9. 若随机变量 X 与 Y 相互独立，则下列错误的是 $($ $)$.

  A. $E(X+Y) = EX + EY$ B. $D(XY) = DXDY$

  C. $D(X+Y) = DX + DY$ D. $E(XY) = EXEY$

10. 设 EX, EY, DX, DY 及 $\text{Cov}(X, Y)$ 均存在，则 $D(X - Y) = ($ $)$.

  A. $DX + DY$ B. $DX - DY$

  C. $DX + DY - 2\text{Cov}(X, Y)$ D. $DX - DY + 2\text{Cov}(X, Y)$

11. 设两个相互独立的随机变量 X 和 Y 的方差分别为 4 和 2，则随机变量 $3X - 2Y$ 的方差

是( ).

 A. 8   B. 16

 C. 28   D. 44

12. 随机变量 X 和 Y 相互独立,且 $X \sim N(1,2)$,$Y \sim B(8,0.5)$,则 $D(3X+Y)=($ $)$.

 A. 10   B. 23

 C. 20   D. 14

13. 设 (X,Y) 服从二维正态分布,则下列条件中不是 X,Y 相互独立的充分必要条件是( ).

 A. X,Y 不相关   B. $E(XY)=EXEY$

 C. $\mathrm{Cov}(X,Y)=0$ D. $E(X)=E(Y)=0$

二、填空题

1. 已知随机变量 $X \sim P(2)$,即 $P(X=k)=\dfrac{2^k}{k!}\mathrm{e}^{-2}$,$(k=0,1,2,\cdots)$,则随机变量 $Z=3X-2$ 的期望 $EZ=$ _____.

2. 若 $X \sim B(n,p)$,$EX=6$,$DX=3.6$,则 $n=$ _____.

3. 设随机变量 X 与 Y 相互独立,且 $X \sim N(-3,1)$,$Y \sim N(2,1)$,$Z=N(2,1)$,$Z=X-2Y+7$,则 $Z \sim$ _____.

4. 设随机变量 X 和 Y 的相关系数为 0.9,若 $Z=X-0.4$,则 Y 和 Z 的相关系数为 _____.

5. 设随机变量 X 和 Y 的相关系数为 0.5,$EX=EY=0$,$EX^2=EY^2=2$,则 $E[(X+Y)^2]=$ _____.

三、计算题

1. 设随机变量 X 的分布律为

X	-1	2	3
P	$\dfrac{1}{4}$	$\dfrac{1}{2}$	$\dfrac{1}{4}$

求:EX,EX^2,$E(3X^2+5)$,DX.

2. 一箱产品 20 件,其中 5 件优质品,不放回地抽样,每次一件,共抽取两次,设抽到的优质品件数为 X,求 EX 及 DX.

3. 二维随机变量 (X,Y) 的联合分布律为

X	Y	
	0	1
0	0.1	0.2
1	0.3	0.4

求:EX,EY,$E(XY)$,$D(X+Y)$,ρ_{XY}.

4. 设 (X,Y) 的联合分布律为

X	Y		
	0	1	2
0	0	$\frac{2}{15}$	$\frac{3}{15}$
1	$\frac{1}{15}$	$\frac{6}{15}$	$\frac{3}{15}$

求：$E(3X-2Y)$ 及 $E(2XY)$，DX，DY，ρ_{XY}，$D(X-Y)$.

5. 设随机变量 X，Y 相互独立，且 $EX=9$，$EY=20$，$EZ=12$，求 $E(2X+3Y+Z)$ 和 $E(5X+YZ)$.

6. 设随机变量 X 的密度函数为

$$f(x) = \begin{cases} kx^\alpha & 0 < x < 1 \\ 0 & 其他 \end{cases}，其中 k > 0, \alpha > 0，又 EX = 0.75$$

求：$(1)k,\alpha$；$(2)X$ 的分布函数；$(3)E(2X+1)$；$(4)DX$.

7. 设随机变量 X 与 Y 相互独立，且 $X \sim N(1,3)$，$Y \sim N(2,4)$，求 $D(2X-3Y+1)$.

8. 两个随机变量 X，Y，已知 $D(X)=25$，$D(Y)=36$，$\rho_{XY}=0.4$ 求 $D(X+Y)$ 和 $D(X-Y)$.

9. 随机变量 X 的分布律为

X	0	1	2
P	0.4	0.1	0.5

又 $Y=3X+1$，求：EY，DY.

10. 设二维随机变量 (X,Y) 的分布律为

X	Y		
	-1	0	1
0	0.1	0.1	0.1
1	0.3	0.1	0.3

(1)判断 X 与 Y 是否相互独立；(2)求 $\mathrm{Cov}(X,Y)$；(3)求 $D(X+Y)$；(4)求 ρ_{XY}.

11. 设二维随机变量 (X,Y) 的联合密度函数为

$$f(x,y) = \begin{cases} 4xy & 0 \leqslant x \leqslant 1, 0 \leqslant y \leqslant 1 \\ 0 & 其他 \end{cases}$$

求 EX，EY.

第五章　大数定律与中心极限定理

大数定律和中心极限定理是概率论的重要结果,从理论上解决了概率论中引入的"频率的稳定性"及随机变量和的分布问题.这两个理论不仅揭示了随机现象的统计规律性,还为概率论与数理统计的有效结合打下了坚实的基础.

第一节　大数定律

在第一章第二节中曾指出,随着随机试验次数的增加,随机事件的频率 $f_n(A)$ 逐渐稳定到某一个概率 p. 所以频率是以某种形式"趋于"概率的,由此可以首先定义随机变量序列依概率收敛的概念.

定义 5.1.1　设 $X_1, X_2, \cdots, X_n, \cdots$ 是一个随机变量序列,a 为常数,若对任意 $\varepsilon > 0$,有

$$\lim_{n \to \infty} P(\mid X_n - a \mid < \varepsilon) = 1$$

则称 $X_1, X_2, \cdots, X_n, \cdots$ 依概率收敛于 a,记作 $X_n \xrightarrow{P} a$.

上述式子也可等价地表示为

$$\lim_{n \to \infty} P(\mid X_n - a \mid \geqslant \varepsilon) = 0$$

上述式子的直观意义可以看成是,当 n 充分大时,随机变量 X_n 的取值几乎总为 a,或者与 a 值非常接近.不仅如此,大量随机现象的平均结果与个别的观测特征及结果无关,具有相当的稳定性,这种大量随机变量平均值的稳定性及其成立的条件等一系列定理,称为大数定理.

定理 5.1.1(切比雪夫不等式)　设随机变量 X 的数学期望 $E(X) = \mu$,$D(X) = \sigma^2$,则对于任意给定的正数 ε,有

$$P\{\mid X - \mu \mid \geqslant \varepsilon\} \leqslant \frac{\sigma^2}{\varepsilon^2}$$

这个不等式称为切比雪夫不等式.

这个切比雪夫不等式也可以写成

$$P\{\mid X - \mu \mid < \varepsilon\} \geqslant 1 - \frac{\sigma^2}{\varepsilon^2}$$

切比雪夫不等式表明:随机变量 X 的方差越小,则事件 $\{\mid X - \mu \mid < \varepsilon\}$ 发生的概率越大,即 X 的取值基本上集中在它的期望 μ 附近.由此可见方差刻画了随机变量取值的离散程度.

在方差已知的情况下,切比雪夫不等式给出了 X 与它的期望 μ 的偏差不小于 ε 的概率的估计式.如取 $\varepsilon = 3\sigma$,则有

$$P\{\mid X - \mu \mid \geqslant 3\sigma\} \leqslant \frac{\sigma^2}{9\sigma^2} \approx 0.111$$

于是,对任意给定的分布,只要期望和方差存在,则随机变量 X 取值偏离 μ 超过 3 倍均方差的概率小于 0.111.

切比雪夫不等式作为一个理论工具,它普遍应用于生产实践的质量检测过程中.

例 5.1.1 已知正常男性成人血液中,每毫升白细胞个数平均是 7300,均方差是 700. 利用切比雪夫不等式估计每毫升白细胞个数在 5200～9400 的概率.

解 设每毫升白细胞个数为 X,依题意,有 $\mu=7300,\sigma=700$,所求概率为

$$P\{5200 \leqslant X \leqslant 9400\} = P\{5200-7300 \leqslant X-7300 \leqslant 9400-7300\}$$
$$= P\{-2100 \leqslant X-\mu \leqslant 2100\} = P\{\mid X-\mu \mid \leqslant 2100\}$$

由切比雪夫不等式得

$$P\{\mid X-\mu \mid \leqslant 2100\} \geqslant 1-\frac{\sigma^2}{(2100)^2} = 1-\left(\frac{700}{2100}\right)^2 = 1-\frac{1}{9} = \frac{8}{9}.$$

即估计每毫升白细胞个数在 5200～9400 的概率不小于 $\frac{8}{9}$.

定理 5.1.2(独立同分布大数定律) 设随机变量序列 $X_1,X_2,\cdots,X_n,\cdots$ 是相互独立同分布的,且 $E(X_i)=\mu,D(X_i)=\sigma^2(i=1,2,\cdots)$,则对任意 $\varepsilon>0$,有

$$\lim_{n\to\infty}P\left(\left|\frac{1}{n}\sum_{i=1}^{n}X_i-\mu\right|<\varepsilon\right)=1$$

定理 5.1.2 表明:随机变量 $X_1,X_2,\cdots,X_n$ 的算术平均值序列依概率收敛于其数学期望 μ.

推论 2(伯努利大数定律) 在 n 重伯努利试验中事件 A 发生的频率为 $f_n(A)=\frac{n_A}{n}$,事件 A 发生的概率为 $P(A)=p$,则对任意 $\varepsilon>0$,有

$$\lim_{n\to\infty}P(\mid f_n(A)-p \mid<\varepsilon)=1$$

伯努利大数定理说明:只要 n 充分大,事件 A 发生的频率 $f_n(A)$ 就会以接近于 1 的概率逼近概率 p,这一理论对频率稳定性进行了严格的数学描述,也正是在重复随机试验的次数较大时,可用事件发生的频率近似代替概率的理论依据.

如果事件 A 的概率很小,则由伯努利大数定理知,事件 A 发生的频率也是很小的,或者说事件 A 很少发生,即"概率很小的随机事件在个别试验中几乎不会发生". 这 一原理称为小概率原理,它的实际应用很广泛. 但是应该注意到,小概率事件与不可能事件是有区别的. 在多次试验中,小概率事件也可能发生.

定理 5.1.3(辛钦大数定律) 设 $X_1,X_2,\cdots,X_n,\cdots$ 为相互独立同分布的随机变量序列,且 $E(X_i)=\mu,(i=1,2,\cdots)$ 存在,则对任意 $\varepsilon>0$,有

$$\lim_{n\to\infty}P\left(\left|\frac{1}{n}\sum_{i=1}^{n}X_i-\mu\right|<\varepsilon\right)=1$$

与独立同分布大数定律不同的是,辛钦大数定律只要求每个随机变量的数学期望 $E(X_i)$ 存在,而不管方差 $D(X_i)$ 是否存在,但也要求各 X_i 同分布,这也是与切比雪夫大数定律的不同之处.

同步习题 5.1

1. 已知随机变量 X 的 $E(X)=1,D(X)=0.44$,利用切比雪夫不等式给出 $P\{\mid X-1 \mid \geqslant 0.05\}$ 的上限.

2. 一颗骰子连续掷 4 次,点数总和记为 X,试估计 $P\{10<X<18\}$.

3. 掷 10 颗均匀的骰子,求掷出点数之和在 30 与 40 之间的概率.

4.射手打靶得10分的概率为0.5,得9分的概率为0.3,得8分、7分和6分的概率分别为0.1,0.05和0.05,若此射手进行100次射击,至少可得950分的概率是多少?

5.为确定某城市成年男子中抽烟人所占的比例,任意抽查 n 个成年男子,结果其中有 m 个抽烟,问 n 应多大时,才能保证 $\frac{m}{n}$ 与 P 的误差小于0.005?

第二节 中心极限定理

在社会经济现象和生产实践中,有时候也需要研究若干个随机变量及其分布情况.例如某一个城市耗水总量的确定,公共设施的设备,某项投保的总收益等.中心极限定理就是关于满足一定条件下的随机变量的和以正态分布为其极限分布的一系列定理,它为解决上述问题提供了重要的理论依据.

定理5.2.1(列维-林德伯格定理) 设随机变量序列 $X_1,X_2,\cdots,X_n,\cdots$ 是相互独立同分布的,且 $E(X_i)=\mu,D(X_i)=\sigma^2\neq 0,(i=1,2,\cdots,n,\cdots)$,则对任意 x,有

$$\lim_{n\to\infty}P\left(\frac{\sum\limits_{i=1}^{n}X_i-n\mu}{\sqrt{n}\sigma}\leqslant x\right)=\Phi(x)$$

该定理也称为**独立同分布的中心极限定理**.它表明:只要当 n 充分大时,无论 $X_1,X_2,\cdots$,$X_n,\cdots$原来服从什么分布,随机变量 $\dfrac{\sum\limits_{i=1}^{n}X_i-n\mu}{\sqrt{n}\sigma}$ 都近似服从标准正态分布,即有

$$\frac{\sum\limits_{i=1}^{n}X_i-n\mu}{\sqrt{n}\sigma}\overset{\cdot}{\sim}N(0,1)$$

因而 $\sum\limits_{i=1}^{n}X_i$ 近似服从正态分布 $N(n\mu,n\sigma^2)$,即有 $\sum\limits_{i=1}^{n}X_i\overset{\cdot}{\sim}N(n\mu,n\sigma^2)$.

例5.2.1 设由机器包装的每袋大米的重量是一个随机变量,其数学期望是10 kg,方差为0.2 kg^2.求100袋这种大米的总重量在990~1010 kg的概率.

解 设 X_i 为第 i 袋大米的重量($i=1,2,\cdots,100$),由题设 $E(X_i)=2,D(X_i)=0.2$

根据定理5.2.1近似地有 $\sum\limits_{i=1}^{100}X_i\overset{\cdot}{\sim}N(1000,20)$,故所求概率为

$$P\left(990\leqslant\sum_{i=1}^{100}X_i\leqslant 1010\right)=P\left(\frac{990-1000}{\sqrt{20}}\leqslant\frac{\sum\limits_{i=1}^{100}X_i-1010}{\sqrt{20}}\leqslant\frac{1010-1000}{\sqrt{20}}\right)$$

$$=\Phi(\sqrt{5})-\Phi(-\sqrt{5})=0.9750$$

例5.2.2 一盒同型号螺栓共有100个,已知该型号的螺栓的重量是一个随机变量,期望值是100 g,标准差是10 g,求一盒螺栓的重量超过10.2 kg的概率.

解 设 X_i 为第 i 个螺栓的重量,$i=1,2,\cdots 100$,且它们之间独立同分布,于是,一盒螺栓的重量为 $X=\sum\limits_{i=1}^{100}X_i$,而且

$$\mu = E(X_i) = 100, \sigma = \sqrt{D(X_i)} = 10, n = 100$$

由中心极限定理有

$$P\{X > 10200\} = P\left\{\frac{\sum_{i=1}^{n} X_i - n\mu}{\sigma\sqrt{n}} > \frac{10200 - 10000}{100}\right\}$$

$$= P\left\{\frac{X - 10000}{100} > \frac{10200 - 10000}{100}\right\}$$

$$= P\left\{\frac{X - 10000}{100} > 2\right\}$$

$$= 1 - P\left\{\frac{X - 10000}{100} \leqslant 2\right\}$$

$$= 1 - \Phi(2) = 1 - 0.9773 = 0.0227$$

定理 5.2.2(棣莫弗-拉普拉斯定理) 设随机变量 $Y_n \sim B(n,p)$, $n = 1, 2\cdots$, 是相互独立同分布的,且 $E(X_i) = \mu$, $D(X_i) = \sigma^2 \neq 0$ $(i = 1, 2, \cdots)$, 则对任意 x 有

$$\lim_{n \to \infty} P\left(\frac{Y_n - np}{\sqrt{npq}} \leqslant x\right) = \Phi(x)$$

该定理说明,当 $n \to \infty$ 时,二项分布以正态分布为极限分布,所以当 n 很大时,有

$$P(a < Y_n \leqslant b) = P\left(\frac{a - np}{\sqrt{npq}} < \frac{Y_n - np}{\sqrt{npq}} \leqslant \frac{b - np}{\sqrt{npq}}\right)$$

$$\approx \Phi\left(\frac{b - np}{\sqrt{npq}}\right) - \Phi\left(\frac{a - np}{\sqrt{npq}}\right)$$

例 5.2.3 保险公司的某一人身事故保险业务,投保人须每年交付保险费 16 元. 如果在投保的一年内发生重大人身事故,其本人或其家属会获得 2000 元的保险金. 已知该市人员一年内发生重大人身事故的概率为 0.005,现在有 5000 人参加该项保险,问该保险公司在一年内从此项业务所得到的总收益在 2 万元至 4 万元的概率有多大?

解 设一年内被保险人发生重大人身事故的人数为 Y_n,则

$$Y_n \sim B(5000, 0.05)$$

根据题意可以知道,公司此项业务的总收益在 2 万元至 4 万元相当于"$20 \leqslant Y_n \leqslant 30$".

所求概率为

$$P(20 < Y_n \leqslant 30) = \Phi\left(\frac{30 - 5000 \times 0.005}{\sqrt{5000 \times 0.005 \times 0.995}}\right) - \Phi\left(\frac{20 - 5000 \times 0.005}{\sqrt{5000 \times 0.005 \times 0.995}}\right)$$

$$= 2\Phi\left(\frac{1}{\sqrt{0.995}}\right) - 1 = 0.6826$$

中心极限定理最大的价值在于它确立了正态分布在各种分布中的重要地位,这表明不管服从什么分布,当独立的随机变量个数增加时,其和的分布都趋于正态分布,这也揭示了为什么在实际应用中会经常运用正态分布. 中心极限定理是大样本统计推断的理论依据,为之后的数理统计奠定了坚实的理论基础.

同步习题 5.2

1. 某公司有 200 名员工参加一种资格证书考试. 按往年的经验,该考试通过率为 0.8,试

计算这 200 名员工至少有 150 人通过考试的概率.

2.一部件包括 10 部分,每部分的长度是一个随机变量,它们相互独立,服从同一分布,其数学期望为 2 mm,均方差为 0.05 mm,规定总长度为(20±0.1)mm 时产品合格,试求产品合格的概率.

3.某电视机厂每月生产一万台电视机,它的液晶屏车间的合格率为 0.8.为了以 0.997 的概率保证出厂的电视机都装上合格的液晶屏,问该车间每月应生产多少只液晶屏?

本章知识结构图

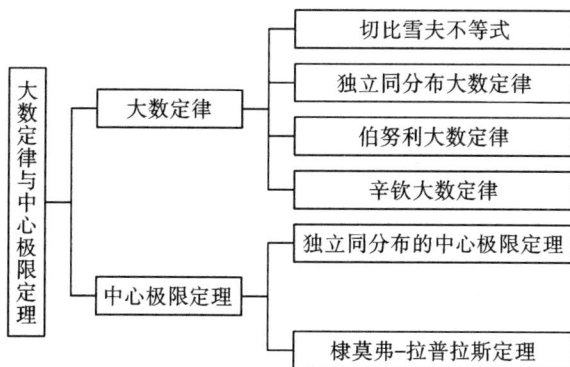

总习题

1.用切比雪夫不等式估计下列各题的概率.

(1)废品率为 0.03,1000 个产品中废品多于 20 个且少于 40 个的概率.

(2)200 个新生儿中,男孩多于 80 个而少于 120 个的概率,假设男孩和女孩的概率均为 0.5.

2.一颗骰子连续掷 4 次,点数总和即为 X,估计 $P(10<X\leqslant18)$.

3.设供电网有 10000 盏灯,夜晚每盏灯开着的概率都是 0.7,假定各灯开、关时间彼此无关,计算同时开着的灯数在 6900 与 7100 之间的概率.

4.某微机网络系统有 120 个终端,每个终端有 15% 的时间在使用.若各终端使用与否是相互独立的.试证明有不少于 12 个终端在使用.

第六章 数理统计的基本概念

前 5 章我们学习了概率论的基本内容,这将为数理统计部分的学习奠定基础.本章将介绍数理统计的基本概念和一些基本方法.

数理统计的起源可以追溯到古代的统计活动.在中国,早在公元前 2000 多年前,大禹治水时就进行了土地与户口的统计;在西方,埃及建造金字塔时也对全国人口进行了普查和统计.之后数理统计逐渐从政治算术学派中分化出来,经历了描述统计和推断统计阶段,并逐渐形成了多个分支,如参数统计、假设检验、多元统计、大样本统计、非参数统计等.

从以上历史发展来看,数理统计是数学的一个分支,以概率论为基础,研究大量随机现象的统计规律性.它伴随着概率论的发展而发展,起源于人口统计、社会调查等各种描述性统计活动.

数理统计被广泛应用于各种专门领域,包括物理、化学、工程、生物、经济、社会等,为这些领域的发展提供了有力的数据支持和分析工具.比如在工程领域,数理统计可以帮助工程师更有效地分配资源,提高工程项目的效率和成本控制,提升产品质量.再如,在股市方面,数理统计的应用也非常广泛,可以进行股价预测、投资组合优化、风险管理等,通过对历史数据进行分析,可以帮助投资者做出更理性的决策.

数理统计研究的内容非常丰富,本书只介绍参数估计、假设检验等部分内容.

本章主要介绍数理统计中的一些基本概念和常用的统计量及其分布.

第一节 总体与样本

一、总体与个体

在数理统计中,通常把根据研究目的所确定的对象集合称为**总体**;组成总体的每个单元称为**个体**.例如,研究某一批电子产品的寿命时,这批产品就是总体,其中的每个产品就是一个个体.但是在实际中,人们常常关心的是研究对象的某一项指标 X(比如,产品的重量、尺寸、使用寿命等),这时总体是指该指标的所有可能取值,而每一次观测或试验所得的指标值就是个体.总体中所含个体的数量称为总体容量.容量有限的总体称为**有限总体**,容量无限的总体称为**无限总体**.

作为总体的指标 X 是一个随机变量,因为其可能的取值不止有一个.随机变量 X 的分布称为**总体的分布**.为了方便,我们也可以直接用 $X \sim F(X)$ 来表示,$F(X)$ 为总体 X 的分布函数.

二、样本

在数理统计中,总体的分布或者其主要特征往往是不知道的,需要根据总体的一部分个体对总体作出推断.首先从总体中按一定的方法抽取部分个体进行观测或者试验,然后获取到可以对总体进行推断的信息,我们将这一过程称为**抽样**.从总体 X 中抽取的 n 个个体 $X_1,X_2,$ $\cdots,X_n,X_n$ 称为总体 X 的一个容量为 n 的样本.

抽样通常分为随机抽样和非随机抽样两大类.总体中的每个个体都以确定的概率被抽中的抽样称为**随机抽样**,也叫作概率抽样;人们根据经验或对总体的了解,凭借自己的主观意愿从总体中有目的地选择一些个体作为样本的抽样称为非随机抽样.

在随机抽样中,样本中的每一个随机变量 X_i 具有随机性,常记为 $X_1,X_2,\cdots,X_n$;而作为样本的观测值则记为 $x_1,x_2,\cdots,x_n$.

样本 $X_1,X_2,\cdots,X_n$ 作为随机变量,如果同时满足以下两个条件:(1) $X_1,X_2,\cdots,X_n$ 相互独立;(2) $X_1,X_2,\cdots,X_n$ 与总体 X 分布相同,则样本中的每个个体 X_i 都具有总体 X 的全部特征,能更好反应和代表总体.我们将这种样本称为简单随机样本,简称样本,这样的抽样也称为简单随机抽样.

之后,在没有特别说明的情况下,样本都指的是简单随机样本.

注意:有限总体如果采用有放回抽样,则得到的样本是简单随机样本.如果采用无放回抽样,则得到的样本一般不是简单随机抽样.但是当总体的容量无限大的时候,因为概率变化很小,所以无放回抽样也可近似作为简单随机抽样.

(一)样本分布

根据样本各分量相互独立且与总体同分布的特征,以及概率论知识,我们可以得到下面一些结果.

定理 6.1 设 $X_1,X_2,\cdots,X_n$ 是来自总体 X 的样本.

(1)如果 X 的分布函数为 $F(X)$,则 $X_1,X_2,\cdots,X_n$ 的联合分布函数为

$$F(x_1,x_2,\cdots,x_n)=F(x_1)F(x_2)\cdots F(x_n)=\prod_{i=1}^{n}F(x_i)$$

(2)如果 X 为离散型随机变量,概率分布律为 $P(X=x_k)=p_k,k=1,2\cdots$,则 $X_1,X_2,\cdots,X_n$ 的联合分布律为

$$P(X_1=x_{k_1},X_1=x_{k_2},\cdots,X_1=x_{k_n})=P(X_1=x_{k_1})P(X_1=x_{k_2})\cdots P(X_1=x_{k_2})=\prod_{i=1}^{n}p_{k_i}$$

(3)如果 X 为连续型随机变量,其密度函数为 $f(X)$,则 $X_1,X_2,\cdots,X_n$ 的联合密度函数为

$$f(x_1,x_2,\cdots,x_n)=f(x_1)f(x_2)\cdots f(x_n)=\prod_{i=1}^{n}f(x_i)$$

例 6.1.1 设总体 X 服从参数为 λ 的指数分布,则 $X_1,X_2,\cdots,X_n$ 为其样本,求 $X_{(n)}=\max\{X_1,X_2,\cdots,X_n\}$ 的分布函数.

解 X 的分布函数 $F(x)=\begin{cases}1-e^{-\lambda x} & x>0\\ 0 & x\leqslant 0\end{cases}$

所以 $X_{(n)}$ 的分布函数为

$$F_{X(n)}(y)=P(X_n\leqslant y)=P\{X_1\leqslant y,X_2\leqslant y,\cdots,X_n\leqslant y\}$$

$$[F(y)]^n=\begin{cases}(1-e^{-\lambda y})^n & y>0\\ 0 & y\leqslant 0\end{cases}$$

例 6.1.2 设样本 $X_1,X_2,\cdots,X_5$ 是来自 $p=0.3$ 的两点分布总体 X,求样本中恰有 2 个值为 1 的概率.

解 设恰好 $X_i = 1$、$X_j = 1$,其余为 $0(1 \leqslant i \neq j \leqslant 5)$ 则其概率为

$$\prod_{i=1}^{5} p_{t_k} = 0.3^2 \times 0.7^3$$

又因为 i,j 是 $1,2,3,4,5$ 中任意两数,共有 C_5^2 种不同取法,故 $X_1, X_2, \cdots, X_5$ 中恰有 2 个为 1 的概率 $P = C_5^2 \times 0.3^2 \times 0.7^2 = 0.3087$.

(二)经验分布函数

设 $X_1, X_2, \cdots, X_n$ 是来自总体 X 的样本,样本值按大小顺序排列为 $X_{(1)} \leqslant X_{(2)} \leqslant \cdots \leqslant X_{(n)}$.

函数

$$F_n(x) = \begin{cases} 0 & x < x(1) \\ \dfrac{k}{n} & x(k) < x(k+1), k = 1, 2, \cdots, n-1. \\ 1 & x \geqslant x(n) \end{cases}$$

称为样本 $X_1, X_2, \cdots, X_n$ 的经验分布函数.

由大数定律可以证明到:当 $n \to \infty$ 时,$F_n(x)$ 依概率收敛于总体分布函数 $F(x)$.所以当样本容量较大时,可用经验分布函数近似代替总体分布函数.

同步习题 6.1

1.如何理解总体、个体与样本这三者之间的关系与区别?

2.随机样本存在哪些特点?

3.为了解大数据系本科毕业生的就业情况,调查了 126 名学生 2024 年大数据系本科毕业生实习期满后的月薪情况,请问:研究的总体是什么? 样本是什么? 样本容量是多少?

第二节 统 计 量

由于样本包含了总体的各种特征信息,所以可以用样本来推断总体,但是总体中的特征信息通常是"散布"在样本之中的,如果要用样本来进行统计推断,就需要将散布在样本中的各方面信息"集合"起来构造样本函数.

一、统计量的概念

定义 6.2.1 设 $g = g(X_1, \cdots, X_n)$ 是样本 $X_1, X_2, \cdots, X_n$ 的一个实值函数,如果 g 中不包含任何未知数,则称 g 是一个统计量.

例 6.2.1 设 $X_1, X_2, \cdots, X_n$ 是来自总体 X 的样本,总体的均值 μ 已知,但方差 σ 未知,则下列样本函数中是统计量的有哪些?

$(1) \dfrac{1}{n} \sum_{i=1}^{n} X_i$;$(2) \dfrac{1}{n} \sum_{i=1}^{n} X_i^2$;$(3) \dfrac{1}{\sigma^2} \sum_{i=1}^{n} X_i^2$;$(4) \sum_{i=1}^{n} (X_i + \mu)$.

解 式(1)、(2)中,只有随机变量和样本容量,不含未知参数,所以式(1)、(2)是统计量;式(3)中含有随机变量和未知的参数总体均值 σ,所以式(3)不是统计量;式(4)中有随机变量和已知的总体均值参数,所以式(4)是统计量.

统计量是样本 $X_1, X_2, \cdots, X_n$ 的函数.由于样本具有随机性,所以统计量也具有随机性,它是一个随机变量 $g(X_1, X_2, \cdots, X_n)$;而作为样本观测值,$g(x_1, x_2, \cdots, x_n)$ 是一个反映总体的

某一个特定信息的实数,即统计量也具有两重性.在一定情况下 $g(X_1,X_2,\cdots,X_n)$ 和 $g(x_1,x_2,\cdots,x_n)$ 也可以通用.

二、常用统计量

(一)样本均值

$$\overline{X} = \frac{1}{n}\sum_{i=1}^{n} X_i$$

样本均值具有如下性质:设 $X_1,X_2,\cdots,X_n$ 是来自总体 X 的样本,则

(1)若 $Y_i=aX_i+b(a,b$ 为常数$),i=1,2,\cdots n$,则 $\overline{Y}=a\overline{X}+b$;

(2)$E(\overline{X})=E(X)$, $D(\overline{X})=\frac{1}{n}DX$.

例 6.2.2 设从总体 X 中抽取的样本为 $i=2413,2415,2412,2416,2417,2412$,求样本均值 $\overline{x}$.

解 设样本为 $X_i,i=1,2,\cdots,7,Y_i=X_i-2414$,则 Y_i 的值分别为 $-1,1,-2,2,3,-2$.

$$\overline{y} = \frac{-1+1-2+2+3-2}{6} = \frac{1}{6}$$

故

$$\overline{x} = \overline{y} + 2414 = 2414\,\frac{1}{6}$$

则有

$$\overline{y} = \overline{x} - 2414$$

(二)样本方差

$$S^2 = \frac{1}{n-1}\sum_{i=1}^{n} (X_i - \overline{X})^2$$

其中 $\sum_{i=1}^{n} (X_i - \overline{X})^2$ 称为样本离差平方和,$S=\sqrt{S^2}$ 称为**样本标准差**.

样本方差具有以下性质:设 $X_1,X_2,\cdots,X_n$ 是来自总体 X 的样本,则

(1) $\sum_{i=1}^{n} (X_i - \overline{X})^2 = \sum_{i=1}^{n} X_i^2 - n\overline{X}^2$;

(2)$E(S^2)=D(X)$.

(三)样本矩

$$A_k = \frac{1}{n}\sum_{i=1}^{n} X_i{}^k$$

称为样本的 k 阶原点矩,也可以记为 $\overline{X^k}$,显然样本均值 $\overline{X}$ 时样本的一阶原点矩

$$B_k = \frac{1}{n}\sum_{i=1}^{n} (X_i - \overline{X})^k$$

称为样本的 k 阶中心矩.特别 $k=2$ 时,B_2 也记为 S_n^2,也称为未修正的样本方差.

（四）样本相关系数

$$r = \frac{\sum_{i=1}^{n}(X_i - \overline{X})(Y_i - \overline{Y})}{\sqrt{\sum_{i=1}^{n}(X_i - \overline{X})^2}\sqrt{\sum_{i=1}^{n}(Y_i - \overline{Y})^2}},$$

其中 $(X_1, Y_1), \cdots (X_n, Y_n)$ 是来自二维总体 (X, Y) 的样本，且

$$\overline{X} = \frac{1}{n}\sum_{i=1}^{n}X_i, \overline{Y} = \frac{1}{n}\sum_{i=1}^{n}Y_i$$

样本相关系数具有以下性质：

(1) $\sum_{i=1}^{n}(X_i - \overline{X})(Y_i - \overline{Y}) = \sum_{i=1}^{n}X_iY_i - n\overline{X}\,\overline{Y}$；

(2) 当 $Y_i = aX_i + b$ 时（a, b 为常数，$a \neq 0$），样本相关系数 $|r| = 1$，且 $a > 0$ 时 $r = 1$，$a < 0$ 时 $r = -1$.

同步习题 6.2

1. 设总体的一组样本观察值为

$$54, 65, 73, 66, 67, 65, 70, 69, 65$$

计算样本均值和样本方差.

2. 在一本书上随机地检查了 10 项，发现各页上的错误数如下.

$$1, 4, 5, 6, 0, 3, 1, 4, 2, 1, 4$$

试计算样本均值、样本方差和样本标准差.

第三节　数理统计中几个常用分布

一、正态分布

我们在第二章中已经学习了正态分布.其密度函数为

$$f(X) = \frac{1}{\sqrt{2\pi}\sigma}e^{-\frac{(x-\mu)^2}{2\sigma^2}}, -\infty < x < +\infty. \mu = 0, \sigma^2 = 1$$

随机变量 X 服从正态分布，简记为 $X \sim N(\mu, \sigma^2)$.特别当 $\mu = 0, \sigma^2 = 1$ 时，则随机变量 X 服从标准正态分布，简记为 $X \sim N(0, 1)$.且 $X \sim N(\mu, \sigma^2)$ 时，$\frac{X - \mu}{\sigma} \sim N(0, 1)$.

标准正态分布 $X \sim N(0, 1)$ 的上侧 α 分位数通常记作 z_α 或 μ_α.根据定义，z_α 应满足

$$P(X > z_\alpha) = \int_{Z_\alpha}^{+\infty}\frac{1}{\sqrt{2\pi}}e^{-\frac{x^2}{2}}dx = 1 - \Phi(z_\alpha) = \alpha$$

其中 $\Phi(x)$ 为标准正态分布 $N(0, 1)$ 的分布函数.

当 $\alpha \leqslant \frac{1}{2}$ 时，可直接由标准正态分布表查出 Z_α 的值；当 $\alpha > \frac{1}{2}$ 时，因标准正态分布的密度函数曲线关于 y 轴对称，故有 $Z_\alpha = -Z_{1-\alpha}$，由此可以求出 Z_α 的值.例如，$X \sim \chi^2(n_1), Z_{0.05} =$

$1.64, Z_{0.975} = -Z_{0.025} = -1.96.$

二、χ^2 分布

定义 6.3.1 设 $X_1, X_2, \cdots, X_n$ 相互独立,且均服从 $N(0,1)$ 分布,称随机变量

$$\chi^2 = X_1^2 + X_2^2 + \cdots + X_n^2$$

服从自由度为 n 的 χ^2 分布,记为 $\chi^2 \sim \chi^2(n)$.

$\chi^2(n)$ 分布的密度函数:

$$f(x;n) = \begin{cases} \dfrac{1}{2^{\frac{n}{2}} \Gamma\left(\dfrac{n}{2}\right)} x^{\frac{n}{2}-1} e^{-\frac{x}{2}} & x > 0 \\ 0 & x \leqslant 0 \end{cases}$$

其中 $\Gamma(s) = \displaystyle\int_0^{+\infty} x^{s-1} e^{-x} dx$ 是参数为 s 的伽玛函数,χ^2 分布的密度函数曲线如图 6.1 所示.

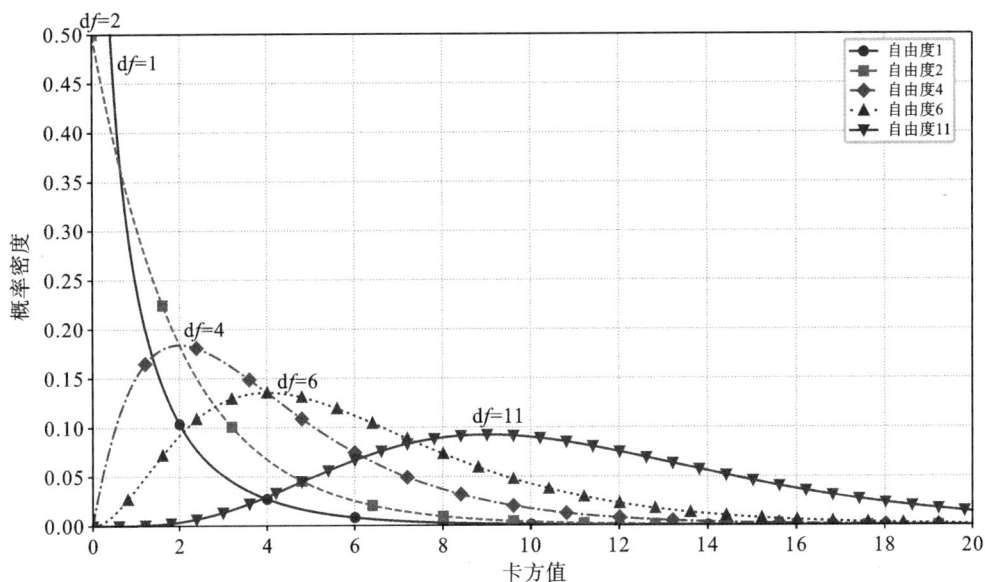

图 6-1 χ^2 分布的概率密度函数曲线图

χ^2 分布具有下列性质:

(1)设 $\chi_1^2 \sim \chi^2(n), \chi_2^2 \sim \chi^2(m)$,且 χ_1^2、χ_2^2 相互独立,则 $\chi_1^2 + \chi_2^2 \sim \chi^2(n+m)$.

(2)$E(\chi_1^2) = n, D(\chi_1^2) = 2n$.

(3)因为 χ_1^2、χ_2^2 相互独立,所以 $\chi_1^2 + \chi_2^2$ 就是 $n+m$ 个独立的标准正态分布随机变量的平方和,根据定义,其服从自由度为 $n+m$ 的 χ^2 分布.

自由度为 n 的 χ^2 分布上侧 α 分位数记作 $\chi_\alpha^2(n)$,$\chi_\alpha^2(n)$ 满足 $P(\chi^2 \geqslant \chi_\alpha^2(n)) = \alpha$.

例如,$\chi_{0.995}^2(4) = 0.207, \chi_{0.05}^2(13) = 22.362$. 当 n 充分大时,则有费舍尔(Fisher)曾经证明的近似公式:

$$\chi_\alpha^2(n) \approx \frac{1}{2}\left(\mu_\alpha + \sqrt{2n-1}\right)^2$$

其中 μ_α 是标准正态分布 $N(0,1)$ 的上侧 α 分位数. 当 $n \geqslant 45$ 时, 我们可以根据此公式近似求出 $\chi_\alpha^2(n)$ 的近似值. 例如 $\chi_{0.005}^2(60) \approx \dfrac{1}{2}(2.58 + \sqrt{2 \times 60 - 1})^2 \approx 90.97$.

三、t 分布

定义 6.3.2 设 $X \sim N(0,1)$, $Y \sim \chi^2(n)$, 且 X, Y 相互独立, 称随机变量 $T = \dfrac{X}{\sqrt{Y/n}}$ 服从自由度为 n 的 t 分布, 记为 $T \sim t(n)$, 其分布的密度函数为

$$f(x; n) = \frac{\Gamma\left(\dfrac{n+1}{2}\right)}{\sqrt{n\pi}\,\Gamma\left(\dfrac{n}{2}\right)} \left(1 + \frac{x^2}{n}\right)^{-\frac{n+1}{2}}, \; -\infty < x < +\infty$$

t 分布的密度函数曲线如图 6.2 所示.

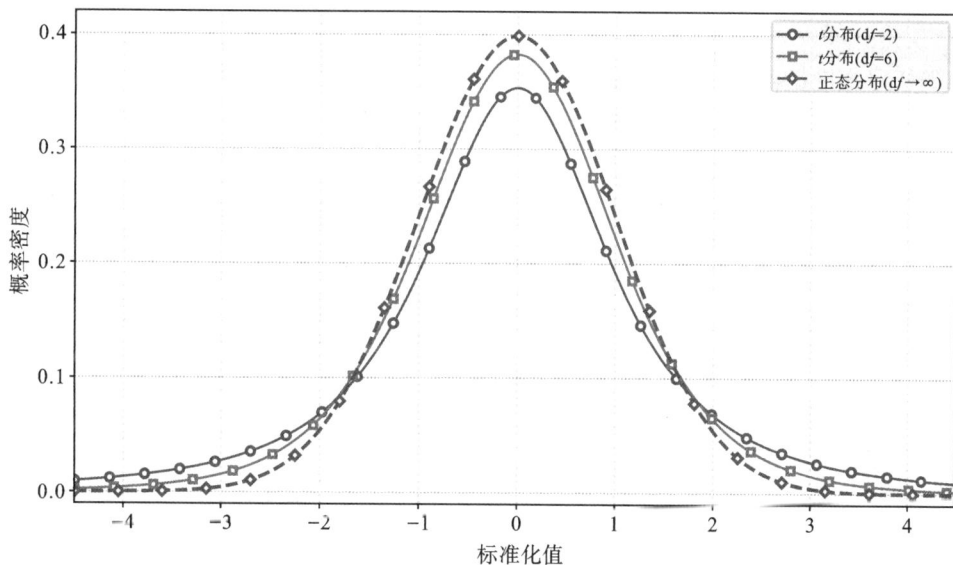

图 6-2 t 分布的概率密度函数曲线图

t 分布具有如下性质:

(1) $t(n)$ 分布的密度函数 $f(x;n)$ 满足 $f(-x;n) = f(x;n)$, 即 t 分布密度函数曲线关于 y 轴对称. 且

$$\lim_{n \to \infty} f(x; n) = \frac{1}{\sqrt{2\pi}} e^{-\frac{x^2}{2}}$$

(2) $t(n)$ 分布的分布函数 $F(x) = 1 - F(x) = \displaystyle\int_{-\infty}^{x} f(u; m) \mathrm{d}u$, 由此可得: 若 $T \sim t(n)$, z 为任意正实数, 则 $P(|T| \leqslant Z) = 2F(z) - 1$.

自由度为 n 的 t 分布的上侧 α 分位数记为 $t_\alpha(n)$, $t_\alpha(n)$ 满足

$$P(|T| \geqslant t_\alpha(n)) = \alpha$$

对于自由度 $n \leqslant 45$ 的 t 分布, 附表 4 给出了 $\alpha \leqslant 0.25$ 的上侧 α 分位数, 当 $\alpha > 0.25$ 时, 利用 $t(n)$ 分布密度函数曲线对称性, 有 $t_\alpha(n) = -t_{1-\alpha}(n)$, 故可由 $t_{1-\alpha}(n)$ 得到 $t_\alpha(n)$; 特别地, 当 $n >$

45 时，由于 T 分布近似服从 $N(0,1)$，因此可用近似公式 $t_a(n) \approx u_a$ 求得 $t_a(n)$.

四、F 分布

定义 6.3.3 设 $X \sim \chi^2(n)$，$Y \sim \chi^2(m)$，且 X、Y 相互独立，称随机变量

$$F = \frac{X/n}{Y/m}$$

服从自由度为 (n,m) 的 **F 分布**，记作：$F \sim F(n,m)$，其中 n 为分子的自由度，m 为分母的自由度.

$F(n,m)$ 的密度函数为

$$f(x;n,m) = \begin{cases} \dfrac{\Gamma\left(\dfrac{n+m}{2}\right)}{\Gamma\left(\dfrac{n}{2}\right)\Gamma\left(\dfrac{m}{2}\right)} \left(\dfrac{n}{m}\right)^{\frac{n}{2}} x^{\frac{n}{2}-1} \left(1+\dfrac{n}{m}x\right)^{-\frac{n+m}{2}} & x > 0 \\ 0 & x \leqslant 0 \end{cases}$$

F 分布的概率密度函数图形如图 6.3 所示.

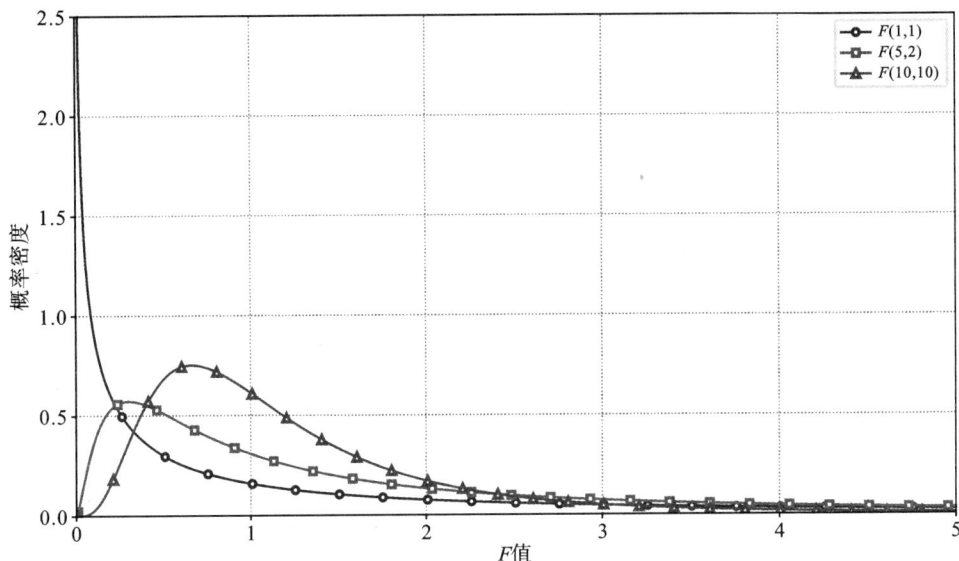

图 6-3 F 分布的概率密度函数曲线图

F 分布具有如下性质：

(1)设 $F \sim F(n,m)$，则 $E(F) \sim \dfrac{m}{m-2}$，$m > 2$；$D(F) \sim \dfrac{2m^2(n+m-2)}{n(n-2)^2(m-4)}$，$m > 4$；

(2)若 $T \sim t(n)$，则 $T^2 \sim F(1,n)$；

(3)若 $F \sim F(n,m)$，则 $\dfrac{1}{F} \sim F(m,n)$.

自由度为 (n,m) 的 F 分布的上侧 α 分位数记为 $F_a(n,m)$，它满足

$$P\{F(n,m) \geqslant F_a(n,m)\} = \alpha$$

附表 6 只给出了较小 α 的 $F_a(n,m)$ 的值.而当 α 较大时，根据 F 分布的性质，可以使用下面的

公式求得 $F_a(n,m)$:

$$F_a(n,m) = \frac{1}{F_{1-a}(m,n)}$$

例如,$F_{0.05}(20,30)=1.93$,$F_{0.95}(30,20)=\dfrac{1}{F_{0.05}(20,30)}=\dfrac{1}{1.93}\approx 0.518$.

$$F_{0.9}(8,3)=\frac{1}{F_{0.1}(3,8)}=\frac{1}{2.92}\approx 0.342$$

同步习题 6.3

1.设 X,Y 相互独立,且 $X\sim\chi^2(8)$,$Y\sim\chi^2(10)$,则 $X+Y\sim$_____,

$E(X+Y)=$_____.

2.设随机变量 $X\sim N(\mu,1)$,$X\sim\chi^2(n)$,且二者独立,则 $T=\dfrac{X-\mu}{\sqrt{Y/n}}\sim$_____分布.

3.设总体 $X\sim N(0,\sigma^2)$,从中抽取样本 X_1,X_2,X_3,X_4,X_5,X_6,设

$$Y=(X_1+X_2+X_3)^2+(X_4+X_5+X_6)^2$$

试确定常数 C,使随机变量 CY 服从 χ^2 分布.

第四节 抽样分布定理

定理 6.4.1 设 $X_1,X_2,\cdots,X_n$ 是来自正态分布 $X\sim N(\mu,\sigma^2)$ 的样本,$\overline{X}$ 为样本均值,则

$$\overline{X}\sim N\left(\mu,\frac{\sigma^2}{n}\right),U=\frac{\overline{X}-\mu}{\sigma/\sqrt{n}}\sim N(0,1)$$

证明 因为 $X_1,X_2,\cdots,X_n$ 相互独立,均服从正态分布 $N(\mu,\sigma^2)$ 的样本,$\overline{X}$ 为 $X_1,X_2,\cdots,X_n$ 的线性函数,所以 $\overline{X}$ 应服从正态分布. 又因为

$$E(\overline{X})=E\left(\frac{1}{n}\sum_{i=1}^n X_i\right)=\frac{1}{n}\sum_{i=1}^n E(X_i)=\mu$$

$$D(\overline{X})=D\left(\frac{1}{n}\sum_{i=1}^n X_i\right)=\frac{1}{n^2}\sum_{i=1}^n D(X_i)=\frac{\sigma^2}{n}$$

所以 $\overline{X}\sim N(\mu,\sigma^2)$.再由正态分布的性质得 $U\sim N(0,1)$.

定理 6.4.2 设 $X\sim N(\mu,\sigma^2)$,$X_1,X_2,\cdots,X_n$ 为来自 X 的样本,$\overline{X}$、S^2 分别为样本均值和样本方差,则

(1) $U=\dfrac{\sum\limits_{i=1}^n (X_i-\mu)^2}{\sigma^2}\sim\chi^2(n)$;

(2) $\dfrac{(n-1)S^2}{\sigma^2}=\dfrac{\sum\limits_{i=1}^n (X_i-\overline{X})^2}{\sigma^2}\sim\chi^2(n-1)$ 且 S^2 与 $\overline{X}$ 独立;

(3) $\dfrac{\overline{X}-\mu}{S/\sqrt{n}}\sim t(n-1)$.

证明 (1)因为 $\dfrac{X_i-\mu}{\sigma}\sim N(0,1)$,$i=1,2,\cdots,n$,且各 $\dfrac{X_i-\mu}{\sigma}$ 相互独立,由 χ^2 分布定义可以

有 $\dfrac{\sum\limits_{i=1}^{n}(X_i-\mu)^2}{\sigma^2}\sim\chi^2(n)$.

（2）利用线性代数中的正交变换等知识可以证明 $\dfrac{(n-1)S^2}{\sigma^2}\sim\chi^2(n-1)$.

（3）因为 $\dfrac{\overline{X}-\mu}{\sigma/\sqrt{n}}\sim N(0,1)$，$\dfrac{(n-1)S^2}{\sigma^2}\sim\chi^2(n-1)$，且 $\overline{X}$ 与 S^2 相互独立，根据 t 分布随机变量的定义，可以得到：

$$T=\frac{\overline{X}-\mu}{\sigma/\sqrt{n}}\Big/\sqrt{\frac{(n-1)S^2}{\sigma^2}\Big/(n-1)}=\frac{\overline{X}-\mu}{s/\sqrt{n}}\sim t(n-1)$$

定理 6.4.3 设 $X_1,X_2,\cdots,X_n$ 为来自正态总体 $X\sim N(\mu_x,\sigma_x^2)$，$Y_1,Y_2,\cdots,Y_m$ 来自正态总体 $Y\sim N(\mu_y,\sigma_y^2)$，且两样本相互独立，则

（1）$\overline{X}-\overline{Y}\sim N\Big(\mu_x-\mu_y,\dfrac{\sigma_x^2}{n}+\dfrac{\sigma_y^2}{m}\Big)$;

（2）$\dfrac{(\overline{X}-\overline{Y})-(\mu_x-\mu_y)}{\sqrt{\dfrac{\sigma_x^2}{n}+\dfrac{\sigma_y^2}{m}}}\sim N(0,1)$;

（3）当 $\sigma_x^2=\sigma_y^2$ 时，$T=\dfrac{(\overline{X}-\overline{Y})-(\mu_x-\mu_y)}{\sqrt{\dfrac{(n-1)S_x^2+(m-1)S_y^2}{n+m-2}}\sqrt{\dfrac{1}{n}+\dfrac{1}{m}}}\sim t(n+m-2)$;

（4）$F=\dfrac{S_x^2/\sigma_x^2}{S_y^2/\sigma_y^2}\sim F(n-1,m-1)$.

例 6.4.1 设 $X_1,X_2,\cdots,X_n$ 为来自正态总体 $X\sim N(\mu,\sigma^2)$ 的样本，S^2 为样本方差，试利用抽样分布定理求概率 $P\Big(S^2<\dfrac{3\sigma^2}{10}\Big)$.

解 根据抽样分布定理 6.4.2，有 $\chi^2=\dfrac{(10-1)S^2}{\sigma^2}\sim\chi^2(n-1)$,

故

$$P\Big(S^2<\frac{3\sigma^2}{10}\Big)=P\Big(\frac{9S^2}{\sigma^2}<2.7\Big)=1-P(\chi^2>2.7)$$
$$=1-0.975=0.025$$

对于非正态总体 X，如果是大样本（$n>50$），根据中心极限定理，其和渐进服从正态分布，上述正态总体的统计量分布对某些非正态总体也近似成立.

同步习题 6.4

1.设总体 $X\sim N(52,6^2)$，从中随机抽取一个容量为 36 的样本，求样本均值落在区间 $(50.8,53.8)$ 内的概率.

2.在总体 $X\sim N(20,3^2)$ 中，随机抽取两个容量分别为 10 和 15 的独立样本，以 $\overline{X},\overline{Y}$ 分别表示其样本均值，求 $P(|\overline{X}-\overline{Y}|>0.3)$.

3.设总体 $X\sim N(72,100)$，为使样本均值大于 70 的概率等于 90%，样本容量应取多大？

本章知识结构图

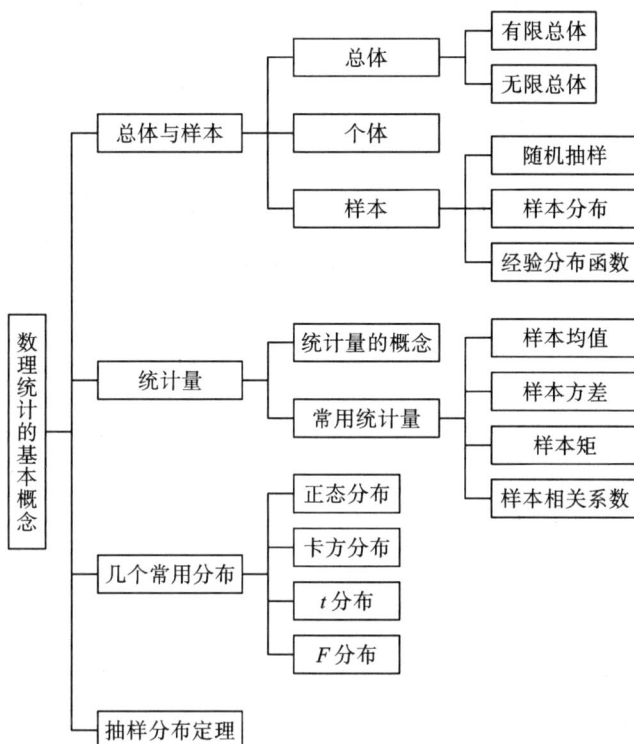

总习题

一、单选题

1.已知 $X_1, X_2, \cdots, X_n$ 为来自正态总体 $X_1, X_2, \cdots, X_n$ 的正态总体样本，μ 未知，下列式子不是统计量的是（　　）.

A. $\dfrac{1}{n} \sum\limits_{i=1}^{n} X_i$
B. $\dfrac{1}{\sigma^2} \sum\limits_{i=1}^{n} X_i$

C. $\max(X_1, X_2, \cdots, X_n)$
D. $\sum\limits_{i=1}^{n} (X_i - \mu)^2$

2.设 $X_1, X_2, \cdots, X_n$ 相互独立，且均服从 $N(0,1)$ 正态分布，则 $X_1^2 + X_2^2 + \cdots + X_n^2 \sim$ 未知，$\sigma^2 > 0$ 已知（　　）.

A. $N(0,1)$
B. $\chi^2(n)$

C. $t(n)$
D. $F(1,n)$

3.设随机变量 X 和 Y 都服从标准正态分布，则（　　）.

A. $X+Y$ 服从正态分布
B. $X^2 + Y^2$ 服从 χ^2 分布

C. X^2 和 Y^2 都服从 χ^2 分布
D. X^2/Y^2 服从 F 分布

4. $X \sim N(1,9)$，$X_1,X_2,\cdots,X_n$ 为 X 的样本，则有（   ）．

A. $\dfrac{X-1}{1} \sim N(0,1)$

B. $\dfrac{X-1}{3} \sim N(0,1)$

C. $\dfrac{\overline{X}-1}{9} \sim N(0,1)$

D. $\dfrac{\overline{X}-1}{\sqrt{3}} \sim N(0,1)$

5. 设 $X \sim t(n)$，$Y = \dfrac{1}{X^2}$ 则下列结论正确的是（   ）．

A. $Y \sim \chi^2(n)$

B. $Y \sim \chi^2(n-1)$

C. $Y \sim F(1,n)$

D. $Y \sim F(n,1)$

6. 已知 $X_1,X_2,\cdots,X_n$ 为来自正态总体的样本，其中 μ,σ^2 未知，下列式子不是统计量的是（   ）．

A. X_i

B. $\overline{X} = \dfrac{1}{n}\sum\limits_{i=1}^{n} X_i$

C. $\dfrac{1}{n-1}\sum\limits_{i=1}^{n}(X_i - \overline{X})^2$

D. $\dfrac{1}{n}\sum\limits_{i=1}^{n}(X_i - \mu)^2$

7. 设随机变量 $X \sim N(1,4)$，$X_1,X_2,\cdots,X_{100}$ 为来自总体 X 的样本，$\overline{X}$ 是样本均值，已知 $Y = a\overline{X} + b \sim N(0,1)$，则（   ）．

A. $a=5,b=-5$

B. $a=5,b=5$

C. $a=\dfrac{1}{5},b=\dfrac{1}{5}$

D. $a=-\dfrac{1}{5},b=\dfrac{1}{5}$

二、填空题

1. 设总体 $X \sim N(\mu,\sigma^2)$，$\overline{X}$ 和 S^2 分别是来自总体 X 的样本容量为 n 的样本均值和样本方差，则

$$\frac{\overline{X}-\mu}{\sigma/\sqrt{n}} \sim \underline{\hspace{2cm}}, \quad \frac{\sum\limits_{i=1}^{n}(X_i-\mu)^2}{\sigma^2} \sim \underline{\hspace{2cm}}, \quad \frac{\overline{X}-\mu}{S/\sqrt{n}} \sim \underline{\hspace{2cm}}.$$

2. 设 $X_1,X_2,\cdots,X_n$ 为来自总体 $N(\mu,\sigma^2)$ 的样本，$\overline{X}$ 和 S^2 分别是样本均值和样本方差，则 $E(\overline{X}) = \underline{\hspace{2cm}}$，$D(\overline{X}) = \underline{\hspace{2cm}}$，$E(S^2) = \underline{\hspace{2cm}}$．

3. 设 $X_1,X_2,\cdots,X_n$ 为来自总体 $U(-1,1)$ 的样本，$\overline{X}$ 和 S^2 分别是样本均值和样本方差，则 $E(\overline{X}) = \underline{\hspace{2cm}}$，$D(\overline{X}) = \underline{\hspace{2cm}}$，$E(S^2) = \underline{\hspace{2cm}}$．

4. 设随机变量 X 与 Y 相互独立，且 $X \sim \chi^2(n_1)$，$Y \sim \chi^2(n_2)$，则 $\dfrac{X/n_1}{Y/n_2} \sim \underline{\hspace{2cm}}$．

5. 设 $X_1,X_2 \sim \chi^2(2)$，且 X_1 与 X_2 相互独立，则 $Y = X_1 + X_2 \sim \underline{\hspace{2cm}}$分布．

三、计算题

1. 设 $X_1,X_2,\cdots,X_n$ 为来自总体 X 的简单样本，且 X 服从参数为 $p(0<p<1)$ 的两点分布，样本值为 $x_1,x_2,\cdots,x_n$，求 $X_1,X_2,\cdots,X_n$ 的联合分布律．

2. 设 $X_1,X_2,\cdots,X_n$ 是来自参数为 λ 的指数分布总体 X 的样本，试求 $X_1,X_2,\cdots,X_n$ 的联合密度函数．

3. 设 $X_1,X_2,\cdots,X_n$ 是来自参数为 λ 的泊松分布总体 X 的样本，样本值为 $x_1,x_2,\cdots,x_n$．

求 λ 为何值时，$P(X_1=x_1,\cdots,X_n=x_n)$ 最大?

4. 求 $N(5,16)$ 分布的上侧 α 分位数: (1)$\alpha=0.95$; (2)$\alpha=0.05$; (3)$\alpha=0.01$.

5. 查附表 4 求自由度为 7 的 t 分布上侧 α 分位数: (1)$\alpha=0.95$; (2)$\alpha=0.05$; (3)$\alpha=0.01$.

6. 查附表 5 计算 $\chi_\alpha^2(18)$ 的值: (1)$\alpha=0.95$; (2)$\alpha=0.05$.

7. 求第一自由度为 3，第二自由度为 6 的 F 分布上侧 α 分位数: (1)$\alpha=0.95$; (2)$\alpha=0.99$.

8. 证明 $F_a(n,m)=\dfrac{1}{F_{1-a}(m,n)}$.

第七章　参数估计

数理统计的基本任务是研究如何以样本推断总体.在很多场合,总体的分布形式是已知的,需要对总体中的未知参数进行估计;在另外一些场合,虽然没有明确指明总体及要估计的参数,但实际上往往也可以归结为对总体参数及有关量的估计.

参数估计问题的一般提法:设有一个总体 X,总体的分布函数为 $F(x,\theta)$,其中 θ 为未知参数. $X_1,X_2,\cdots,X_n$ 是总体 X 的一个样本,现要依据该样本对参数 θ 做出估计.

参数估计的形式有两种:点估计与区间估计.无论是哪种形式,首先都要定义估计量,它是统计量在估计问题中的别称.在定义了估计量的基础上我们将讨论两个问题:其一,如何给出估计,即估计的方法问题;其二,如何对不同的估计进行评价,即估计的好坏判断标准.

对于第一个问题,本章将介绍两种构造估计量的方法:以样本矩为估计量的矩估计法和以联合分布律或联合分布密度为似然函数,进而求似然函数极值点的极大似然估计法.为了确切知道未知参数估计值的精确程度,本章引入了区间估计,并将分别介绍双侧置信区间估计和单侧置信区间估计.对于第二个问题,本章将介绍三种常用的评价估计好坏的标准.

第一节　点估计

设 $X_1,X_2,\cdots,X_n$ 为来自总体 X 的样本, $F(x,\theta)$ 为 X 的分布函数,其中 θ 为未知参数, $\hat{\theta}(X_1,X_2,\cdots,X_n)$ 是一统计量.当样本观测值为 $(x_1,x_2,\cdots,x_n)$ 时,如果以 $\hat{\theta}(x_1,x_2,\cdots,x_n)$ 作为 θ 的估计值,则称 $\hat{\theta}(x_1,x_2,\cdots,x_n)$ 为 θ 的**点估计值**,而统计量 $\hat{\theta}(X_1,X_2,\cdots,X_n)$ 称为 θ 的**点估计量**. θ 的点估计量和点估计值统称为 θ 的**点估计**,常记为 $\hat{\theta}$.如果总体 X 有 k 个未知参数 $\theta_1,\cdots,\theta_k$,则可以构造 k 个统计量 $\hat{\theta}_1=\hat{\theta}_1(X_1,X_2,\cdots,X_n),\cdots,\hat{\theta}_k=\hat{\theta}_k(X_1,X_2,\cdots,X_n)$ 分别作为 $\theta_1,\cdots,\theta_k$ 的点估计量.

求总体分布中未知参数点估计的方法有很多,包括矩估计法、极大似然估计法、最小二乘法、贝叶斯估计法、相对似然函数法等,本章仅介绍最常用的两种方法——矩估计法和极大似然估计法.

一、矩估计法

矩估计法是由英国统计学家卡尔·皮尔逊在 19 世纪末引入的,它的理论依据是样本的矩依概率收敛于总体的矩.基本做法是,用样本的各阶矩来估计总体相应的矩.因此,我们取样本 k 阶原点矩 A_k 作为总体 k 阶原点矩 μ_k 的估计量,则求 $\theta_1,\cdots,\theta_k$ 的矩估计步骤如下.

1.计算总体的前 k 阶原点矩

$\mu_i=E(X^i)$ 是 $\theta_1,\cdots,\theta_k$ 的函数,记作

$$
\begin{cases}
\mu_1 = \mu_1(\theta_1,\theta_2,\cdots,\theta_k) \\
\mu_2 = \mu_2(\theta_1,\theta_2,\cdots,\theta_k) \\
\quad\vdots \\
\mu_k = \mu_k(\theta_1,\theta_2,\cdots,\theta_k)
\end{cases}
\tag{7.1}
$$

2. 用样本矩代替总体矩

用样本的 k 阶原点矩为 $A_i = \dfrac{1}{n}\sum_{j=1}^{n} X_j^i, i = 1,2,\cdots,k$ 代替式(7.1) 左边的 μ_i，得

$$
\begin{cases}
A_1 = \mu_1(\theta_1,\theta_2,\cdots,\theta_k) \\
A_2 = \mu_2(\theta_1,\theta_2,\cdots,\theta_k) \\
\quad\vdots \\
A_k = \mu_k(\theta_1,\theta_2,\cdots,\theta_k)
\end{cases}
\tag{7.2}
$$

3. 解方程组(7.2)，则得参数 $\theta_1,\cdots,\theta_k$ 的矩估计量

$$
\begin{cases}
\hat{\theta}_1 = \theta_1(A_1,A_2,\ldots,A_k) \\
\hat{\theta}_2 = \theta_2(A_1,A_2,\ldots,A_k) \\
\quad\vdots \\
\hat{\theta}_k = \theta_k(A_1,A_2,\ldots,A_k)
\end{cases}
\tag{7.3}
$$

$\hat{\theta}_1,\cdots,\hat{\theta}_k$ 分别作为未知参数 $\theta_1,\cdots,\theta_k$ 的估计量，叫作**矩估计量**。这种求未知参数点估计的方法叫作**矩估计法**。将样本值 $x_1,x_2,\cdots,x_n$ 代入式(7.3)则得到**矩估计值**。

在具体问题中，也可用样本的中心距代替总体相应的矩。

例 7.1.1 已知某电话局在单位时间内收到用户呼唤次数这个总体 X 服从泊松分布，即 X 的分布律为

$$
P(X = k) = \frac{\lambda^k}{k!}\mathrm{e}^{-\lambda}, k = 0,1,2,\cdots
$$

其中 λ 未知，今获得样本值 $x_1,x_2,\cdots,x_n$，求 λ 的矩估计值。

解　由于 $E(x)=\lambda$，由方程

$$
A_1 = E(x) = \lambda
$$

可得矩估计量

$$
\hat{\lambda} = A_1 = \overline{X} = \frac{1}{n}\sum_{i=1}^{n} X_i
$$

代入 $(x_1,x_2,\cdots,x_n)$ 可得 λ 的矩估计值

$$
\hat{\lambda} = \overline{x} = \frac{1}{n}\sum_{i=1}^{n} x_i
$$

例 7.1.2　设总体 X 服从 $[\theta_1,\theta_2]$ 上的均匀分布，$X_1,X_2,\cdots,X_n$ 为来自 X 的样本，求未知参数 θ_1,θ_2 的矩估计量。

解　因 X 服从 $[\theta_1,\theta_2]$ 上的均匀分布，所以

$$
E(X) = \frac{\theta_1 + \theta_2}{2}
$$

$$
E(X^2) = D(X) + [E(X)]^2 = \frac{(\theta_2 - \theta_1)^2}{12} + \left(\frac{\theta_1 + \theta_2}{2}\right)^2
$$

按矩估计法，可建立方程组

$$
\begin{cases}
\dfrac{\theta_1 + \theta_2}{2} = \dfrac{1}{n}\sum_{i=1}^{n} X_i \\[3mm]
\dfrac{(\theta_2 - \theta_1)^2}{12} + \left(\dfrac{\theta_1 + \theta_2}{2}\right)^2 = \dfrac{1}{n}\sum_{i=1}^{n} X_i^2
\end{cases}
$$

由此得出 θ_1, θ_2 的矩估计量分别为 $\hat{\theta}_1 = \overline{X} - \sqrt{3}S_n, \hat{\theta}_2 = \overline{X} + \sqrt{3}S_n$.

例 7.1.3 设总体 X 的均值 μ 和方差 σ^2 都存在但未知,从总体中抽取样本 $X_1, X_2, \cdots,$ X_n,求 μ 和 σ^2 的矩估计量.

解 因为

$$E(X) = \mu$$
$$E(X^2) = D(X) + [E(X)]^2 = \sigma^2 + \mu^2$$

由方程组

$$\begin{cases} E(X) = A_1 \\ E(X^2) = A_2 \end{cases}$$

即

$$\begin{cases} \mu = A_1 \\ \sigma^2 + \mu^2 = A_2 \end{cases}$$

解得 μ 和 σ^2 的矩估计量为

$$\hat{\mu} = \overline{X}$$

$$\sigma^2 = \frac{1}{n}\sum_{i=1}^{n}X_i^2 - \overline{X}^2 = \frac{1}{n}\sum_{i=1}^{n}(X_i - \overline{X})^2 = S_n^2$$

此例表明:只要总体的均值和方差存在,总可以用样本均值 $\overline{X}$ 和未修正样本方差 S_n^2 分别作为总体均值 $E(X)$ 和方差 $D(X)$ 的矩估计量,而不论分布式何种类型.

矩估计法的优点是计算简单,在样本容量 n 充分大时,估计的精度也较高,且在总体分布未知时也可使用.但它有一些缺点:首先,同一参数往往可表示为总体矩的不同函数,因此矩估计量可能不唯一.如若总体 $X \sim \pi(\lambda)$,则 $E(X) = D(X) = \lambda$,因此未知参数 λ 有两个矩估计量: $\hat{\lambda} = \overline{X}, \hat{\lambda} = \frac{1}{n}\sum_{i=1}^{n}(X_i - \overline{X})^2$. 其次,当样本不是简单随机样本或总体参数不能表示为总体矩的函数时,矩估计法不能使用.如柯西分布的原点矩不存在,就不能使用矩估计法.再次,矩估计法只能用到总体的数字特征,而未用到总体的具体分布形式,可能会损失一部分有用的信息,在很多场合特别是样本容量较小时显得粗糙和过于一般,相对于其他估计法(如下面介绍的极大似然估计法),其效率往往较低.

二、最大似然估计法

如果一事件发生的概率为 p,且 p 只能取 0.1 或 0.9.现在在连续两次试验中,该事件都发生了,显然认为 $p = 0.9$ 是合理的.两个人共同射击一个目标,事先不知道谁的技术好,让每人各打一发,结果有一人击中,于是我们便认为击中目标的比没有击中目标的技术好也是合理的.这是最大似然估计法的基本思想,即利用已知总体的概率分布和样本,根据概率最大的事件在一次试验中最可能出现的原理,求总体的概率分布(或概率密度)中所含未知参数的点估计方法.

下面我们仅就离散型总体和连续型总体这两种情况做进一步讨论.

(1)若总体 X 为离散型随机变量,其概率分布的形式为 $P(X = x) = p(x; \theta), \theta \in \Theta, \theta$ 为未知参数,Θ 为 θ 的取值范围,称为参数空间.设 $X_1, X_2, \cdots, X_n$ 为 X 的样本,则样本的联合概率分布为

$$P(X_1 = x_1, X_2 = x_2, \cdots, X_n = x_n) = \prod_{i=1}^{n} p(x_i; \theta)$$

在 θ 固定时，上式表示 $(X_1, X_2, \cdots, X_n)$ 取值 $(x_1, x_2, \cdots, x_n)$ 的概率；反之，当样本值 $(x_1, x_2, \cdots, x_n)$ 给定时，它可看作 θ 的函数，我们把它记作 $L(\theta)$，并称

$$L(\theta) = \prod_{i=1}^{n} p(x_i; \theta), \theta \in \Theta$$

为**似然函数**. 似然函数 $L(\theta)$ 的值的大小意味着该样本值出现的可能性的大小，既然已经得到样本值 $(x_1, x_2, \cdots, x_n)$，那它出现的可能性应该是大的，即似然函数值应该是大的. 因而我们选择 $L(\theta)$ 达到最大值的那个 $\hat{\theta}$ 作为 θ 的估计.

(2) 若总体 X 为连续型随机变量，其密度函数为 $f(x; \theta)$，设 $X_1, X_2, \cdots, X_n$ 为 X 的样本，相应的样本观测值为 $(x_1, x_2, \cdots, x_n)$，则随机点 X_i 落在点 x_i 的长度为 Δx_i 的邻域内的概率近似等于 $f(x_i; \theta)\Delta x_i (i = 1, 2, \cdots, n)$，而随机点 $(X_1, X_2, \cdots, X_n)$ 落在点 $(x_1, x_2, \cdots, x_n)$ 的边长分别为 $\Delta x_1, \Delta x_2, \cdots, \Delta x_n$ 的 n 维矩形邻域内的概率近似等于 $\prod_{i=1}^{n} f(x_i; \theta)\Delta x_i$. 在 θ 固定时，它是 $(X_1, X_2, \cdots, X_n)$ 在 $(x_1, x_2, \cdots, x_n)$ 处的密度，它的大小与 $(X_1, X_2, \cdots, X_n)$ 落在 $(x_1, x_2, \cdots, x_n)$ 附近的概率的大小成正比. 而当样本值 $(x_1, x_2, \cdots, x_n)$ 给定时，它是 θ 的函数，我们仍把它记作 $L(\theta)$，并称

$$L(\theta) = \prod_{i=1}^{n} f(x_i; \theta)\Delta x_i, \theta \in \Theta$$

为**似然函数**. 由于 $\prod_{i=1}^{n} \Delta x_i$ 与 θ 无关，因此似然函数可取为

$$L(\theta) = \prod_{i=1}^{n} f(x_i; \theta), \theta \in \Theta$$

类似上面的讨论，我们选择使 $L(\theta)$ 达到最大值的 $\hat{\theta}$ 作为 θ 的估计.

如果 $\hat{\theta} \in \Theta$ 使得

$$L(\hat{\theta}) \geqslant L(\theta), \theta \in \Theta$$

则把 $\hat{\theta}$ 叫作 θ 的**最大似然估计值**. 这样得到的 $\hat{\theta}$ 与样本观测值 $x_1, x_2, \cdots, x_n$ 有关，记 $\hat{\theta} = \hat{\theta}(x_1, x_2, \cdots, x_n)$，如果把样本观测值换为样本 $X_1, X_2, \cdots, X_n$，则得 $\hat{\theta} = \hat{\theta}(X_1, X_2, \cdots, X_n)$，称为 θ 的**最大似然估计量**. 这种求未知参数估计量的方法叫作**最大似然估计法**.

求未知参数 θ 的最大似然估计值问题，就是求似然函数 $L(\theta)$ 的极大值点的问题. 当 $L(\theta)$ 可导时，要使 $L(\theta)$ 取得极大值，θ 必须满足方程

$$\frac{\mathrm{d}L(\theta)}{\mathrm{d}\theta} = 0$$

这个方程称为**似然方程**. 在具体问题中，容易验证所求得的驻点 $\theta = \hat{\theta}$ 是否为似然函数 $L(\theta)$ 的极大值点，即取得 $\hat{\theta}$ 为 θ 的最大似然估计值. 由于对数函数 $\ln x$ 是单调递增函数，$L(\theta)$ 与 $\ln L(\theta)$ 在 θ 的同一值处取得极大值，因此可以由方程

$$\frac{\mathrm{d}\ln L(\theta)}{\mathrm{d}\theta} = 0$$

求得 θ 的最大似然估计值. 这个方程叫作**对数似然方程**.

如果总体 X 的分布中含有 r 个未知参数 $\theta_1, \theta_2, \cdots, \theta_r$，则似然函数是这些未知参数的函数

$L(\theta_1,\theta_2,\cdots,\theta_r)$，求出 $L(\theta_1,\theta_2,\cdots,\theta_r)$ 或 $\ln L(\theta_1,\theta_2,\cdots,\theta_r)$ 关于 θ_k 的偏导数并令它们等于零，得方程组

$$\frac{\partial L(\theta_1,\theta_2,\cdots,\theta_r)}{\partial \theta_k}=0,k=1,2,\cdots,r$$

或

$$\frac{\partial \ln L(\theta_1,\theta_2,\cdots,\theta_r)}{\partial \theta_k}=0,k=1,2,\cdots,r$$

由这两个方程组之一可解出各个未知参数 θ_k 的最大似然估计值 $\hat{\theta}_k=\hat{\theta}_k(x_1,x_2,\cdots,x_n)$ 及相应的最大似然估计量 $\hat{\theta}_k=\hat{\theta}_k(X_1,X_2,\cdots,X_n),k=1,2,\cdots,r$.

另外，有时 $L(\theta)$ 不是 θ 的连续可导函数，有时参数空间是有界区域，此时不能用求解似然方程的方法，一般用定义进行判断分析求解.

例 7.1.4 设总体 $X\sim B(m,p)$，$X_1,X_2,\cdots,X_n$ 是来自总体 X 的一个样本，求未知参数 p 的最大似然估计量.

解 总体 X 的概率分布为

$$P(X=x)=C_m^x p^x (1-p)^{n-x},x=0,1,2,\cdots,n$$

设 $x_1,x_2,\cdots,x_n$ 是样本 $X_1,X_2,\cdots,X_n$ 的一个样本值，则似然函数为

$$L(p)=\prod_{i=1}^n \binom{m}{x_i}p^{x_i}(1-p)^{m-x_i}=\left[\prod_{i=1}^n \binom{m}{x_i}\right]p^{\sum_{i=1}^n x_i}(1-p)^{mn-\sum_{i=1}^n x_i}$$

取对数，得

$$\ln L(p)=\sum_{i=1}^n \ln C_m^{x_i}+\left(\sum_{i=1}^n x_i\right)\ln p+\left(mn-\sum_{i=1}^n x_i\right)\ln(1-p)$$

令

$$\frac{\mathrm{d}\ln L(p)}{\mathrm{d}p}=\frac{\sum_{i=1}^n x_i}{p}-\frac{mn-\sum_{i=1}^n x_i}{1-p}=0$$

解得 p 的极大似然估计值为

$$\hat{p}=\frac{\sum_{i=1}^n x_i}{mn}$$

p 的最大似然估计量为

$$\hat{p}=\frac{\sum_{i=1}^n X_i}{mn}=\frac{\overline{X}}{m}$$

例 7.1.5 设 $X_1,X_2,\cdots,X_n$ 是从正态总体 $N(\mu,\sigma^2)$ 中抽出的样本，求未知参数 μ 和 σ^2 的极大似然估计.

解 设对应样本观测值为 $x_1,\cdots,x_n$，样本的似然函数为

$$L(\mu,\sigma^2)=\prod_{i=1}^n \left[(2\pi\sigma^2)^{-\frac{1}{2}}\mathrm{e}^{-\frac{(x-\mu)^2}{2\sigma^2}}\right]=(2\pi\sigma^2)^{-\frac{n}{2}}\mathrm{e}^{-\frac{1}{2\sigma^2}\sum_{i=1}^n(x_i-\mu)^2}$$

其中 $-\infty<x_i<+\infty,i=1,2,\cdots,n$.

对数似然函数为

$$\ln L(\mu,\sigma^2) = -\frac{n\ln(2\pi\sigma^2)}{2} - \frac{1}{2\sigma^2}\sum_{i=1}^{n}(x_i-\mu)^2$$

就 $\ln L(\mu,\sigma^2)$ 分别关于 μ,σ^2 求偏导数,并令其为零,得到似然方程组

$$\frac{\partial\ln L(\mu,\sigma^2)}{\partial\mu} = \frac{2}{2\sigma^2}\sum_{i=1}^{n}(x_i-\mu)=0$$

$$\frac{\partial\ln L(\mu,\sigma^2)}{\partial\mu} = -\frac{n}{2\sigma^2} + \frac{1}{2\sigma^4}\sum_{i=1}^{n}(x_i-\mu)^2=0$$

由上面两个式子分别解得 $\mu=\bar{x}$, $\sigma^2 = \frac{1}{n}\sum_{i=1}^{n}(x_i-\bar{x})^2 = s_n^2$

例 7.1.6　设总体 X 的概率密度为

$$f(x) = \begin{cases} (\theta+1)x^\theta & 0<x<1 \\ 0 & \text{其他} \end{cases}$$

其中 $\theta>-1$ 是未知参数,$X_1,X_2,\cdots,X_n$ 是总体 X 的样本,试求 θ 的极大似然估计.

解　设 $(x_1,x_2,\cdots x_n)$ 为样本 $X_1,X_2,\cdots,X_n$ 的一个样本值,则似然函数为

$$L(\theta) = \prod_{i=1}^{n}\left[(\theta+1)x_i^\theta\right] = (\theta+1)^n\left(\prod_{i=1}^{n}x_i\right)^\theta$$

取对数,得

$$\ln L(\theta) = n\ln(\theta+1) + \theta\sum_{i=1}^{n}\ln x_i$$

令

$$\frac{\mathrm{d}\ln L(\theta)}{\mathrm{d}\theta} = \frac{n}{\theta+1} + \sum_{i=1}^{n}\ln x_i = 0$$

解的 θ 的最大似然估计值为

$$\hat{\theta} = -\frac{n}{\sum_{i=1}^{n}\ln x_i} - 1$$

θ 的最大似然估计量为

$$\hat{\theta} = -\frac{n}{\sum_{i=1}^{n}\ln X_i} - 1$$

例 7.1.7　设总体 X 的概率分布为

X	0	1	2	3
p_i	θ^2	$2\theta(1-\theta)$	θ^2	$1-2\theta$

其中 $\theta\left(0<\theta<\frac{1}{2}\right)$ 是未知参数,利用总体 X 的如下样本值

$$3,1,3,0,3,1,2,3$$

求 θ 的矩估计值和最大似然估计值.

解　因为

$$E(X) = 0\times\theta^2 + 1\times2\theta(1-\theta) + 2\theta^2 + 3\times(1-2\theta) = 3-4\theta$$

由方程
$$E(X) = \mu_1$$
即
$$3 - 4\theta = \mu_1$$

解得 $\theta = \dfrac{3-\mu_1}{4}$. 用样本值

$$\bar{x} = \frac{1}{8}(3+1+3+0+3+1+2+3) = 2$$

代替 μ_1, 得到 θ 的矩估计值为

$$\hat{\theta} = \frac{3-2}{4} = \frac{1}{4} = 0.25$$

对于给定的样本值, 似然函数为
$$L(\theta) = \theta^2 \left[2\theta(1-\theta) \right]^2 \theta^2 (1-2\theta)^4 = 4\theta^6 (1-\theta)^2 (1-2\theta)^4$$

取对数得
$$\ln L(\theta) = \ln 4 + 6\ln\theta + 2\ln(1-\theta) + 4\ln(1-2\theta)$$

将上式对 θ 求导数, 得
$$\frac{\mathrm{d}\ln L(\theta)}{\mathrm{d}\theta} = \frac{6}{\theta} - \frac{2}{1-\theta} - \frac{8}{1-2\theta} = \frac{6-28\theta+24\theta^2}{\theta(1-\theta)(1-2\theta)} = 0$$

并已知条件为 $0 < \theta < \dfrac{1}{2}$, 可解得 θ 的极大似然估计值为

$$\hat{\theta} = \frac{7-\sqrt{13}}{12} \approx 0.2820$$

例 7.1.8 从一大批产品中随机抽取 n 件, 发现其中有 k 件次品, 求这批产品的次品率的最大似然估计.

解 设该批产品的次品率为 p. 从这批产品中随机地抽取一件产品时, 对这件产品的检验结果可以用随机变量

$$X = \begin{cases} 0 & \text{产品是合格品} \\ 1 & \text{产品是次品} \end{cases}$$

表示, 则 X 服从 $(0{\sim}1)$ 分布, 概率分布律为
$$P\{X = x\} = p(x; p) = p^x (1-p)^{1-x}, \quad x = 0, 1$$

以 X 为总体, 从中抽取样本观测值 $x_1, \cdots, x_n$, 则似然函数为
$$L(p) = \prod_{i=1}^{n} p^{x_i} (1-p)^{1-x_i} = p^{\sum\limits_{i=1}^{n} x_i} (1-p)^{n-\sum\limits_{i=1}^{n} x_i}, \quad x = 0, 1$$

取对数得
$$\ln L(p) = \left(\sum_{i=1}^{n} x_i \right) \ln p + \left(n - \sum_{i=1}^{n} x_i \right) \ln(1-p)$$

由
$$\frac{\mathrm{d}\ln L(p)}{\mathrm{d}p} = \frac{1}{p} \sum_{i=1}^{n} x_i - \frac{1}{1-p} \left(n - \sum_{i=1}^{n} x_i \right)$$
$$= \frac{1}{p(1-P)} \left(\sum_{i=1}^{n} x_i - p \sum_{i=1}^{n} x_i - np + p \sum_{i=1}^{n} x_i \right)$$

$$= \frac{1}{p(1-P)} \left(\sum_{i=1}^{n} x_i - np \right) = 0$$

解得 p 的最大似然估计值为

$$\hat{p} = \frac{1}{n} \sum_{i=1}^{n} x_i = \bar{x}$$

由于 $\sum_{i=1}^{n} x_i = k$，所以这批产品的次品率的最大似然估计值为

$$\hat{p} = \frac{k}{n}$$

如果 $n=80, k=2$，则

$$\hat{p} = 0.025$$

例 7.1.9　设 X 在区间 $[a,b]$ 上服从均匀分布，从总体 X 中抽取样本 $X_1, X_2, \cdots, X_n$，求未知参数 a 和 b 的最大似然估计量.

解　设 $x_1, x_2, \cdots, x_n$ 是相应于 $X_1, X_2, \cdots, X_n$ 的样本观测值，则似然函数是

$$L(a,b) = \begin{cases} \dfrac{1}{(b-a)^n} & a \leqslant x_i \leqslant b (i=1,2,\cdots,n) \\ 0 & \text{其他} \end{cases}$$

记 $x_{(1)} = \min(x_1, x_2, \cdots, x_n)$，$x_{(n)} = \max(x_1, x_2, \cdots, x_n)$，当 $a \leqslant x_i \leqslant b(i=1,2,\cdots,n)$，即 $a \leqslant x_{(1)}, x_{(n)} \leqslant b$ 时，有

$$0 < L(a,b) = \frac{1}{(b-a)^n} \leqslant \frac{1}{(x_{(n)} - x_{(1)})^n}$$

可见似然函数 $L(a,b)$ 当 $a=x_{(1)}, b=x_{(n)}$ 时取得最大值 $\dfrac{1}{(x_{(n)} - x_{(1)})^n}$，所以未知参数 a 和 b 的最大似然估计值分别为

$$\hat{a} = \min(x_1, x_2, \cdots, x_n), \hat{b} = \max(x_1, x_2, \cdots, x_n)$$

a 和 b 的最大似然估计量分别为

$$\hat{a} = \min(X_1, X_2, \cdots, X_n), \hat{b} = \max(X_1, X_2, \cdots, X_n)$$

同步习题 7.1

1.求下列总体分布中参数的矩估计：

(1) $f(x;\theta) = \begin{cases} 2\theta x + 1 - \theta & 0 \leqslant x \leqslant 1 \\ 0 & \text{其他} \end{cases}$，其中 $\theta < 1$.

(2) $f(x;p) = p(1-p)^{x-1}$，$x = 1, 2, \cdots$；其中 $0 < p < 1$.

(3) $f(x;\theta_1, \theta_2) = \begin{cases} \dfrac{1}{\theta_2} e^{-(x-\theta_1)/\theta_2} & x \geqslant \theta_1 \\ 0 & \text{其他} \end{cases}$，其中 $-\infty < \theta_1 < +\infty, \theta_2 > 0$

2.求下列总体分布中参数的极大似然估计：

(1) $f(x;\theta) = \theta(1-\theta)^{x-1}$，$x = 1, 2, \cdots$；其中 $0 < \theta < 1$.

(2) $f(x;\lambda) = \dfrac{\lambda^x}{x!} e^{-\lambda}$，$x = 0, 1, 2, \cdots$；其中 $\lambda > 0$.

3.设总体 X 的密度函数为

$$f(x;\theta) = \begin{cases} (\theta+1)x^\theta & 0 < x < 1 \\ 0 & \text{其他} \end{cases}$$

求参数 θ 的极大似然估计与矩估计,并看看它们是否一致.今获得样本观测值为 $0.4, 0.7,$ $0.27, 0.55, 0.68, 0.31, 0.45, 0.83$.试分别求出 θ 的极大似然估计值与矩估计值.

第二节　估计量优劣的评价标准

理论上对估计量的唯一要求是它必须为一个统计量.对同一个未知参数,用不同的估计方法可能得到一些不同的估计量、例如要估计正态总体 $N(\mu, \sigma^2)$ 中的未知参数 μ,其估计量可以取为样本均值 $\overline{X}$,也可以取为样本中位数 $Me(X_1, \cdots, X_n)$,还可以用样本 $X_1, \cdots, X_n$ 的线性函数 $a_1 X_1 + a_2 X_2 + \cdots + a_n X_n$ 或其他形式的函数,面对众多的估计量,我们自然希望选用较优的估计量,满足什么性质的估计量才是好估计量呢? 这关系到用什么标准来评价估计量的问题.本节介绍有关估计量的几个优良性准则.

从不同的角度考虑,可以提出不同的标准.设 $\hat{\theta}$ 是 θ 的一个估计量,人们广泛使用的评选估计量好坏的一个标准是衡量其均方误差 $E[(\hat{\theta}-\theta)^2]$ 的大小.在这一标准下,一个好的估计量应有较小的均方误差,由数学期望的性质和简单的数学推导,可以得到

$$E[(\hat{\theta}-\theta)]^2 = E\{[(\hat{\theta}-E(\hat{\theta})) + (E(\hat{\theta})-\theta)]^2\} = D(\hat{\theta}) + [E(\hat{\theta})-\theta]^2$$

即估计量 $\hat{\theta}$ 的均方误差 $E[(\hat{\theta}-\theta)^2]$ 可以分解为估计量 $\hat{\theta}$ 的方差 $D(\hat{\theta})$ 和估计量的偏差 $E(\hat{\theta})-\theta$ 的平方两部分.要使 $E[(\hat{\theta}-\theta)^2]$ 较小,需要 $E(\hat{\theta})-\theta$ 的绝对值和 $D(\hat{\theta})$ 都很小.特殊情形:若 $E(\hat{\theta})-\theta = 0$(即 $E(\hat{\theta})=\theta$),则称 $\hat{\theta}$ 为 θ 的无偏估计量;在 $E(\hat{\theta})=\theta$ 的前提下,估计量的方差 $D(\hat{\theta})$ 越小估计越有效,方差最小的估计量自然是最有效的估计量.对估计量的这两个要求分别称为无偏性和有效性,除此而外还有相合性、充分性、完备性等,下面我们主要介绍无偏性和有效性,顺便提及相合性.

一、无偏性

定义 7.2.1　设总体 X 的概率分布为 $f(x;\theta)$,未知参数 $\theta \in \Theta$. $X_1, \cdots, X_n$ 是来自 X 的样本.如果 $\hat{\theta}=\hat{\theta}(X_1, \cdots, X_n)$ 为 θ 的一个点估计量,且对一切 $\theta \in \Theta$ 有

$$E(\hat{\theta}-\theta) = 0 \quad \text{即} \quad E(\hat{\theta}) = 0$$

则称 $\hat{\theta}=\hat{\theta}(X_1, \cdots, X_n)$ 为 θ 的一个**无偏估计量**.若 $E(\hat{\theta}) \neq 0$ 则称 $\hat{\theta}$ 是 θ 的一个**有偏估计量**.如果 $\hat{\theta}_n = \hat{\theta}_n(X_1, \cdots, X_n)$ 是 θ 的有偏估计量,但对一切 $\theta \in \Theta$ 有

$$\lim_{x \to \infty} E(\hat{\theta}_n) = \theta$$

则称 $\hat{\theta}_n = \hat{\theta}_n(X_1, \cdots, X_n)$ 是 θ 的渐近无偏估计量.

设 $\hat{\theta}$ 是 θ 的一个估计量,由于估计量是随机变量,当对同一个总体抽取了若干个容量相同的样本时,相应地由估计量 $\hat{\theta}$ 求得的估计值对未知参数 θ 的真值也进行了多次估计,其估计值与参数真值之间的偏差 $\hat{\theta}-\theta$ 有一部分大于(等于)零,另一部分小于零,当大量重复使用 $\hat{\theta}$ 作为 θ 的估计,如其偏差能在概率的意义上平均为零,即用 $\hat{\theta}$ 估计 θ,不会系统地偏大或偏小,则 $\hat{\theta}$ 就是 θ 的一个无偏估计量.这就是无偏估计的直观解释.

例 7.2.1　设 $X_1, \cdots X_n$ 是来自总体 X 的一个样本,$E(X)=\mu$ 和 $D(X)=\sigma^2$ 存在但未知.

证明:样本均值 $\bar{X}$ 和样本方差 S^2 分别是 μ 和 σ^2 的无偏估计,而未修正样本方差 $S_n^2 = \dfrac{(n-1)}{n}S^2$ 是 σ^2 的渐近无偏估计.

证明　因 $X_1,\cdots,X_n$ 是来自总体 X 的样本,$E(X)=\mu$ 和 $D(X)=\sigma^2$,所以

$$E(\bar{X}) = \frac{1}{n}\sum_{i=1}^n E(X_i) = \frac{1}{n}\sum_{i=1}^n \mu = \mu$$

$$\begin{aligned}
E(S^2) &= \frac{1}{n-1}\sum_{i=1}^n E[(X_i-\bar{X})^2]\\
&= \frac{1}{n-1}\sum_{i=1}^n [D(X_i-\bar{X}) + (E(X_i-\bar{X}))^2]\\
&= \frac{1}{n-1}\sum_{i=1}^n [D(X_i) + D(\bar{X}) - 2\mathrm{Cov}(X_i,\bar{X}) + 0]\\
&= \frac{1}{n-1}\sum_{i=1}^n \left[\sigma^2 + \frac{\sigma^2}{n} - \frac{2\sigma^2}{n}\right] = \sigma^2
\end{aligned}$$

所以样本均值 $\bar{X}$、样本方差 S^2 分别是总体均值 μ 和总体方差 σ^2 的无偏估计量.
又

$$E(S_n^2) = E\left[\frac{(n-1)}{n}S^2\right] = \frac{(n-1)}{n}E(S^2) = \frac{(n-1)}{n}\sigma^2 \neq \sigma^2$$

$$\lim_{n\to\infty}E(S_n^2) = \lim_{n\to\infty}\left[\frac{(n-1)}{n}\sigma^2\right] = \sigma^2$$

即 S_n^2 既是 σ^2 的一个有偏估计量,又是 σ^2 的渐近无偏估计量.

二、有效性

无偏性虽然是评价估计量的一个重要标准,而且在很多场合是合理的、必要的,然而,同一个参数的无偏估计量可以有很多个,也需要从众多的无偏估计中挑出最优的一个.我们自然希望估计量的取值在概率的意义下尽可能集中在参数真值的周围,也就是说,估计量的方差越小越好.

定义 7.2.2　设 $\hat{\theta}_1 = \hat{\theta}_1(X_1,\cdots,X_n)$ 和 $\hat{\theta}_2 = \hat{\theta}_2(X_1,\cdots,X_n)$ 均为 θ 的无偏估计量,若对任意固定的 n 和一切 $\theta \in \Theta$,均有

$$D(\hat{\theta}_1) \leqslant D(\hat{\theta}_2)$$

且不等式"$<$"至少在一处 θ 成立,则称估计量 $\hat{\theta}_1$ 比估计量 $\hat{\theta}_2$ **有效**.

若在 θ 的所有无偏估计量中,$\hat{\theta}$ 是具有最小方差的无偏估计量,则 $\hat{\theta}$ 称为 θ 的一个**最小方差无偏估计量**.

例如,设 X 的数学期望为 μ、方差为 $\sigma^2(>0)$,$X_1,\cdots,X_n$ 为来自 X 的样本($n \geqslant 2$),考察 μ 的估计量:

$$\hat{\mu}_1 = \bar{X},\quad \hat{\mu}_2 = 0.2X_1 + 0.8X_2$$

容易验证 $E(\hat{\mu}_1) = E(\hat{\mu}_2) = \mu$,即 $\hat{\mu}_1$ 和 $\hat{\mu}_2$ 都是 μ 的无偏估计量,但因 $D(\hat{\mu}_1) = \dfrac{\sigma^2}{n}$,$D(\hat{\mu}_2) = 0.68\sigma^2$,$D(\hat{\mu}_1) < D(\hat{\mu}_2)$,所以 $\hat{\mu}_1$ 是较 $\hat{\mu}_2$ 有效的估计,换句话说,用 $\hat{\mu}_1$ 估计 μ 比用 $\hat{\mu}_2$ 估计 μ 要好.

又如，设总体 $X \sim N(0,\sigma^2)$，$X_1,\cdots,X_n$ 为来自 X 的样本（$n \geqslant 2$），考察下列三个统计量

$$\hat{\theta}_1 = X_1^2, \hat{\theta}_2 = \frac{1}{n-1}\sum_{i=1}^{n}(X_i - \overline{X})^2, \hat{\theta}_3 = \frac{1}{n}\sum_{i=1}^{n}X_i^2$$

它们虽均为 σ^2 的无偏估计量，但因 $D(\hat{\theta}_1) = 2\sigma^4$，$D(\hat{\theta}_3) = \frac{2\sigma^4}{n}$，$D(\hat{\theta}_2) = \frac{2\sigma^4}{n-1}$，显然 $D(\hat{\theta}_3) < D(\hat{\theta}_2) < D(\hat{\theta}_1)$，故 $\hat{\theta}_3$ 是这三个估计量中最有效的估计量.

三、相合性（一致性）

衡量一个估计好坏的另一个重要方面是考察当样本容量充分大时，此估计量能否稳定在未知参数真值的附近. 如果一个估计量具有这种性质，那么在大样本时使用它，即使它不具有其他更好的性质，也能使我们得到较为满意的结果.

定义 7.2.3 设 $X_1,\cdots,X_n$ 是来自总体 X 的样本，θ 为总体分布中包含的未知参数，$\hat{\theta}_n = \hat{\theta}_n(X_1,\cdots,X_n)$，$n=1,2,\cdots$ 为 θ 的估计量序列. 如果当样本容量 n 无限增大时，$\{\hat{\theta}_n\}$ 依概率收敛到 θ，即对于任意给定的正数 ε，有

$$\lim_{n\to\infty}P(|\hat{\theta}_n(X_1,\cdots,X_n) - \theta| < \varepsilon) = 1$$

则称 $\hat{\theta}_n(X_1,\cdots,X_n)$ 是 θ 的一个**相合估计（或一致估计）**.

由大数定律和矩估计法的思想可知：矩估计量通常是相合估计量. 特别地，样本均值 $\overline{X}$ 是总体期望 $E(X)$ 的相合估计量，未修正样本方差 S_n^2 是总体方差 $D(X)$ 的相合估计量. 容易证明，样本方差 S^2 是总体方差 $D(X)$ 的相合估计量. 还可以证明，在一定的条件下（常见分布一般能满足），极大似然估计量具有相合性. 下面给出一个检验相合性有时用得着的定理.

定理 7.2.1 设 $\hat{\theta}_n = \hat{\theta}_n(X_1,\cdots,X_n)$ 为 θ 的点估计量，$n=1,2,\cdots$. 若对一切 $\theta \in \Theta$，有

$$\lim_{n\to\infty}E(\hat{\theta}_n) = \theta \text{ 且 } \lim_{n\to\infty}D(\hat{\theta}_n) = 0$$

则 $\hat{\theta}_n(X_1,\cdots,X_n)$ 是 θ 的一致估计量.

例如，若总体 $X \sim N(\mu,\sigma^2)$，S^2 为样本方差，因 $E(S^2) = \sigma^2$，$D(S^2) = \frac{2\sigma^4}{n-1}$，显然 $D(S^2) \to 0(n\to\infty)$，所以样本方差 S^2 是 σ^2 的一致估计量.

从理论上讲，我们自然希望估计量具有无偏性、有效性和相合性等许多优良性质，但这些往往不能同时满足，尤其是相合性，它是估计量的大样本性质，对一个固定的 n，讨论相合性几乎没有意义，况且样本容量充分大在实际问题中难以做到，故无偏性和有效性应用的场合更多些.

同步习题 7.2

1. 设 σ 是总体 X 的标准差，$X_1,X_2,\cdots,X_n$ 是它的样本，则样本标准差 S 是总体标准差 σ 的（　　）.

　　A. 矩估计量　　　　B. 最大似然估计量　　　　C. 无偏估计量　　　　D. 相合估计量

2. 设 X_1,X_2,X_3 是来自总体 X 的样本，如果 X 的均值 $E(X)$ 和方差 $D(X)$ 都存在，证明：估计量

$$\hat{\mu}_1 = \frac{2}{3}X_1 + \frac{1}{6}X_2 + \frac{1}{6}X_3$$

$$\hat{\mu}_2 = \frac{1}{4}X_1 + \frac{1}{8}X_2 + \frac{5}{8}X_3$$

$$\hat{\mu}_3 = \frac{1}{7}X_1 + \frac{3}{14}X_2 + \frac{9}{14}X_3$$

都是总体 X 的均值 $E(X)$ 的无偏估计量,并判断哪一个估计量更有效.

3.设 $\hat{\theta}$ 是参数 θ 的无偏估计,且有 $D(\hat{\theta})>0$,试证 $\hat{\theta}^2 = (\hat{\theta})^2$ 不是 θ^2 的无偏估计.

第三节　正态总体参数的区间估计

一、区间估计的概念

前面讨论了参数的点估计,当样本观测值给定以后,点估计能给出未知参数 θ 一个确定的数值,但无法知道它与 θ 的真值有没有误差,误差是多少.在实际问题中,误差的大小往往是人们比较关心的,例如通过产品抽样对废品率进行估计,估计误差达到 1% 就可能对交易的某一方带来重大损失.为此,引入估计的另一种形式——区间估计.在区间估计理论中,被广泛接受的一种观点是置信区间,它是由奈曼(Neyman)于 1934 年提出的.

定义 7.3.1　设总体 X 的分布中含有一个未知参数 θ,$X_1,X_2,\cdots,X_n$ 是来自总体 X 的样本,如果对于给定的概率 $1-\alpha(0<\alpha<1)$,存在两个统计量 $\theta_1 = \theta_1(X_1,X_2,\cdots,X_n)$ 和 $\theta_2 = \theta_2(X_1,X_2,\cdots,X_n)$,使得

$$P\{\theta_1 < \theta < \theta_2\} \geqslant 1-\alpha$$

则把 $1-\alpha$ 叫作**置信度**或**置信水平**,把随机区间 (θ_1,θ_2) 叫作未知参数 θ 的置信水平为 $1-\alpha$ 的**置信区间**,把 θ_1 和 θ_2 分别叫作置信水平为 $1-\alpha$ 的双侧置信区间的**置信下限**和**置信上限**.

把这种估计未知参数的方法叫作**区间估计**.

当 X 是连续型随机变量时,对于给定的 α,我们总是按要求 $P\{\theta_1<\theta<\theta_2\}\geqslant1-\alpha$ 求出置信区间.而当 X 是离散型随机变量时,对于给定的 α,我们常常找不到区间 (θ_1,θ_2) 使 $P\{\theta_1<\theta<\theta_2\}$ 恰为 $1-\alpha$.此时我们去找区间 (θ_1,θ_2) 使得 $P\{\theta_1<\theta<\theta_2\}$ 至少为 $1-\alpha$,且尽可能地接近 $1-\alpha$.

这里需要指出的是,区间 (θ_1,θ_2) 是随机区间,不同的样本观测值就得到不同的区间 (θ_1,θ_2),当样本观测值给定后,区间 (θ_1,θ_2) 可能包含 θ 的真值,也可能不包含 θ 的真值,而 $1-\alpha$ 给出了随机区间 (θ_1,θ_2) 包含真值 θ 的可信程度.例如若 $\alpha=0.05$,则置信度为 0.95,这表明若重复抽样 100 次,将得到 100 个不同的区间,其中约有 95 个区间包含了真值 θ,不包含真值 θ 的区间约有 5 个.

由定义 7.3.1 不难看出,未知参数 θ 的置信水平为 $1-\alpha$ 的置信区间不是唯一的.置信区间的长度越短,表明估计的精确度越高.因此,在给定置信水平的情况下,我们总是寻求长度尽量短的置信区间.

寻找总体的分布中未知参数 θ 的置信区间的一般步骤如下.

(1)构造样本 $X_1,X_2,\cdots,X_n$ 的一个函数,它包含待估参数 θ,而不包含任何其他未知参数,设该函数为

$$T = T(X_1,X_2,\cdots,X_n;\theta)$$

且 T 的分布已知.

(2)对于给定的置信水平 $1-\alpha$,根据 T 的分布找到两个常数 a 和 b,使得

$$P\{a < T(X_1, X_2, \cdots, X_n; \theta) < b\} = 1 - \alpha$$

(3)求出随机事件 $\{a < T(X_1, X_2, \cdots, X_n; \theta) < b\}$ 的等价事件

$$\{\theta_1(X_1, X_2, \cdots, X_n) < \theta < \theta_2(X_1, X_2, \cdots, X_n)\}$$

即

$$P\{\theta_1(X_1, X_2, \cdots, X_n) < \theta < \theta_2(X_1, X_2, \cdots, X_n)\} = 1 - \alpha$$

其中 $\theta_1 = \theta_1(X_1, X_2, \cdots, X_n)$ 及 $\theta_2 = \theta_2(X_1, X_2, \cdots, X_n)$ 不含任何未知参数.那么 (θ_1, θ_2) 就是 θ 的一个置信水平为 $1-\alpha$ 的置信区间.

二、单个正态总体参数的区间估计

假设总体 $X \sim N(\mu, \sigma^2)$,$X_1, X_2, \cdots, X_n$ 为总体 X 中抽取的样本,$\overline{X}$ 为样本均值,S^2 为样本方差.

(一)σ^2 已知,求 μ 的置信水平为 $1-\alpha$ 的置信区间

因为

$$\overline{X} \sim N\left(\mu, \frac{\sigma^2}{n}\right)$$

故

$$z = \frac{\overline{X} - \mu}{\sigma / \sqrt{n}} \sim N(0, 1)$$

因为标准正态分布的概率密度函数图像关于 y 轴对称,所以,对于给定的置信水平 $1-\alpha$,为使所求得的 μ 的置信区间为最短,我们应选取区间 $(-z_{\frac{\alpha}{2}}, z_{\frac{\alpha}{2}})$,如当 $\alpha = 0.05$ 时,我们应选取的区间为 $(-1.96, +1.96)$,如图 7-1 所示.

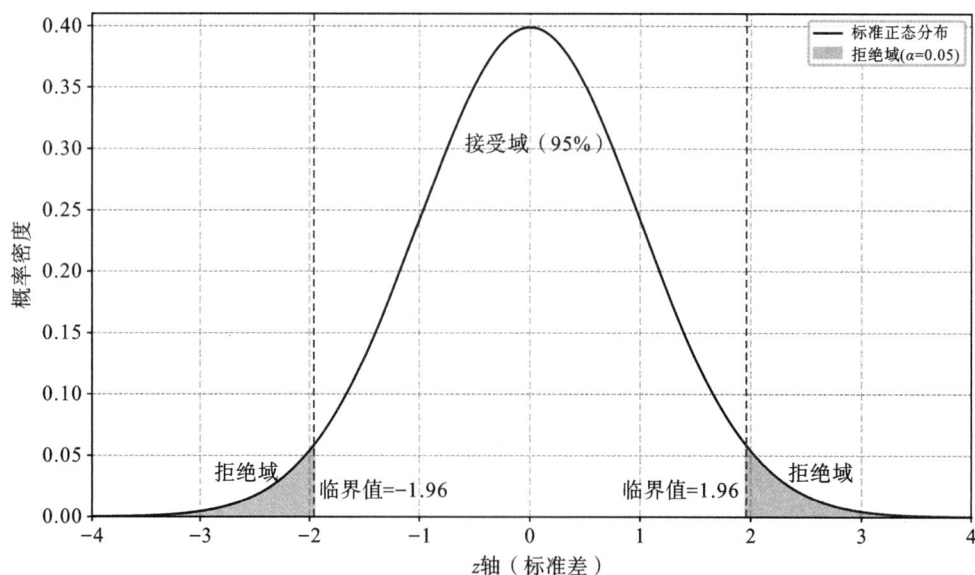

图 7-1　标准正态分布的双侧假设检验

使得

$$P\left\{-z_{\frac{\alpha}{2}} < \frac{\overline{X}-\mu}{\sigma/\sqrt{n}} < z_{\frac{\alpha}{2}}\right\} = 1-\alpha$$

即

$$P\left\{\overline{X}-z_{\frac{\alpha}{2}}\frac{\sigma}{\sqrt{n}} < \mu < \overline{X}+z_{\frac{\alpha}{2}}\frac{\sigma}{\sqrt{n}}\right\} = 1-\alpha$$

这里 $z_{\frac{\alpha}{2}}$ 是标准正态分布的上 $\frac{\alpha}{2}$ 分位数,由此得 μ 的置信水平为 $1-\alpha$ 的置信区间为

$$\left(\overline{X}-z_{\frac{\alpha}{2}}\frac{\sigma}{\sqrt{n}}, \overline{X}+z_{\frac{\alpha}{2}}\frac{\sigma}{\sqrt{n}}\right)$$

例 7.3.1 某车间生产的滚珠直径服从正态分布 $N(\mu, 0.6)$. 现从某天的产品中随机抽取 6 个,量的直径如下(单位:mm)

$$14.6, 15.1, 14.9, 14.8, 15.2, 15.1$$

试求平均直径 μ 的置信水平位 95% 的置信区间.

解 置信水平 $1-\alpha=0.95$,所以 $\alpha=0.05$,$\frac{\alpha}{2}=0.025$,$z_{\frac{\alpha}{2}}=z_{0.025}=1.96$,$n=6$,$\sigma^2=0.6$. 由样本值得 $\overline{x}=14.95$,总体均值 μ 的置信水平 $1-\alpha=0.95$ 的置信区间为

$$\left(\overline{x}-z_{\frac{\alpha}{2}}\frac{\sigma}{\sqrt{n}}, \overline{x}+z_{\frac{\alpha}{2}}\frac{\sigma}{\sqrt{n}}\right) = \left(14.95-1.96\times\sqrt{\frac{0.6}{6}}, 14.95+1.96\times\sqrt{\frac{0.6}{6}}\right)$$
$$= (14.75, 15.15)$$

(二)σ^2 未知,求 μ 的置信水平为 $1-\alpha$ 的置信区间

因为 σ^2 未知,故引入随机变量

$$t = \frac{\overline{X}-\mu}{S/\sqrt{n}} \sim t(n-1)$$

因为 t 分布的概率密度曲线关于纵坐标轴对称,所以,对于给定的置信水平 $1-\alpha$,我们选取对称于原点的区间 $(-t_{\frac{\alpha}{2}}(n-1), t_{\frac{\alpha}{2}}(n-1))$,如当 $\alpha=0.05$ 时,我们应选取的置信区间为 $(-2.23, +2.23)$(见图 7-2).

$$P\left\{-t_{\frac{\alpha}{2}}(n-1) < \frac{\overline{X}-\mu}{S/\sqrt{n}} < t_{\frac{\alpha}{2}}(n-1)\right\} = 1-\alpha$$

即

$$P\left\{\overline{X}-t_{\frac{\alpha}{2}}(n-1)\frac{S}{\sqrt{n}} < \mu < \overline{X}+t_{\frac{\alpha}{2}}(n-1)\frac{S}{\sqrt{n}}\right\} = 1-\alpha$$

这里 $t_{\frac{\alpha}{2}}(n-1)$ 是自由度为 $n-1$ 的 t 分布的上 $\frac{\alpha}{2}$ 分位数,由此得 μ 的置信水平为 $1-\alpha$ 的置信区间为

$$\left(\overline{X}-t_{\frac{\alpha}{2}}(n-1)\frac{S}{\sqrt{n}}, \overline{X}+t_{\frac{\alpha}{2}}(n-1)\frac{S}{\sqrt{n}}\right)$$

例 7.3.2 某糖厂用自动包装机装糖,设备包重量服从正态分布 $N(\mu, \sigma^2)$,某日开工后测得 9 包重量为(单位:kg):

$$99.3, 98.7, 100.5, 101.2, 98.3, 99.7, 99.5, 102.1, 100.5$$

试求 μ 的置信水平位 95% 的置信区间.

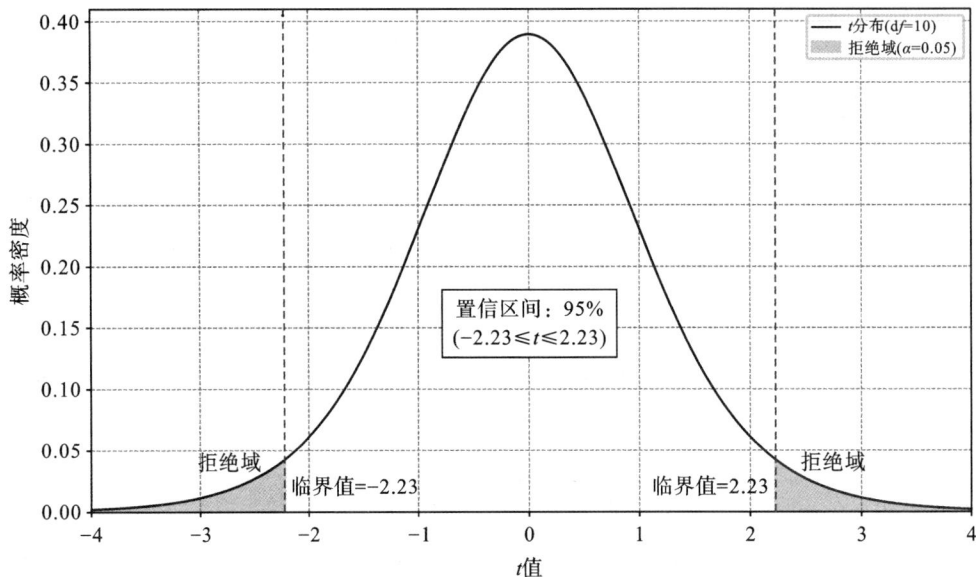

图 7 - 2

解　置信水平 $1-\alpha=0.95$，所以 $\alpha=0.05$，$\dfrac{\alpha}{2}=0.025$，$n=9$，查 t 分布表得 $t_{\frac{\alpha}{2}}(n-1)=$ $t_{\frac{\alpha}{2}}(8)=2.306$．由样本值得 $\bar{x}=99.978$，$s^2=1.47$，故 μ 的置信水平为 0.95 的置信区间为

$$\left(\bar{x}-t_{\frac{\alpha}{2}}(n-1)\frac{s}{\sqrt{n}},\bar{x}+t_{\frac{\alpha}{2}}(n-1)\frac{s}{\sqrt{n}}\right)$$

$$=\left(99.978-2.306\times\sqrt{\frac{1.47}{9}},99.978+2.306\times\sqrt{\frac{1.47}{9}}\right)$$

$$=(99.046,100.91)$$

(三) μ 已知，求 σ^2 的置信水平为 $1-\alpha$ 的置信区间

选取随机变量

$$\chi^2=\frac{1}{\sigma^2}\sum_{i-1}^{n}(X_i-\mu)^2\sim\chi^2(n)$$

对于给定的置信水平 $1-\alpha$，选取区间 $(\chi^2_{1-\frac{\alpha}{2}}(n),\chi^2_{\frac{\alpha}{2}}(n))$（参见图 7.3），使得

$$P\left\{\chi^2_{1-\frac{\alpha}{2}}(n)<\frac{1}{\sigma^2}\sum_{i-1}^{n}(X_i-\mu)^2<\chi^2_{\frac{\alpha}{2}}(n)\right\}=1-\alpha$$

即

$$P\left\{\frac{\sum\limits_{i-1}^{n}(X_i-\mu)^2}{\chi^2_{\frac{\alpha}{2}}(n)}<\sigma^2<\frac{\sum\limits_{i-1}^{n}(X_i-\mu)^2}{\chi^2_{1-\frac{\alpha}{2}}(n)}\right\}=1-\alpha$$

由此得 σ^2 的置信水平为 $1-\alpha$ 的置信区间为

$$\left(\frac{\sum\limits_{i-1}^{n}(X_i-\mu)^2}{\chi^2_{\frac{\alpha}{2}}(n)},\frac{\sum\limits_{i-1}^{n}(X_i-\mu)^2}{\chi^2_{1-\frac{\alpha}{2}}(n)}\right)$$

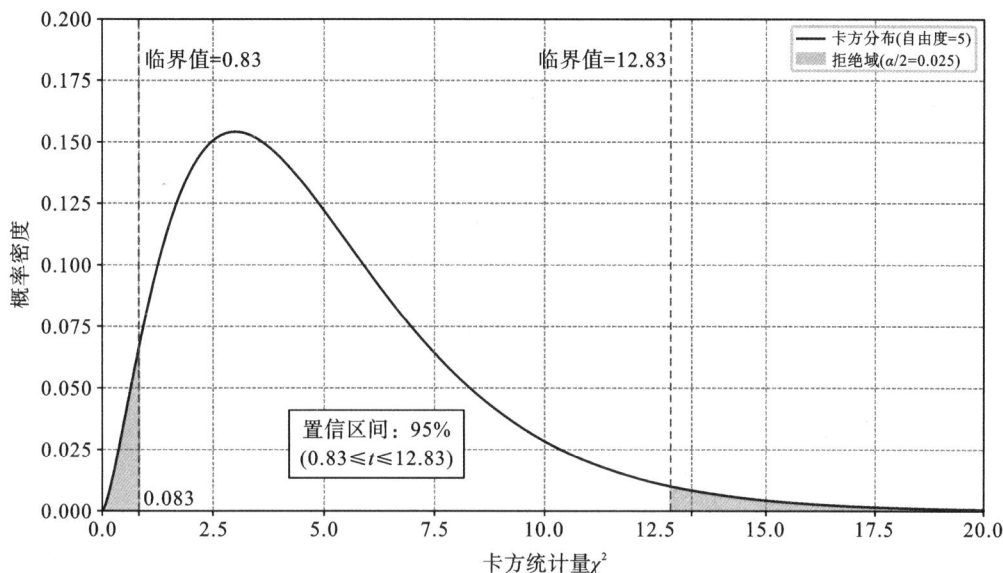

图 7 - 3

(四)μ 未知, 求 σ^2 的置信水平为 $1-\alpha$ 的置信区间

选取随机变量

$$\chi^2 = \frac{(n-1)S^2}{\sigma^2} \sim \chi^2(n-1)$$

对于给定的置信水平 $1-\alpha$, 有

$$P\left\{\chi_{1-\frac{\alpha}{2}}^2(n-1) < \frac{(n-1)S^2}{\sigma^2} < \chi_{\frac{\alpha}{2}}^2(n-1)\right\} = 1-\alpha$$

即

$$P\left\{\frac{(n-1)S^2}{\chi_{\frac{\alpha}{2}}^2(n-1)} < \sigma^2 < \frac{(n-1)S^2}{\chi_{1-\frac{\alpha}{2}}^2(n-1)}\right\} = 1-\alpha$$

由此得 σ^2 的置信水平为 $1-\alpha$ 的置信区间为

$$\left(\frac{(n-1)S^2}{\chi_{\frac{\alpha}{2}}^2(n-1)}, \frac{(n-1)S^2}{\chi_{1-\frac{\alpha}{2}}^2(n-1)}\right)$$

σ 的置信水平为 $1-\alpha$ 的置信区间为

$$\left(\frac{\sqrt{n-1}S}{\sqrt{\chi_{\frac{\alpha}{2}}^2(n-1)}}, \frac{\sqrt{n-1}S}{\sqrt{\chi_{1-\frac{\alpha}{2}}^2(n-1)}}\right)$$

例 7.3.3 某车间生产钢丝, 设钢丝折断力服从正态分布. 现随机抽取 10 根, 检查折断力, 得数据如下(单位:N)

$$578, 572, 570, 568, 572, 570, 570, 572, 596, 584$$

求钢丝折断力方差的置信水平为 0.95 的置信区间.

解 这是一个未知期望的求方差的置信区间问题.

置信区间 $1-\alpha = 0.95$, 所以 $\alpha = 0.05$, $\frac{\alpha}{2} = 0.025$, $n = 10$. 查 χ^2 分布表, 得 $\chi_{\frac{\alpha}{2}}^2(n-1) = \chi_{0.025}^2(9) = 19.0$, $\chi_{1-\frac{\alpha}{2}}^2(n-1) = \chi_{0.975}^2(9) = 2.70$. 由样本值算得 $\bar{x} = 575.2$, $(n-1)s^2 = 681.6$. σ^2

的置信水平为 $1-\alpha$ 的置信区间为

$$\left(\frac{(n-1)S^2}{\chi^2_{\frac{\alpha}{2}}(n-1)},\frac{(n-1)S^2}{\chi^2_{1-\frac{\alpha}{2}}(n-1)}\right)=\left(\frac{681.6}{19.0},\frac{681.6}{2.70}\right)=(35.87,252.44)$$

三、两个正态总体参数的区间估计

假设从两个正态总体 $N(\mu_1,\sigma_1^2)$ 和 $N(\mu_2,\sigma_2^2)$ 中分别独立地抽取样本 $X_1,X_2,\cdots,X_{n1}$ 和 Y_1, $Y_2,\cdots,Y_{n2}$，样本均值依次记为 $\overline{X}$ 和 $\overline{Y}$，样本方差依次记为 S_1^2 和 S_2^2.

（一）求 $\mu_1-\mu_2$ 的置信水平为 $1-\alpha$ 的置信区间

1. 当 σ_1^2,σ_2^2 均已知时，$\mu_1-\mu_2$ 的置信区间

因为 $\overline{X}-\overline{Y}\sim N\left(\mu_1-\mu_2,\frac{\sigma_1^2}{n_1}+\frac{\sigma_2^2}{n_2}\right)$，所以

$$z=\frac{\overline{X}-\overline{Y}-(\mu_1-\mu_2)}{\sqrt{\frac{\sigma_1^2}{n_1}+\frac{\sigma_2^2}{n_2}}}\sim N(0,1)$$

对给定的置信水平 $1-\alpha$，查标准正态分布表可得 $z_{\frac{\alpha}{2}}$，使得

$$P\left\{-z_{\frac{\alpha}{2}}<\frac{\overline{X}-\overline{Y}-(\mu_1-\mu_2)}{\sqrt{\frac{\sigma_1^2}{n_1}+\frac{\sigma_2^2}{n_2}}}<z_{\frac{\alpha}{2}}\right\}=1-\alpha$$

即

$$P\left\{\overline{X}-\overline{Y}-z_{\frac{\alpha}{2}}\sqrt{\frac{\sigma_1^2}{n_1}+\frac{\sigma_2^2}{n_2}}<\mu_1-\mu_2<\overline{X}-\overline{Y}+z_{\frac{\alpha}{2}}\sqrt{\frac{\sigma_1^2}{n_1}+\frac{\sigma_2^2}{n_2}}\right\}=1-\alpha$$

由此得 $\mu_1-\mu_2$ 的置信水平为 $1-\alpha$ 的置信区间为

$$\left(\overline{X}-\overline{Y}-z_{\frac{\alpha}{2}}\sqrt{\frac{\sigma_1^2}{n_1}+\frac{\sigma_2^2}{n_2}},\overline{X}-\overline{Y}+z_{\frac{\alpha}{2}}\sqrt{\frac{\sigma_1^2}{n_1}+\frac{\sigma_2^2}{n_2}}\right)$$

例 7.3.4 设总体 $X\sim N(\mu_1,4)$，总体 $Y\sim N(\mu_2,6)$，分别独立地从这两个总体中抽取样本，样本容量依次为 16 和 24，样本均值依次为 16.9 和 15.3，求这两个总体均值 $\mu_1-\mu_2$ 的置信水平为 0.95 的置信区间.

解 由题设可知 $n_1=16,n_2=24,\overline{x}=16.9,\overline{y}=15.3,\sigma_1^2=4,\sigma_2^2=6,1-\alpha=0.95,\alpha=0.05$，查附表 2 得 $z_{\frac{\alpha}{2}}=z_{0.025}=1.96$. 从而得 $\mu_1-\mu_2$ 的置信水平为 0.95 的置信区间为

$$\left(\overline{x}-\overline{y}-z_{\frac{\alpha}{2}}\sqrt{\frac{\sigma_1^2}{n_1}+\frac{\sigma_2^2}{n_2}},\overline{x}-\overline{y}+z_{\frac{\alpha}{2}}\sqrt{\frac{\sigma_1^2}{n_1}+\frac{\sigma_2^2}{n_2}}\right)$$

$$=\left(16.9-15.3-1.96\times\sqrt{\frac{4}{16}+\frac{6}{24}},16.9-15.3+1.96\times\sqrt{\frac{4}{16}+\frac{6}{24}}\right)$$

$$=(0.214,2.986)$$

2. 当 $\sigma_1^2=\sigma_2^2=\sigma^2$ 未知时，$\mu_1-\mu_2$ 的置信区间

$$t=\frac{\overline{X}-\overline{Y}-(\mu_1-\mu_2)}{S_w\sqrt{\frac{1}{n_1}+\frac{1}{n_2}}}\sim t(n_1+n_2-2)$$

其中

$$S_w = \sqrt{\frac{(n_1-1)S_1^2 + (n_2-1)S_2^2}{n_1 + n_2 - 2}}$$

对于给定的置信水平 $1-\alpha$，查附表 4 可得 $t_{\frac{\alpha}{2}}(n_1+n_2-2)$，使得

$$P\left(-t_{\frac{\alpha}{2}}(n_1+n_2-2) < \frac{\overline{X}-\overline{Y}-(\mu_1-\mu_2)}{S_w\sqrt{\frac{1}{n_1}+\frac{1}{n_2}}} < t_{\frac{\alpha}{2}}(n_1+n_2-2)\right) = 1-\alpha$$

即

$$P\left(\overline{X}-\overline{Y}-t_{\frac{\alpha}{2}}(n_1+n_2-2)S_w\sqrt{\frac{1}{n_1}+\frac{1}{n_2}} < \mu_1-\mu_2 < \overline{X}-\overline{Y}+t_{\frac{\alpha}{2}}(n_1+n_2-2)S_w\sqrt{\frac{1}{n_1}+\frac{1}{n_2}}\right)$$
$$= 1-\alpha$$

所以 $\mu_1-\mu_2$ 的置信水平为 $1-\alpha$ 的置信区间是

$$\left(\overline{X}-\overline{Y}-t_{\frac{\alpha}{2}}(n_1+n_2-2)S_w\sqrt{\frac{1}{n_1}+\frac{1}{n_2}}, \overline{X}-\overline{Y}+t_{\frac{\alpha}{2}}(n_1+n_2-2)S_w\sqrt{\frac{1}{n_1}+\frac{1}{n_2}}\right)$$

例 7.3.5 A，B 两个地区种植同一型号的小麦. 现抽取了 19 块面积相同的麦田，其中 9 块属于地区 A，另外 10 块属于地区 B，测得它们的小麦产量（单位：kg）分别如下

地区 A：100　　105　　110　　125　　110　　98　　105　　116　　112

地区 B：101　　100　　105　　115　　111　　107　106　　121　　102　　92

设地区 A 的小麦产量 $X \sim N(\mu_1, \sigma^2)$，地区 B 的小麦产量 $Y \sim N(\mu_2, \sigma^2)$，$\mu_1, \mu_2, \sigma^2$ 均未知. 试求这两个地区小麦的平均产量之差 $\mu_1-\mu_2$ 的 90% 的置信区间.

解 由题意知，所求置信区间的两个端点分别为

$$\left(\overline{X}-\overline{Y}-t_{\frac{\alpha}{2}}(n_1+n_2-2)S_w\sqrt{\frac{1}{n_1}+\frac{1}{n_2}}, \overline{X}-\overline{Y}+t_{\frac{\alpha}{2}}(n_1+n_2-2)S_w\sqrt{\frac{1}{n_1}+\frac{1}{n_2}}\right)$$

由 $\alpha=0.1, n_1=9, n_2=10$ 查附表 4 得 $t_{\frac{0.1}{2}}(17)=1.7396$，按已给的数据计算得

$$\overline{x} = 109, \overline{y} = 106, s_1^2 = \frac{550}{8}, s_2^2 = \frac{606}{9}$$

$$S_w = \sqrt{\frac{(n_1-1)S_1^2 + (n_2-1)S_2^2}{n_1 + n_2 - 2}} = \sqrt{68} \approx 8.246$$

于是，置信下限为

$$(109-106) - 1.7396 \times 8.246 \times \sqrt{\frac{1}{9}+\frac{1}{10}} \approx -3.59$$

置信上限为

$$(109-106) + 1.7396 \times 8.246 \times \sqrt{\frac{1}{9}+\frac{1}{10}} \approx 9.59$$

故均值差 $\mu_1-\mu_2$ 的 90% 的置信区间为 $(-3.59, 9.59)$.

（二）求 $\frac{\sigma_1^2}{\sigma_2^2}$ 的置信水平为 $1-\alpha$ 的置信区间

下面仅就 μ_1 和 μ_2 未知的情况进行讨论，μ_1 和 μ_2 已知的情况可类似求得. 由于 S_1^2、S_2^2 分别是 σ_1^2 和 σ_2^2 的无偏估计，故可用 $\frac{S_1^2}{S_2^2}$ 作为 $\frac{\sigma_1^2}{\sigma_2^2}$ 的估计. 根据抽样分布定理知

$$F = \frac{\sigma_2^2}{\sigma_1^2} \cdot \frac{S_1^2}{S_2^2} \sim F(n_1 - 1, n_2 - 1)$$

对于置信水平 $1 - \alpha$, 查附表 6 可得

$$F_{1-\frac{\alpha}{2}}(n_1 - 1, n_2 - 1) = \frac{1}{F_{\frac{\alpha}{2}}(n_2 - 1, n_1 - 1)}$$

和

$$F_{\frac{\alpha}{2}}(n_1 - 1, n_2 - 1)$$

使得

$$P\left\{ F_{1-\frac{\alpha}{2}}(n_1 - 1, n_2 - 1) < \frac{\sigma_2^2}{\sigma_1^2} \cdot \frac{S_1^2}{S_2^2} < F_{\frac{\alpha}{2}}(n_1 - 1, n_2 - 1) \right\} = 1 - \alpha$$

即

$$P\left\{ \frac{S_1^2}{S_2^2} \frac{1}{F_{\frac{\alpha}{2}}(n_1 - 1, n_2 - 1)} < \frac{\sigma_1^2}{\sigma_2^2} < \frac{S_1^2}{S_2^2} \frac{1}{F_{1-\frac{\alpha}{2}}(n_1 - 1, n_2 - 1)} \right\} = 1 - \alpha$$

由此可得 $\frac{\sigma_1^2}{\sigma_2^2}$ 的置信水平为 $1 - \alpha$ 的置信区间为

$$\left(\frac{S_1^2}{S_2^2} \frac{1}{F_{\frac{\alpha}{2}}(n_1 - 1, n_2 - 1)}, \frac{S_1^2}{S_2^2} \frac{1}{F_{1-\frac{\alpha}{2}}(n_1 - 1, n_2 - 1)} \right)$$

或

$$\left(\frac{S_1^2}{S_2^2} \frac{1}{F_{\frac{\alpha}{2}}(n_1 - 1, n_2 - 1)}, \frac{S_1^2}{S_2^2} F_{\frac{\alpha}{2}}(n_2 - 1, n_1 - 1) \right)$$

例 7.3.6 为了考察温度对某物体断裂强度的影响, 在 70℃ 和 80℃ 分别重复做了 8 次试验, 测得断裂强度数据如下 (单位: Pa).

70℃: 20.5, 18.8, 19.8, 20.9, 21.5, 19.5, 21.0, 21.2

80℃: 17.7, 20.3, 20.0, 18.8, 19.0, 20.1, 20.2, 19.1

假定 70℃ 下的断裂强度用 X 表示, 且服从 $N(\mu_1, \sigma_1^2)$ 分布; 80℃ 下的断裂强度用 Y 表示, 且服从 $N(\mu_2, \sigma_2^2)$ 分布, 试求方差比 $\frac{\sigma_1^2}{\sigma_2^2}$ 的置信水平为 90% 的置信区间.

解 由样本值算得

$$\bar{x} = 20.4, s_1^2 = 0.8857, \bar{y} = 19.4, s_2^2 = 0.8286$$

由 $n_1 = n_2 = 8, 1 - \alpha = 0.9, \alpha = 0.1$, 查 F 分布表得

$$F_{\frac{\alpha}{2}}(n_1 - 1, n_2 - 1) = F_{0.05}(7, 7) = 3.79$$

$$F_{1-\frac{\alpha}{2}}(n_1 - 1, n_2 - 1) = \frac{1}{F_{\frac{\alpha}{2}}(n_2 - 1, n_1 - 1)} = \frac{1}{F_{0.05}(7, 7)} = \frac{1}{3.79} = 0.2639$$

从而 $\frac{\sigma_1^2}{\sigma_2^2}$ 的置信水平为 90% 的置信区间为

$$\left(\frac{0.8857}{0.8286} \times 0.2639, \frac{0.8857}{0.8286} \times 3.79 \right) = (0.2821, 4.0512)$$

同步习题 7.3

1. 随机地从一批零件中抽取 10 个, 测得其长度 (单位: cm) 为

2.13　2.14　2.12　2.13　2.11　2.15　2.14　2.13　2.12　2.13

假设该批零件的长度服从正态分布 $N(\mu, \sigma^2)$，试求总体均值 μ 的置信度为 95％ 的置信区间：

(1)若已知 $\sigma = 0.01$；(2)若 σ 未知.

2.某大学数学测验，抽得 20 个学生的分数平均数 $\bar{x} = 72$，样本方差 $s^2 = 16$. 假设分数服从正态分布，求 σ^2 的置信度为 95％ 的置信区间.

3.随机地取某种炮弹 9 发做试验，得炮口速度的样本标准差 $s = 11$ m/s. 设炮口速度服从正态分布，求这种炮弹的炮口速度的标准差 σ 的置信度为 95％ 的置信区间.

4.随机地从 A 批导线中抽取 4 根，又从 B 批导线中抽取 5 根，测得电阻(单位:欧)为

A 批导线：0.143 0.142 0.143 0.137

B 批导线：0.140 0.142 0.136 0.138 0.140

设测定数据分别取自分布 $N(\mu_1, \sigma^2)$，$N(\mu_2, \sigma^2)$，且两样本相互独立. 又 μ_1, μ_2, σ^2 均未知. 试求 $\mu_1 - \mu_2$ 的置信水平为 95％ 的置信区间.

本章知识结构图

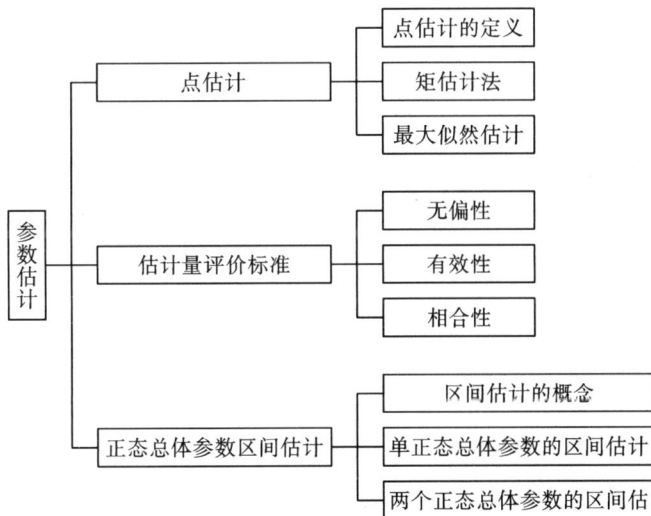

总习题

一、单选题

1.设 $X_1, X_2 \cdots, X_n$ 是来自总体 $X \sim N(\mu, \sigma^2)$ 的样本，$\bar{X}$ 是样本均值，则 μ 的矩估计量为（   ）.

A. $2\bar{X}$ B. $\bar{X}$

C. $\dfrac{\bar{X}}{2}$ D. $\dfrac{1}{2\bar{X}}$

2.设 $X_1, X_2, \cdots, X_n$ 为来自总体 $X \sim N(\mu, \sigma^2)$ 的样本，则 $\mu^2 + \sigma^2$ 的矩估计量为（   ）.

A. $\dfrac{1}{n} \sum\limits_{i=1}^{n} (X_i - \bar{X})^2$ B. $\dfrac{1}{n-1} \sum\limits_{i=1}^{n} (X_i - \bar{X})^2$

C. $\sum_{i=1}^{n} X_i{}^2 - n\overline{X}^2$ 　　　　　　　　　　D. $\dfrac{1}{n}\sum_{i=1}^{n} X_i^2$

3.设 $X_1,X_2,\cdots,X_n$ 为来自两点分布 $B(1,p)$ 的样本,$x_1,x_2,\cdots,x_n$ 是来自该总体的样本值,$\overline{x}$ 为样本均值,则 p 的极大似然估计值为(　　).

A. $2\overline{x}$ 　　　　　　　　　　　　　B. $\overline{x}$

C. $\dfrac{\overline{x}}{2}$ 　　　　　　　　　　　　　D. $\dfrac{1}{2\overline{x}}$

4.设随机变量 T 服从分布 $t(n)$,对给定的 $\alpha(0<\alpha<1)$,数 $t_\alpha(n)$ 满足 $P\{T>t_\alpha(n)\}=\alpha$. 若 $P\{|T|<t\}=\alpha$,则 t 等于(　　).

A. $t_{\frac{\alpha}{2}}(n)$ 　　　　　　　　　　　B. $t_{1-\frac{\alpha}{2}}(n)$

C. $t_{\frac{1-\alpha}{2}}(n)$ 　　　　　　　　　　D. $t_{1-\alpha}(n)$

5.一批零件的长度服从 $N(\mu,\sigma^2)$,其中 μ,σ^2 均未知. 现从中随机抽取 16 个零件,测得样本均值 $\overline{x}=20\ \text{cm}$,样本标准差 $s=1\ \text{cm}$,则 μ 置信度为 0.90 的置信区间是(　　).

A. $\left(20\pm\dfrac{1}{4}t_{0.05}(16)\right)$ 　　　　　　B. $t\left(20\pm\dfrac{1}{4}t_{0.1}(16)\right)$

C. $\left(20\pm\dfrac{1}{4}t_{0.05}(15)\right)$ 　　　　　　D. $\left(20\pm\dfrac{1}{4}t_{0.1}(15)\right)$

二、填空题

1.$\hat{\theta}_1,\hat{\theta}_2$ 都是 θ 的无偏估计量,且 $\hat{\theta}_1$ 较 $\hat{\theta}_2$ 有效,则 $E(\hat{\theta}_1)-E(\hat{\theta}_2)=$ _____ ,$D(\hat{\theta}_1)-D(\hat{\theta}_2)=$ _____ .

三、计算题

1.设 X_1,X_2,X_3,X_4 是取自均值为 θ 的指数分布总体的样本,其中 θ 未知. 设有估计量 $T_1=\dfrac{1}{6}(X_1+X_2)+\dfrac{1}{3}(X_3+X_4)$,$T_2=\dfrac{X_1+2X_2+3X_3+4X_4}{5}$,$T_3=\dfrac{X_1+X_2+X_3+X_4}{4}$.

(1)请证明 T_1,T_2,T_3 中哪几个是 θ 的无偏估计量;

(2)在上述 θ 的无偏估计中指出一个较为有效的估计量.

2.灯泡厂从某日生产的一批灯泡中抽取 10 个灯泡进行寿命检验,得到灯泡与寿命(单位:h)数据如下:1050,1100,1080,1120,1200,1250,1040,1130,1300,1200,求该日生产的整批灯泡的平均寿命以及寿命方差的无偏估计值.

3.设 $X_1,X_2,\cdots,X_n$ 为来自总体服从二项分布 $B(m,p)$ 的样本,m 已知,求 p 的矩估计量和极大似然估计量.

4.设 $X_1,X_2,\cdots,X_n$ 是来自总体 $X\sim P(\lambda)$ 的样本,λ 未知$(\lambda>0)$,求 λ 的矩估计量与极大似然估计量.

5.设总体 X 的概率密度为

$$f(x,\theta)=\begin{cases}\theta(1-x)^{\theta-1} & 0\leqslant x\leqslant 1\\ 0 & \text{其他}\end{cases}$$

其中 θ 未知,$X_1,X_2,X_3,\cdots,X_n$ 为来自总体 X 的样本,求 θ 的矩估计量及极大似然估计量.

6.设总体 X 的概率密度为

$$f(x,\theta) = \begin{cases} \dfrac{1}{\theta}e^{-\frac{1}{\theta}x} & x > 0 \\ 0 & x \leqslant 0 \end{cases}$$

$X_1, X_2, X_3, \cdots, X_n$ 为总体 X 的样本.

(1)求 θ 的矩估计量及极大似然估计量;

(2)证明所求估计量为 θ 的无偏估计量.

7. 一个电子线路上电压表的读数 X 服从 $[\theta, \theta+1]$ 上均匀分布,其中 θ 是该路线上电压的增值.但它是未知的,假设 $X_1, X_2, X_3, \cdots, X_n$ 是此电压表上读数的一组样本.

(1)证明样本均值 $\bar{X}$ 不是 θ 的无偏估计量;

(2)求 θ 的矩估计量,证明它是 θ 的无偏估计量.

8. 设 $\hat{\theta}_1$ 和 $\hat{\theta}_2$ 都是 θ 的无偏估计量,且 $D(\hat{\theta}_1)=\sigma_1^2, D(\hat{\theta}_2)=\sigma_2^2$,取 $\hat{\theta}=c\hat{\theta}_1+(1-c)\hat{\theta}_2, 0 \leqslant c \leqslant 1$,

(1)证明 $\hat{\theta}$ 是 θ 的无偏估计量;

(2)如果 $\hat{\theta}_1, \hat{\theta}_2$ 相互独立,确定 c 使 $D(\hat{\theta})$ 达到最小.

第八章　假设检验

统计推断中的另一类重要问题是假设检验(hypothesis testing). 在总体的分布函数完全未知或只知其形式、但不知其参数的情况,为了推断总体的某些未知特性,提出某些关于总体的假设. 我们要根据样本所提供的信息以及运用适当的统计量,对提出的假设做出接受或者拒绝的决策,假设检验就是做出这一决策的过程.

一般地,假设检验分为非参数检验和参数检验,如果假设检验是对总体的参数提出的,则称为参数假设检验,否则称为非参数假设检验. 本章主要对参数假设检验进行讨论.

第一节　假设检验的基本概念

一、假设检验的基本思想

先从一个实例来体会假设检验的基本思想.

(女士品茶)这个故事首次出现在统计学家费舍尔的著作 *the Design of Experiment* 中. 有位女士声称,把茶加到奶里和把奶加到茶里得到的奶茶的味道是不一样的,而且自己能区分出来是先倒茶还是先倒奶. 费舍尔教授设计了一个实验来验证这位女士是否真的具有这种能力. 他首先调配出其他条件一模一样而仅仅是倒茶和倒奶的顺序相反的茶,然后随机地把这两种奶茶端给女士品尝,并请她判断是先加奶还是先加茶. 女士依次正确地鉴别出来 8 杯奶茶,她真的具有这种能力吗?

为了分析这个实验结果,费舍尔教授运用了以下逻辑分析.

①建立原假设. 假设该女士没有这个能力,她是碰巧猜对的,即每一杯奶茶猜对的概率都为 0.5.

②计算概率. 如果原假设成立,计算事件 $A=\{$女士依次正确地鉴别出来 8 杯茶$\}$发生的可能性大小 $P(A)=0.5^8=0.003906$.

③推断结论. 事件 A 发生的概率只有 0.003906,概率值很小. 这种概率很小的事件被称为小概率事件. 根据小概率事件的基本原理,事件 A 在一次试验中几乎是不会发生的. 反之,小概率事件既然发生了,就有理由怀疑原假设的真实性,即推断出"该女士不是碰巧猜对的,而是真的具有这种能力".

在上述过程中,费舍尔教授从"女士品茶"这个游戏中提炼出统计推断方法——假设检验,其核心思想就是反证法.

二、假设检验的基本概念

为了对假设检验有一个初步的了解,结合下面的例子来谈一谈假设检验的思路和做法,并引入与假设检验相关的一些概念.

例 8.1.1　已知正常情况下某专业学生的"概率论与数理统计"期末考试成绩 $X \sim N(\mu,$

10^2)(μ 未知),现随机抽取 9 个学生的试卷,他们的成绩分别为 80,72,65,73,50,96,86,62,82.如果方差没有变化,能否认为此次考试学生的平均成绩为 75 分($\alpha=0.05$)?

解　由于 $X \sim N(\mu, 10^2)$(μ 未知),根据题意,问题就是在总体方差 $\sigma^2 = 10^2$ 的情况下,判断 $E(X) = \mu = \mu_0 = 75$,还是 $E(X) = \mu \neq \mu_0 = 75$,为此,我们可以提出假设

$$H_0: \mu = \mu_0 = 75, H_1: \mu \neq \mu_0$$

若 H_0 为真,则 $\overline{X} \sim N\left(\mu_0, \dfrac{10^2}{n}\right)$,即样本均值 $\overline{X}$ 的观察值 $\overline{x}$ 偏离 75 不应太远.令 $U = \dfrac{\overline{x} - \mu_0}{\sigma/\sqrt{n}} \sim N(0,1)$,则统计量 $|U|$ 的取值较大应是小概率事件.因此可以确定一个常数 k,使

$$P\left\{\frac{\overline{x} - \mu_0}{\sigma/\sqrt{n}} \geqslant k\right\} = \alpha (0 < \alpha < 1).$$ 则由标准正态分布的上分位数知 $k = u_{\frac{\alpha}{2}} = u_{0.025} = 1.96$,即

$$P\left\{\frac{\overline{x} - \mu_0}{\sigma/\sqrt{n}} \geqslant 1.96\right\} = 0.05.$$

由实际推断原理可知,事件 $\left\{\left|\dfrac{\overline{x} - \mu_0}{\sigma/\sqrt{n}}\right| \geqslant u_{\frac{\alpha}{2}}\right\}$ 在一次试验中发生了,则有理由怀疑原假设 H_0 的正确性,从而拒绝 H_0,否则就接受 H_0.

根据计算可知,样本均值 $\overline{X}$ 的观察值 $\overline{x}$ 为

$$\overline{x} = \frac{1}{n}\sum_{i=1}^{n} x_i = \frac{1}{9}(80 + 72 + 65 + 73 + 50 + 96 + 86 + 62 + 82) = 74$$

由 $\overline{x} = 74, \mu = \mu_0 = 75, \sigma = 10, n = 9, u_{\frac{\alpha}{2}} = 1.96$ 得

$$\frac{|\overline{x} - \mu_0|}{\sigma/\sqrt{n}} = \frac{|74 - 75|}{10/\sqrt{9}} \approx 0.3 < \varepsilon = 1.96$$

即 $\left\{\left|\dfrac{\overline{x} - \mu_0}{\sigma/\sqrt{n}}\right| \geqslant u_{\frac{\alpha}{2}}\right\}$ 没有发生,故接受 H_0.

1. 原假设与备择假设

根据问题的要求对未知总体分布的某些特征提出的一个论断,称为原假设,记为 H_0(比如在例 1 中,$H_0: \mu = \mu_0 = 75$ 称为原假设).与 H_0 原假设对立的论断称为备择假设,记为 H_1(比如在例 1 中,$H_1: \mu \neq \mu_0$ 称为备择假设).

2. 检验统计量

设 θ 为总体 X(或 $F(x, \theta)$)的未知参数,$(X_1, X_2, \cdots, X_n)$ 为来自总体的一个样本,由样本构造一个恰当的随机变量 $T = T(X_1, X_2, \cdots, X_n; \theta)$,使 T 仅含待检参数 θ 又服从确定分布,当 H_0 为真时,$T = T(X_1, X_2, \cdots, X_n; \theta_0)$ 是一个统计量,为验证原假设是否成立而构造的统计量称为检验统计量.要求:检验统计量的取值范围和变化情况,能包含和反映 H_0 与 H_1 所描述的内容,并且当 H_0 成立时,能够确定检验统计量的概率分布.

3. α 显著性水平

进行假设检验时,我们必须确定一个足够小的概率临界值 α,$P(拒绝\ H_0 | H_0\ 为真) = \alpha$,将不超过 α 的概率认为是小概率,也就是说 α 是小概率值中的最大值,这个临界值 α 就叫作 α 显著性水平.一般地,α 在 $[0.001, 0.1]$ 中取值.

4. 接受域、拒绝域和临界点

使原假设 H_0 得以接受的检验统计量的取值区域称为检验的接受域;使原假设 H_0 被拒

绝的检验统计量取值的区域称为检验的拒绝域.拒绝域的边界点称为临界值.

拒绝域由显著性水平 α 和检验统计量的概率分布所决定,在检验统计量的概率曲线下,于 H_1 最有利的地方分出拒绝域,如图 $8-1$ 所示.

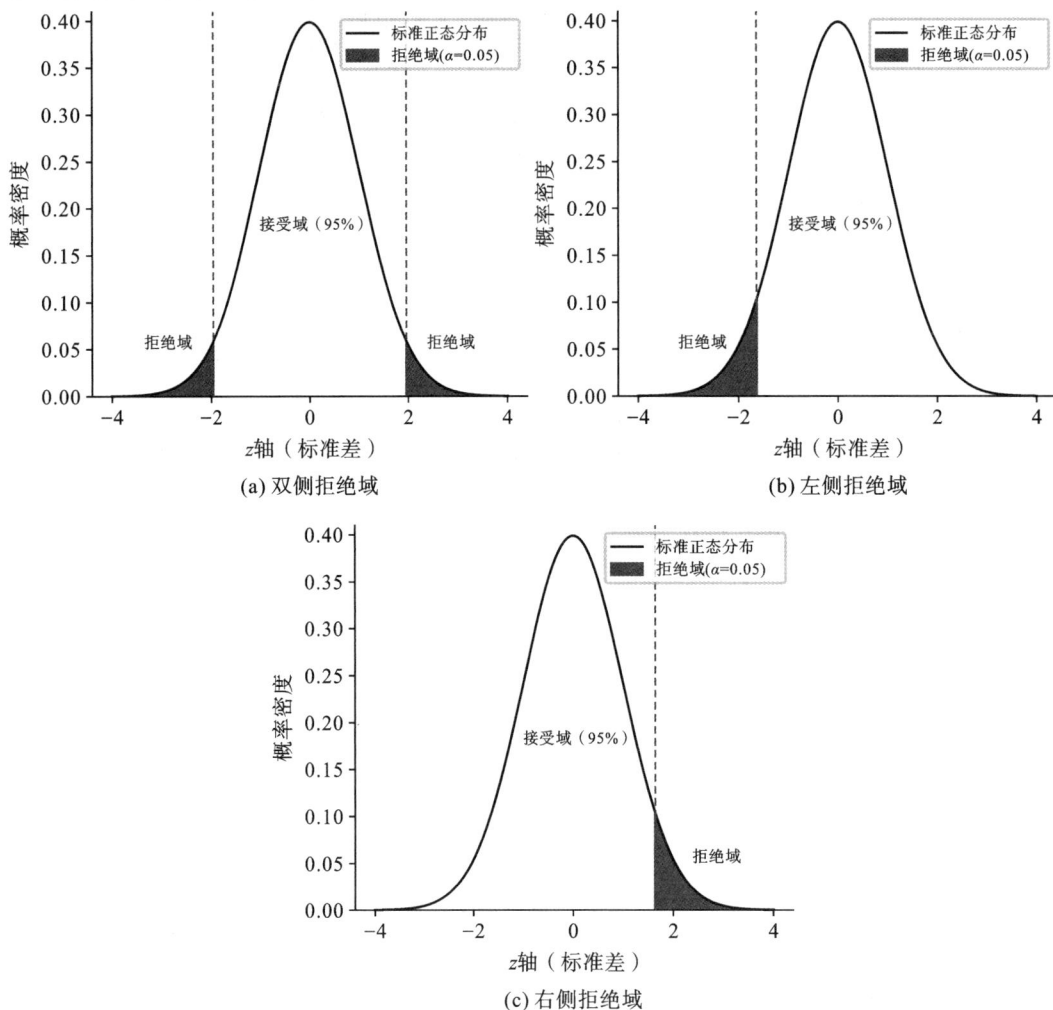

(a) 双侧拒绝域

(b) 左侧拒绝域

(c) 右侧拒绝域

图 $8-1$　接受域、拒绝域与临界点

5. 两类错误及记号

由于假设检验除了依据反证法的思想,还依据小概率事件原理.因此,在用样本对总体做出推断时,不能完全反映整体的特征,不可避免地会犯两类错误.

(1)当原假设 H_0 为真,观察值却落入拒绝域,而做出了拒绝 H_0 的判断,称作第一类错误,又叫弃真错误,这类错误是"以真为假".犯第一类错误的概率是显著性水平 α,即

$$P(拒绝\ H_0 | H_0\ 为真) = \alpha$$

(2)当原假设 H_1 不真,观察值却落入接受域,而做出了接受 H_0 的判断,称作第二类错误,又叫纳伪错误.这类错误是"以假乱真".犯第二类错误的概率 β,即

$$P(接受\ H_0 | H_0\ 不真) = \alpha$$

当原假设为真或不真时,所做出的决策情况如表 $8-1$ 所示.

表 8 - 1 两类错误

真实情况（未知）	决策	
	接受 H_0	不接受 H_0
H_0 为真	正确	犯第一类错误
H_0 不真	犯第二类错误	正确

6. 显著性检验

既然犯错误避免不了，人们当然希望犯两类错误的概率都尽可能小. 但是研究表明,在样本容量一定时, α 和 β 不可能同时小,当减小 α 时, β 往往增大,当减小 β 时, α 往往增加. 若要使犯两类错误的概率都减小,只能增加样本容量. 一般地,当样本容量固定时,人们总是控制 α,让其尽可能小,这种假设检验问题叫作显著性检验问题.

三、假设检验的基本步骤

(1)根据实际问题的要求,提出原假设 H_0 与备择假设 H_1;

(2)给定显著性水平 α 及确定样本容量 n;

(3)选定合适的检验统计量 T 以及拒绝域的形式;

(4)根据 $P($拒绝 $H_0 | H_0$ 为真$) \leqslant \alpha$,求出拒绝域 W;

(5)根据样本的观察值 t 或 $|t|$ 做出判断,是接受 H_0,还是拒绝 H_0. 若 $t \in W$,则说明试验数据支持 H_0 的拒绝域 W,就要拒绝 H_0 而无奈接受 H_1. 若 $t \notin W$,则说明试验数据不支持 H_0 的拒绝域 W,接受 H_0.

同步习题 8.1

1.假设检验分为哪两类?

2.假设检验依据的思想是什么?

3.怎么找到合适的检验统计量?怎样求得 H_0 的拒绝域 W?

4.已知假设检验中犯弃真错误和存伪错误的概率分别为 α 和 β,求以下事件的概率:

(1)$P\{$接受 $H_0 | H_0$ 不真$\}$;(2)$P\{$拒绝 $H_0 | H_0$ 为真$\}$;(3)$P\{$拒绝 $H_0 | H_0$ 不真$\}$;

(4)$P\{$接受 $H_0 | H_0$ 为真$\}$.

第二节 单正态总体均值的假设检验

一、 σ^2 已知,关于 μ 的假设检验(U 检验法)

定义 8.2.1 设总体 $X \sim N(\mu, \sigma^2)$,其中总体方差 σ^2 已知,$(X_1, X_2, \cdots, X_n)$ 是来自总体 X 的一个样本,由第六章的抽样分布定理可知,有

$$U = \frac{\overline{X} - \mu}{\sigma / \sqrt{n}} \sim N(0, 1)$$

由标准正态分布函数表,得临界值 $u_{\frac{\alpha}{2}}$,使 $P\{|U| > u_{\frac{\alpha}{2}}\} = \alpha$,即事件 $\{|U| \geqslant u_{\frac{\alpha}{2}}\}$ 是一个小概率事件. 由样本值计算统计量 $|U|$ 的观测值,记为 $|u_0|$:若 $\{|u_0| > u_{\frac{\alpha}{2}}\}$,则否定 H_0,若

$\{|u_0| \leqslant u_{\frac{\alpha}{2}}\}$，则接受 H_0.

由于这一检验用到统计量 U，因此称为 U 检验法，其一般步骤如下所示.

①提出原假设和备择假设，$H_0: \mu = \mu_0$，$H_1: \mu \neq \mu_0$.

②选用检验统计量 $U = \dfrac{\overline{X} - \mu_0}{\sigma/\sqrt{n}}$，在 H_0 成立的条件下，有 $U \sim N(0,1)$.

③对给定的显著性水平 α，查标准正态分布表，得临界值 $u_{\frac{\alpha}{2}}$，使

$$P\{|U| > u_{\frac{\alpha}{2}}\} = \alpha$$

确定拒绝域 $(-\infty, -u_{\frac{\alpha}{2}}) \bigcup (u_{\frac{\alpha}{2}}, +\infty)$，如图 8-2 所示.

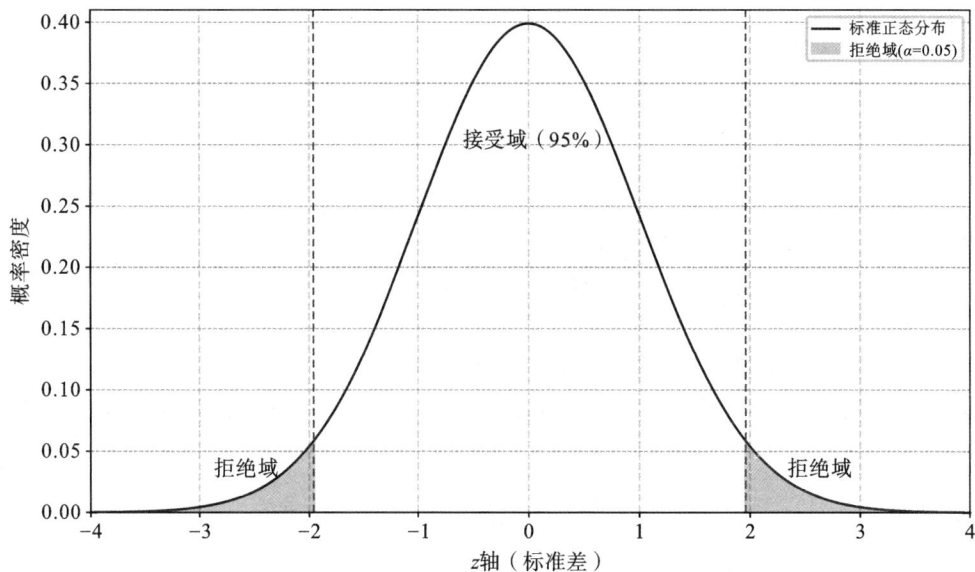

图 8-2　U 检验的接受域和拒绝域

④根据样本观测值计算 $|U|$ 的观测值 $|u_0|$，并将其与 $u_{\frac{\alpha}{2}}$ 比较.

⑤得出结论：若 $|u_0| > u_{\frac{\alpha}{2}}$，则拒绝原假设 H_0；若 $|u_0| \leqslant u_{\frac{\alpha}{2}}$，则接受原假设 H_0.

例 8.2.1　设新生婴儿的体重（斤）服从正态分布 $N(6,1)$，现在某地区的医院妇产科得到 10 位新生婴儿的体重数据分别为

$$5.52, 6.43, 4.8, 4.54, 5.50, 5.48, 6.59, 7.50, 6.39, 6.6$$

如果总体方差没有变化，能否认为该地区的新生婴儿平均体重为 6 斤（显著性水平 $\alpha = 0.05$）？

解　依据题意可知新生婴儿体重服从正态分布 $N(6,1)$，σ 已知，对均值 μ 提出假设，

$H_0: \mu = 6$，$H_1: \mu \neq 6$. 故选用一个检验统计量 $U = \dfrac{\overline{X} - \mu_0}{\sigma/\sqrt{n}} \sim N(0,1)$.

对给定的显著性水平 $\alpha = 0.05$，查标准正态分布表，得临界值 $u_{\frac{\alpha}{2}} = u_{0.025} = 1.96$，使

$$P\{|U| > u_{0.025}\} = 0.5$$

确定拒绝域 $(-\infty, -1.96) \bigcup (1.96, +\infty)$.

因 $\overline{X} = \dfrac{5.52 + 6.43 + 4.8 + 4.54 + 5.50 + 5.48 + 6.59 + 7.50 + 6.39 + 6.6}{10} = 5.935$，$\mu_0 = 6$，

$\sigma = 1, n = 10$.

所以样本的观测值 $|u_0|=\left|\dfrac{\overline{X}-\mu_0}{\sigma/\sqrt{n}}\right|=\left|\dfrac{5.935-6}{1/\sqrt{10}}\right|\approx0.21$. 由于 $|u_0|<1.96$,则接受原假设 H_0,即该地区的新生婴儿平均体重与正常体重 6 斤无显著差异.

二、σ^2 未知,关于 μ 的假设检验(t 检验法)

定义 8.2.2 设总体 $X\sim N(\mu,\sigma^2)$,其中总体方差 σ^2 未知,$(X_1,X_2,\cdots,X_n)$ 是来自总体 X 的一个样本,由第六章的抽样分布定理可知,有

$$T=\frac{\overline{X}-\mu}{S/\sqrt{n}}\sim t(n-1)$$

由给定的显著性水平 α,查 t 分布表,得临界值 $t_{\frac{\alpha}{2}}(n-1)$,使 $P\{|T|>t_{\frac{\alpha}{2}}(n-1)\}=\alpha$,即事件 $\{|T|\geqslant t_{\frac{\alpha}{2}}(n-1)\}$ 是一个小概率事件. 由样本值计算统计量 $|T|$ 的观测值,记为 $|t_0|$:若 $\{|T_0|>t_{\frac{\alpha}{2}}(n-1)\}$,则否定 H_0,若 $\{|T_0|\leqslant t_{\frac{\alpha}{2}}(n-1)\}$,则接受 H_0.

由于这一检验用到统计量 T,因此称为 T 检验法,其一般步骤如下所示.

①提出原假设和备择假设,$H_0:\mu=\mu_0$,$H_1:\mu\neq\mu_0$.

②选用检验统计量 $T=\dfrac{\overline{X}-\mu_0}{S/\sqrt{n}}$,在 H_0 成立的条件下,有 $T\sim t(n-1)$.

③对给定的显著性水平 α,查 t 分布表,得临界值 $t_{\frac{\alpha}{2}}(n-1)$,使
$$P\{|T|>t_{\frac{\alpha}{2}}(n-1)\}=\alpha$$
确定拒绝域 $(-\infty,-t_{\frac{\alpha}{2}}(n-1)\bigcup(t_{\frac{\alpha}{2}}(n-1),+\infty)$.

④根据样本观测值计算 $|T|$ 的观测值 $|t_0|$,并将其与 $t_{\frac{\alpha}{2}}(n-1)$ 比较.

⑤得出结论:若 $|t_0|>t_{\frac{\alpha}{2}}(n-1)$,则拒绝原假设 H_0;若 $|t_0|\leqslant t_{\frac{\alpha}{2}}(n-1)$,则接受原假设 H_0,如图 8-3 所示.

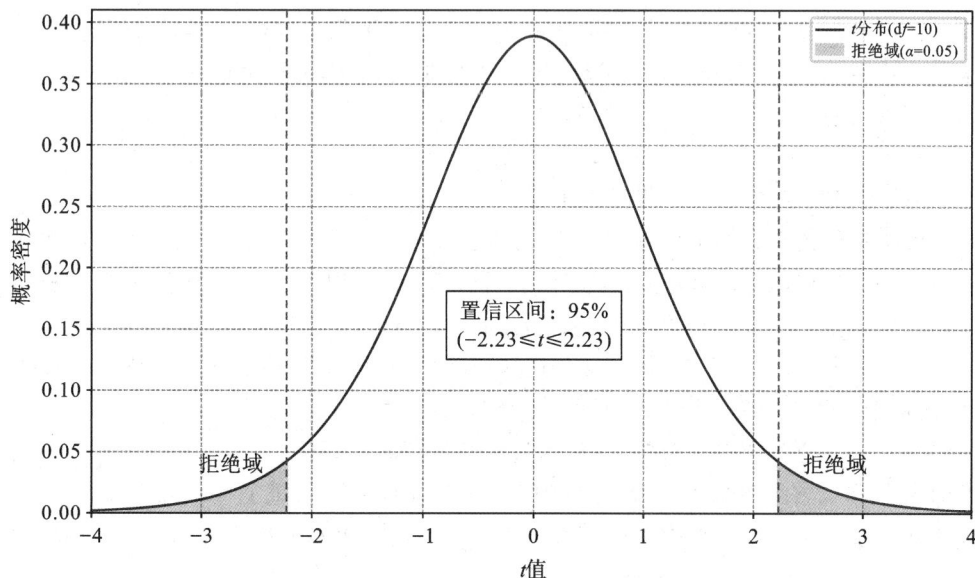

图 8-3 T 检验的接受域和拒绝域

例 8.2.2 某部门对当前市场的物价情况进行调查.以羊肉为例,假设全省羊肉价格服从

正态分布,所抽查的全省 20 个集市上,羊肉售价[单位:元/(500 g)]分别为

25.2	26.6	29	20.5	28.7	24.3	21.4	24.1	24.6	26.3
22.8	29.2	30.3	25.4	23.3	21.8	23.6	20.7	25	25.1

已知往年的平均售价一直稳定在 23.5 元/(500 g)左右,能否认为全省当前的羊肉售价明显高于往年?(显著性水平 $\alpha=0.05$)

解 设 X 为全省羊肉价格,$X\sim N(\mu,\sigma^2)$,σ 未知,对均值 μ 提出假设,$H_0:\mu=23.5$,$H_1:$ $\mu\neq23.5$.故选用一个检验统计量 $T=\dfrac{\overline{X}-\mu_0}{S/\sqrt{n}}\sim t(n-1)$.

对给定的显著性水平 $\alpha=0.05$,查 t 分布表,得临界值 $t_{\frac{\alpha}{2}}(n-1)=t_{0.025}(19)=2.0930$,使

$$P\{\mid T\mid>t_{0.025}(19)\}=0.5$$

确定拒绝域 $(-\infty,-2.0930)\bigcup(2.0930,+\infty)$.

因为 $n=20$,$\mu_0=23.5$,$\overline{X}=\dfrac{25.2+26.6+\cdots+25.1}{20}=24.895$,

所以 $S=\dfrac{1}{19}[(25.2-24.895)^2+(26.6-24.895)^2+\cdots+(25.1-24.895)^2]=2.835$.

所以样本的观测值 $|t_0|=\left|\dfrac{\overline{X}-\mu_0}{S/\sqrt{n}}\right|=\left|\dfrac{24.895-23.5}{2.835/\sqrt{20}}\right|\approx2.2$.由于 $|t_0|>2.0930$,则拒绝原假设 H_0,即全省当前的羊肉售价明显高于往年.

同步习题 8.2

1.某机器正常状态时,加工的零件尺寸(单位:cm)$X\sim N(5,2^2)$,为检验该机器工作是否正常,从已生产出的一批零件中随机取 100 件,测得平均直径为 5.02 cm,试问在 $\alpha=0.05$ 下该机器工作是否正常?

2.一台包装机包装的洗衣粉额定标准重量为 500 g,根据以往经验,包装机的实际装袋重量服从标准差为 15 的正态分布,为检验包装机工作是否正常,随机抽取 9 袋,称得洗衣粉净重数据如下(单位:g):

497	506	518	524	488	517	510	515	516

试问在 $\alpha=0.01$ 下这台包装机工作是否正常?

3.某机床工作正常时加工的零件平均尺寸为 0.081 m,已知该机床工作正常时加工的零件尺寸服从正态分布,现随机取 200 个零件进行检验,得平均尺寸为 0.076 m,样本标准差为 0.025 m,试问在 $\alpha=0.05$ 下该机床工作是否正常?

4.某饲料配方规定,每 1000 kg 某种饲料中维生素 C 大于 246 g,现从产品中随机抽测 12 个样品,测得维生素 C 含量(单位:g/1000 kg)如下:

255	238	236	248	244	245	236	235	246	248	255	245

若样本的维生素 C 含量服从正态分布,试问在 $\alpha=0.05$ 下此产品是否符合规定要求?

5.从某食品厂生产的一种罐头中随机抽出 20 只罐头,测量防腐剂含量(单位:mg)为

9.8	10.4	10.6	9.6	9.7	9.9	10.9	11.1	9.6	10.2
10.3	9.6	9.9	11.2	10.6	9.8	10.5	10.1	10.5	9.7

设这种罐头防腐剂含量服从正态分布,试问在 $\alpha=0.05$ 下是否可以认为该厂生产的罐头防腐剂的含量的均值为 10?

第三节　单正态总体方差的假设检验

一、μ 已知，关于 σ^2 的假设检验（χ^2 检验法）

定义 8.3.1　设总体 $X \sim N(\mu, \sigma^2)$，其中总体均值 μ 已知，$(X_1, X_2, \cdots, X_n)$ 是来自总体 X 的一个样本，由第六章的抽样分布定理可知，有

$$\chi^2 = \frac{1}{\sigma^2} \sum_{i=1}^{n} (X_i - \mu)^2 \sim \chi^2(n)$$

由给定的显著性水平 α，查 χ^2 分布表，得临界值 $\chi^2_{\frac{\alpha}{2}}(n)$ 和 $\chi^2_{1-\frac{\alpha}{2}}(n)$，使

$$P\{\chi^2 > \chi^2_{\frac{\alpha}{2}}(n)\} = \frac{\alpha}{2}, P\{\chi^2 < \chi^2_{1-\frac{\alpha}{2}}(n)\} = 1 - \frac{\alpha}{2}$$

即事件 $\{\chi^2 > \chi^2_{\frac{\alpha}{2}}(n) \bigcup \chi^2 < \chi^2_{1-\frac{\alpha}{2}}(n)\}$ 是一个小概率事件. 由样本值计算统计量 χ^2 的观测值，记为 χ^2_0，并将其与 $\chi^2_{\frac{\alpha}{2}}(n)$ 和 $\chi^2_{1-\frac{\alpha}{2}}(n)$ 比较：

若 $\chi^2_0 > \chi^2_{\frac{\alpha}{2}}(n)$ 或者 $\chi^2_0 < \chi^2_{1-\frac{\alpha}{2}}(n)$，则否定 H_0，若 $\chi^2_{1-\frac{\alpha}{2}}(n) < \chi^2_0 < \chi^2_{\frac{\alpha}{2}}(n)$，则接受 H_0.

由于这一检验用到统计量 χ^2，因此称为 χ^2 检验法，其一般步骤如下所示.

①提出原假设和备择假设，$H_0: \sigma^2 = \sigma_0^2, H_1: \sigma^2 \neq \sigma_0^2$.

②选用检验统计量 $\chi^2 = \frac{1}{\sigma_0^2} \sum_{i=1}^{n} (X_i - \mu)^2$，在 H_0 成立的条件下，有 $\chi^2 \sim \chi^2(n)$.

③对给定的显著性水平 α，查 χ^2 分布表，得临界值 $\chi^2_{\frac{\alpha}{2}}(n)$ 和 $\chi^2_{1-\frac{\alpha}{2}}(n)$，使

$$P\{\chi^2 > \chi^2_{\frac{\alpha}{2}}(n)\} = \frac{\alpha}{2}, P\{\chi^2 < \chi^2_{1-\frac{\alpha}{2}}(n)\} = 1 - \frac{\alpha}{2}$$

确定拒绝域 $(0, \chi^2_{1-\frac{\alpha}{2}}(n)) \bigcup (\chi^2_{\frac{\alpha}{2}}(n), +\infty)$，如图 8-4 所示.

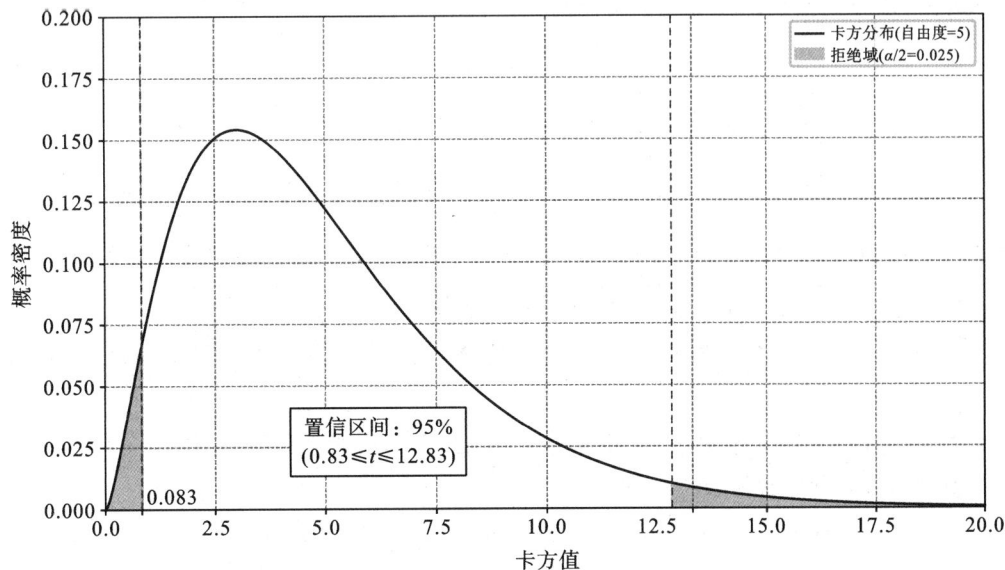

图 8-4　χ^2 检验的接受域和拒绝域

④根据样本观测值计算 χ^2 的观测值 χ_0^2，并将其与 $\chi_{\frac{\alpha}{2}}^2(n)$ 和 $\chi_{1-\frac{\alpha}{2}}^2(n)$ 比较.

⑤得出结论：$\chi_0^2 > \chi_{\frac{\alpha}{2}}^2(n)$ 或者 $\chi_0^2 < \chi_{1-\frac{\alpha}{2}}^2(n)$，则否定 H_0，若 $\chi_{1-\frac{\alpha}{2}}^2(n) < \chi_0^2 < \chi_{\frac{\alpha}{2}}^2(n)$，则接受 H_0.

例 8.3.1 设维尼纶纤度在正常条件下服从正态分布 $X \sim N(1.405, 0.048^2)$，某日抽出 5 根纤维，测得其纤度为

$$1.32 \quad 1.36 \quad 1.55 \quad 1.44 \quad 1.40$$

问：这一天生产的维尼纶纤度的方差是否正常？（显著性水平 $\alpha = 0.1$）

解 依据题意可知维尼纶纤度在正常条件下服从正态分布 $X \sim N(1.405, 0.048^2)$，μ 已知，对方差 σ^2 提出假设，$H_0: \sigma^2 = 0.048$，$H_1: \sigma^2 \neq 0.048$. 故选用一个检验统计量 $\chi^2 = \frac{1}{\sigma_0^2} \sum_{i=1}^{n} (X_i - \mu)^2 \sim \chi^2(n)$.

对给定的显著性水平 $\alpha = 0.1$，查 χ^2 分布表，得临界值 $\chi_{\frac{\alpha}{2}}^2(n-1) = \chi_{0.05}^2(5) = 11.07$ 和 $\chi_{1-\frac{\alpha}{2}}^2(n-1) = \chi_{0.95}^2(5) = 1.145$，使

$$P\{\chi^2 < \chi_{0.95}^2(5)\} = 0.95, P\{\chi^2 > \chi_{0.05}^2(5)\} = 0.05$$

确定拒绝域 $(0, 1.145) \bigcup (11.07, +\infty)$.

因 $n = 5, \mu = 1.405, \sum_{i=1}^{5} (X_i - \mu)^2 = 0.0315, \sigma_0^2 = 0.048$.

所以样本的观测值 $\chi_0^2 = \frac{1}{\sigma_0^2} \sum_{i=1}^{n} (X_i - \mu)^2 = \frac{1}{0.048} \times 0.0315 = 13.67$. 由于 $\chi_0^2 > 11.07$，则拒绝原假设 H_0，即这一天生产的维尼纶纤度的方差正常.

二、μ 未知，关于 σ^2 的假设检验（χ^2 检验法）

定义 8.3.2 设总体 $X \sim N(\mu, \sigma^2)$，其中总体均值 μ 未知，$(X_1, X_2, \cdots, X_n)$ 是来自总体 X 的一个样本，由第六章的抽样分布定理可知，有

$$\chi^2 = \frac{(n-1)S^2}{\sigma^2} \sim \chi^2(n-1)$$

由给定的显著性水平 α，查 χ^2 分布表，得临界值 $\chi_{\frac{\alpha}{2}}^2(n-1)$ 和 $\chi_{1-\frac{\alpha}{2}}^2(n-1)$，使

$$P\{\chi^2 < \chi_{1-\frac{\alpha}{2}}^2(n-1)\} = 1 - \frac{\alpha}{2}, P\{\chi^2 > \chi_{\frac{\alpha}{2}}^2(n-1)\} = \frac{\alpha}{2}$$

即事件 $\{\chi^2 > \chi_{\frac{\alpha}{2}}^2(n-1) \bigcup \chi^2 < \chi_{1-\frac{\alpha}{2}}^2(n-1)\}$ 是一个小概率事件. 由样本值计算统计量 χ^2 的观测值，记为 χ_0^2，并将其与 $\chi_{\frac{\alpha}{2}}^2(n-1)$ 和 $\chi_{1-\frac{\alpha}{2}}^2(n-1)$ 比较：

若 $\chi_0^2 > \chi_{\frac{\alpha}{2}}^2(n-1)$ 或 $\chi_0^2 < \chi_{1-\frac{\alpha}{2}}^2(n-1)$，则否定 H_0，若 $\chi_{1-\frac{\alpha}{2}}^2(n-1) < \chi_0^2 < \chi_{\frac{\alpha}{2}}^2(n-1)$，则接受 H_0.

由于这一检验用到统计量 χ^2，因此称为 χ^2 检验法，其一般步骤如下所示.

①提出原假设和备择假设，$H_0: \sigma^2 = \sigma_0^2$，$H_1: \sigma^2 \neq \sigma_0^2$.

②选用检验统计量 $\chi^2 = \frac{(n-1)S^2}{\sigma^2}$，在 H_0 成立的条件下，有 $\chi^2 \sim \chi^2(n-1)$.

③对给定的显著性水平 α，查 χ^2 分布表，得临界值 $\chi_{\frac{\alpha}{2}}^2(n-1)$ 和 $\chi_{1-\frac{\alpha}{2}}^2(n-1)$，使

$$P\{\chi^2 < \chi^2_{1-\frac{\alpha}{2}}(n-1)\} = 1 - \frac{\alpha}{2}, P\{\chi^2 > \chi^2_{\frac{\alpha}{2}}(n-1)\} = \frac{\alpha}{2}$$

确定拒绝域$(0, \chi^2_{1-\frac{\alpha}{2}}(n-1) \bigcup (\chi^2_{\frac{\alpha}{2}}(n-1), +\infty)$.

④根据样本观测值计算χ^2的观测值χ^2_0,并将其与$\chi^2_{\frac{\alpha}{2}}(n-1)$和$\chi^2_{1-\frac{\alpha}{2}}(n-1)$比较.

⑤得出结论:$\chi^2_0 > \chi^2_{\frac{\alpha}{2}}(n-1)$或者$\chi^2_0 < \chi^2_{1-\frac{\alpha}{2}}(n-1)$,则否定$H_0$,若$\chi^2_{1-\frac{\alpha}{2}}(n-1) < \chi^2_0 < \chi^2_{\frac{\alpha}{2}}(n-1)$,则接受$H_0$.

例 8.3.2 抽取某工厂 5 名职工,在体检时测得脉搏次数(次/分钟)如下:

$$74 \quad 75 \quad 69 \quad 72 \quad 71$$

假设正常人的脉搏次数服从方差为 36 的正态分布,问:该厂职工脉搏次数波动与正常的脉搏波动是否有显著差异?(显著性水平 $\alpha = 0.05$)

解 设X为某工厂职工的脉搏次数,$X \sim N(\mu, \sigma^2)$,μ未知,对方差σ^2提出假设,$H_0: \sigma^2 = 36$,$H_1: \sigma^2 \neq 36$.故选用一个检验统计量$\chi^2 = \frac{(n-1)S^2}{\sigma^2} \sim \chi^2(n-1)$.

对给定的显著性水平$\alpha = 0.05$,查χ^2分布表,得临界值$\chi^2_{\frac{\alpha}{2}}(n-1) = \chi^2_{0.025}(4) = 11.143$和$\chi^2_{1-\frac{\alpha}{2}}(n-1) = \chi^2_{0.975}(4) = 0.484$,使

$$P\{\chi^2 < \chi^2_{0.975}(4)\} = 0.975, P\{\chi^2 > \chi^2_{0.025}(4)\} = 0.025$$

确定拒绝域$(0, 0.484) \bigcup (11.143, +\infty)$.

因$\overline{X} = \frac{74 + 75 + 68 + 72 + 71}{5} = 72, n = 5$

$S^2 = (74-72)^2 + (75-72)^2 + (68-72)^2 + (72-72)^2 + (71-72)^2 = 30$

所以样本的观测值$\chi^2_0 = \frac{(n-1)S^2}{\sigma^2} = \frac{4 \times 30}{36} \approx 3.33$. 由于$0.484 < \chi^2_0 < 11.143$,则接受原假设$H_0$,即该厂职工脉搏次数波动与正常的脉搏波动无显著差异.

同步习题 8.3

1. 某项考试要求成绩的标准差为 16,从考试成绩单中随机取 20 份,计算得样本标准差为 25,设成绩服从正态分布,试问在$\alpha = 0.05$下此次考试成绩的标准差是否为 16?

2. 用机器包装食盐,规定每袋标准重量为 500 g,标准差为 10 g,为检验其工作是否正常,从包装好的食盐中随机抽取 9 袋,测得其净重(单位:g)为

$$497 \quad 507 \quad 510 \quad 488 \quad 524 \quad 491 \quad 515 \quad 484$$

假设每袋食盐的净重服从正态分布,试问在$\alpha = 0.05$下包装机包装的食盐的标准差是否为 10?

3. 某车间生产铜丝,其中一个主要质量指标是折断力大小.用X表示该车间生产的铜丝的折断力,根据过去资料来看,可以认为X服从正态分布$X \sim N(\mu, \sigma^2)$,且$\mu_0 = 285$ kg,$\sigma = 4$ kg.今换了一批原材料,从性能上看,估计折断力的方差不会有什么大变化,为检验折断力的大小是否有所提高,从产品中任取 10 根,测得折断力数据如下:(单位:kg)

$$289 \quad 286 \quad 285 \quad 284 \quad 285 \quad 285 \quad 286 \quad 286 \quad 298 \quad 292$$

问:根据以上样本是否可以得出折断力有所提高的结论?(显著性水平 $\alpha = 0.05$)

4. 从一批保险丝中任意抽取 10 根,测试其熔化时间(单位:ms)得如下数据:53,63,68,

59,69,55,61,57.若熔化时间服从正态分布,可否认为熔化时间的方差为81($\alpha=0.05$)?

5.某工厂制成一种新的钓鱼绳,声称其折断平均受力为 15 kgf,已知标准差为 0.5 kgf,为检验 15 kgf 这个数字是否真实,该工厂的产品中随机抽取 50 件,测得其折断平均受力是 14.8 kgf,若取显著性水平 $\alpha=0.05$,假定折断平均受力 $X \sim N(\mu, \sigma^2)$,问是否应接受该工厂声称的 15 kgf 这个数字?

第四节 双正态总体均值的假设检验

设 $X \sim N(\mu_1, \sigma_1^2)$,$Y \sim N(\mu_2, \sigma_2^2)$,$(X_1, X_2, \cdots, X_{n_1})$ 是来自总体 $N(\mu_1, \sigma_1^2)$ 的一个样本,$(Y_1, Y_2, \cdots, Y_{n_2})$ 是来自总体 $N(\mu_2, \sigma_2^2)$ 的一个样本,并且两个样本相互独立,其中 $\overline{X}$ 与 S_1^2 分别为样本 $(X_1, X_2, \cdots, X_{n_1})$ 的均值和方差,$\overline{Y}$ 与 S_2^2 分别为样本 $(Y_1, Y_2, \cdots, Y_{n_2})$ 的均值和方差.

一、方差 σ_1^2, σ_2^2 已知,关于均值的假设检验(U 检验法)

定义 8.4.1 设 $X \sim N(\mu_1, \sigma_1^2)$,$Y \sim N(\mu_2, \sigma_2^2)$,其中总体方差 σ_1^2, σ_2^2 已知,由第六章的抽样分布定理可知,有

$$U = \frac{(\overline{X} - \overline{Y}) - (\mu_1 - \mu_2)}{\sqrt{\sigma_1^2/n_1 + \sigma_2^2/n_2}} \sim N(0,1)$$

由标准正态分布函数表,得临界值 $u_{\frac{\alpha}{2}}$,使 $P\{|U| > u_{\frac{\alpha}{2}}\} = \alpha$,即事件 $\{|U| \geqslant u_{\frac{\alpha}{2}}\}$ 是一个小概率事件.由样本值计算统计量 $|U|$ 的观测值,记为 $|u_0|$:若 $\{|u_0| > u_{\frac{\alpha}{2}}\}$,则否定 H_0,若 $\{|u_0| \leqslant u_{\frac{\alpha}{2}}\}$,则接受 H_0.

由于这一检验用到统计量 U,因此称为 U 检验法,其一般步骤如下所示.

①提出原假设和备择假设,$H_0: \mu_1 = \mu_2$,$H_1: \mu_1 \neq \mu_2$.

②选用检验统计量 $U = \dfrac{(\overline{X} - \overline{Y}) - (\mu_1 - \mu_2)}{\sqrt{\sigma_1^2/n_1 + \sigma_2^2/n_2}}$,在 H_0 成立的条件下,有 $U \sim N(0,1)$.

③对给定的显著性水平 α,查标准正态分布表,得临界值 $u_{\frac{\alpha}{2}}$,使

$$P\{|U| > u_{\frac{\alpha}{2}}\} = \alpha$$

确定拒绝域 $(-\infty, -u_{\frac{\alpha}{2}}) \bigcup (u_{\frac{\alpha}{2}}, +\infty)$.

④根据样本观测值计算 $|U|$ 的观测值 $|u_0|$,并将其与 $u_{\frac{\alpha}{2}}$ 比较.

⑤得出结论:若 $|u_0| > u_{\frac{\alpha}{2}}$,则拒绝原假设 H_0,特别地,当 $\mu_0 = 0$ 时,即认为总体均值 μ_1 和 μ_2 有显著性差异;若 $|u_0| \leqslant u_{\frac{\alpha}{2}}$,则接受原假设 H_0,特别地,当 $\mu_0 = 0$ 时,即认为总体均值 μ_1 和 μ_2 无显著性差异.

例 8.4.1 据以往资料,已知某种小鸡重量服从正态分布且 $\sigma^2 = 0.4$ kg.今对该品种小鸡用 A,B 两种方法喂养,A 法取 12 个小鸡,平均重量为 1.2 kg;B 法取 8 个小鸡,平均重量为 1.4 kg.试比较 A,B 两法的小鸡重量是否有显著差异?(显著性水平 $\alpha=0.05$)

解 依据题意可知某种小鸡重量服从正态分布且 $\sigma^2 = 0.4$ kg,提出假设,原假设 A,B 两法小鸡的重量相同,即 $H_0: \mu_1 = \mu_2$;备择假设 $H_1: \mu_1 \neq \mu_2$.故选用一个检验统计量 $U = \dfrac{(\overline{X} - \overline{Y}) - (\mu_1 - \mu_2)}{\sqrt{\sigma_1^2/n_1 + \sigma_2^2/n_2}} \sim N(0,1)$.

对给定的显著性水平 $\alpha=0.05$,查标准正态分布表,得临界值 $u_{\frac{\alpha}{2}} = u_{0.025} = 1.96$,使

$$P\{\mid U\mid > u_{0.025}\} = 0.5$$

确定拒绝域 $(-\infty, -1.96)\bigcup(1.96, +\infty)$.

因为 $\overline{X} = 1.2, \overline{Y} = 1.4, \sigma^2 = \sigma_1^2 = \sigma_2^2 = 0.4, n_1 = 12, n_2 = 8$.

所以样本的观测值 $\mid u_0\mid = \left|\dfrac{(\overline{X} - \overline{Y}) - (\mu_1 - \mu_2)}{\sqrt{\sigma_1^2/n_1 + \sigma_2^2/n_2}}\right| = \left|\dfrac{1.2 - 1.4 - 0}{\sqrt{0.4/12 + 0.4/8}}\right| \approx 0.69$. 由于 $\mid u_0\mid < 1.96$,则接受原假设 H_0,即 A,B 两法的小鸡重量无显著差异.

二、方差 σ_1^2, σ_2^2 未知,关于均值的假设检验(T 检验法)

定义 8.4.2　设 $X \sim N(\mu_1, \sigma_1^2), Y \sim N(\mu_2, \sigma_2^2)$,其中总体方差 σ_1^2, σ_2^2 未知,由第六章的抽样分布定理可知,有

$$T = \dfrac{(\overline{X_1} - \overline{X_2}) - (\mu_1 - \mu_2)}{\sqrt{\left(\dfrac{(n_1 - 1)S_1^2 + (n_2 - 1)S_2^2}{n_1 + n_2 - 2}\right)}\sqrt{\dfrac{1}{n_1} + \dfrac{1}{n_2}}} \sim t(n_1 + n_2 - 2)$$

由给定显著性水平 α,查 t 分布表,得临界值 $t_{\frac{\alpha}{2}}(n_1 + n_2 - 2)$,使 $P\{\mid T\mid > t_{\frac{\alpha}{2}}(n_1 + n_2 - 2)\} = \alpha$,即事件 $\{\mid T\mid \geqslant t_{\frac{\alpha}{2}}(n_1 + n_2 - 2)\}$ 是一个小概率事件. 由样本值计算统计量 $\mid T\mid$ 的观测值,记为 $\mid T_0\mid$:

若 $\{\mid T_0\mid > t_{\frac{\alpha}{2}}(n_1 + n_2 - 2)\}$,则否定 H_0,若 $\{\mid T_0\mid \leqslant t_{\frac{\alpha}{2}}(n_1 + n_2 - 2)\}$,则接受 H_0.

由于这一检验用到统计量 T,因此称为 T 检验法,其一般步骤如下所示.

①提出原假设和备择假设,$H_0: \mu_1 = \mu_2, H_1: \mu_1 \neq \mu_2$.

②选用检验统计量 $T = \dfrac{(\overline{X_1} - \overline{X_2}) - (\mu_1 - \mu_2)}{\sqrt{\left(\dfrac{(n_1 - 1)S_1^2 + (n_2 - 1)S_2^2}{n_1 + n_2 - 2}\right)}\sqrt{\dfrac{1}{n_1} + \dfrac{1}{n_2}}}$,在 H_0 成立的条件下,有 $T \sim t(n_1 + n_2 - 2)$.

③对给定的显著性水平 α,查 t 分布表,得临界值 $t_{\frac{\alpha}{2}}(n_1 + n_2 - 2)$,使

$$P\{\mid T\mid > t_{\frac{\alpha}{2}}(n_1 + n_2 - 2)\} = \alpha$$

确定拒绝域 $(-\infty, -t_{\frac{\alpha}{2}}(n_1 + n_2 - 2)\bigcup(t_{\frac{\alpha}{2}}(n_1 + n_2 - 2), +\infty)$.

④根据样本观测值计算 $\mid T\mid$ 的观测值 $\mid t_0\mid$,并将其与 $t_{\frac{\alpha}{2}}(n_1 + n_2 - 2)$ 比较.

⑤得出结论:若 $\mid t_0\mid > t_{\frac{\alpha}{2}}(n_1 + n_2 - 2)$,则拒绝原假设 H_0;若 $\mid t_0\mid \leqslant t_{\frac{\alpha}{2}}(n_1 + n_2 - 2)$,则接受原假设 H_0.

例 8.4.2　某气象站 1956 年迁址,1950—1955 年的年平均风速服从正态分布,其平均值为 $\overline{X_1} = 3.8$ m/s,方差 $S_1^2 = 0.68$,1956—1970 年的年平均风速服从正态分布,其平均值为 $\overline{X_2} = 2.5$ m/s,方差 $S_2^2 = 0.16$. 如果 $\sigma_1^2 = \sigma_2^2$,问:统计累计平均值时,两处风速资料是否可以合并使用?(显著性水平 $\alpha = 0.05$)

解　根据题意可知某气象的年平均风速服从正态分布,$\sigma_1^2 = \sigma_2^2$ 未知,提出假设,原假设 $H_0: \mu_1 = \mu_2$,备择假设 $H_1: \mu_1 \neq \mu_2$. 故选用一个检验统计量

$$T = \dfrac{(\overline{X_1} - \overline{X_2}) - (\mu_1 - \mu_2)}{\sqrt{\left(\dfrac{(n_1 - 1)S_1^2 + (n_2 - 1)S_2^2}{n_1 + n_2 - 2}\right)}\sqrt{\dfrac{1}{n_1} + \dfrac{1}{n_2}}} \sim t(n_1 + n_2 - 2).$$

对给定显著性水平 $\alpha = 0.05$,查 t 分布表,得临界值 $t_{\frac{\alpha}{2}}(n_1 + n_2 - 2) = t_{0.005}(19) = 2.861$,使

$$P\{\mid T\mid > t_{0.005}(19)\} = 0.005$$

确定拒绝域$(-\infty, -2.861) \bigcup (2.861, +\infty)$.

因$\overline{X}_1 = 3.8, S_1^2 = 0.68, \overline{X}_2 = 2.5, S_2^2 = 0.16, n_1 = 6, n_2 = 15$.

所以样本的观测值

$$|t_0| = \left| \frac{(\overline{X}_1 - \overline{X}_2) - (\mu_1 - \mu_2)}{\sqrt{\left(\dfrac{(n_1-1)S_1^2 + (n_2-1)S_2^2}{n_1 + n_2 - 2}\right)}\sqrt{\dfrac{1}{n_1} + \dfrac{1}{n_2}}} \right|$$

$$= \left| \frac{(3.8 - 2.5) - 0}{\sqrt{\left(\dfrac{(6-1)\times 0.68 + (15-1)\times 0.16}{6 + 15 - 2}\right)}\sqrt{\dfrac{1}{6} + \dfrac{1}{15}}} \right| \approx 4.94$$

由于$|t_0| > 2.0930$,则拒绝原假设H_0,即两处风速资料不可以合并使用.

同步习题8.4

1.设从甲、乙两场所生产的钢丝总体X, Y中各取 50 束来做拉力强度试验,得$x = 1208$, $y = 1282$,已知$\sigma_1 = 80, \sigma_2 = 94$,请问甲、乙两厂所生产的钢丝的抗拉强度是否有显著差别?($\alpha = 0.05$)

2.一台自动切断机截下的坯料长度服从正态分布,每隔 2 h 后分别抽取 10 个产品,测得长度如下(单位:mm):

| 样本1:149 | 148 | 151 | 150 | 152 | 155 | 147 | 150 | 151 | 153 |
| 样本2:151 | 150 | 148 | 156 | 150 | 149 | 148 | 151 | 148 | 154 |

问:该自动切断机工作是否正常?

第五节　双正态总体方差的假设检验

设两个正态总体$X \sim N(\mu_1, \sigma_1^2), Y \sim N(\mu_2, \sigma_2^2), (X_1, X_2, \cdots, X_{n_1})$是来自总体$N(\mu_1, \sigma_1^2)$的一个样本,$(Y_1, Y_2, \cdots, Y_{n_2})$是来自总体$N(\mu_2, \sigma_2^2)$的一个样本,并且两个样本相互独立,其中$S_1^2$为样本$(X_1, X_2, \cdots, X_{n_1})$的方差,$S_2^2$为样本$(Y_1, Y_2, \cdots, Y_{n_2})$的方差.

一、均值μ_1, μ_2已知,关于方差的假设检验(F检验法)

定义 8.5.1　设$X \sim N(\mu_1, \sigma_1^2), Y \sim N(\mu_2, \sigma_2^2)$,其中总体均值$\mu_1, \mu_2$已知,对方差情况进行检验,由第六章的抽样分布定理可知,有

$$F = \frac{\chi_1^2/n_1}{\chi_2^2/n_2} = \frac{\dfrac{1}{n_1}\displaystyle\sum_{i=1}^{n_1}(X_i - \mu_1)^2/\sigma_1^2}{\dfrac{1}{n_2}\displaystyle\sum_{i=1}^{n_2}(Y_i - \mu_2)^2/\sigma_2^2} \sim F(n_1, n_2).$$

由给定显著性水平α,查 F 分布表,得临界值$F_{1-\frac{\alpha}{2}}(n_1, n_2)$和$F_{\frac{\alpha}{2}}(n_1, n_2)$,使$P\{F < F_{1-\frac{\alpha}{2}}(n_1, n_2)\} = 1 - \frac{\alpha}{2}, P\{F > F_{\frac{\alpha}{2}}(n_1, n_2)\} = \frac{\alpha}{2}$.即事件是一个小概率事件.由样本值计算统计量$F$的观测值,记为$F_0$,并将其与$F_{1-\frac{\alpha}{2}}(n_1, n_2)$和$F_{\frac{\alpha}{2}}(n_1, n_2)$比较:

若 $F_{1-\frac{\alpha}{2}}(n_1,n_2)<F_0<F_{\frac{\alpha}{2}}(n_1,n_2)$,则接受 H_0;若 $F_0>F_{\frac{\alpha}{2}}(n_1,n_2)$ 或 $F_0<F_{1-\frac{\alpha}{2}}(n_1,n_2)$,则否定 H_0.

由于这一检验用到统计量 F,因此称为 F 检验法,其一般步骤如下所示.

①提出原假设和备择假设,$H_0:\sigma_1^2=\sigma_2^2$,$H_0:\sigma_1^2\neq\sigma_2^2$.

②选检验统计量 $F=\dfrac{\chi_1^2/n_1}{\chi_2^2/n_2}=\dfrac{\dfrac{1}{n_1}\sum\limits_{i=1}^{n_1}(X_i-\mu_1)^2/\sigma_1^2}{\dfrac{1}{n_2}\sum\limits_{i=1}^{n_2}(Y_i-\mu_2)^2/\sigma_2^2}\sim F(n_1,n_2)$,在 $H_0:\sigma_1^2=\sigma_2^2$ 成立的条件下,有 $F=\dfrac{\dfrac{1}{n_1}\sum\limits_{i=1}^{n_1}(X_i-\mu_1)^2}{\dfrac{1}{n_2}\sum\limits_{i=1}^{n_2}(Y_i-\mu_2)^2}\sim F(n_1,n_2)$.

③对给定显著性水平 α,查 F 分布表,得临界值 $F_{\frac{\alpha}{2}}(n_1,n_2)$ 和 $F_{1-\frac{\alpha}{2}}(n_1,n_2)$,使

$$P\{F<F_{1-\frac{\alpha}{2}}(n_1,n_2)\}=1-\frac{\alpha}{2},P\{F>F_{\frac{\alpha}{2}}(n_1,n_2)\}=\frac{\alpha}{2}.$$

确定拒绝域 $(0,F_{1-\frac{\alpha}{2}}(n_1))\bigcup(F_{\frac{\alpha}{2}}(n_2),+\infty)$.

④根据样本观测值计算 F 的观测值 F_0,并将其与 $F_{1-\frac{\alpha}{2}}(n_1,n_2)$ 和 $F_{\frac{\alpha}{2}}(n_1,n_2)$ 比较.

⑤得出结论:$F_0>F_{\frac{\alpha}{2}}(n_1,n_2)$ 或者 $F_0<F_{1-\frac{\alpha}{2}}(n_1,n_2)$,则否定 H_0,若 $F_{1-\frac{\alpha}{2}}(n_1,n_2)<F_0<F_{\frac{\alpha}{2}}(n_1,n_2)$,则接受 H_0,如图 8-5 所示.

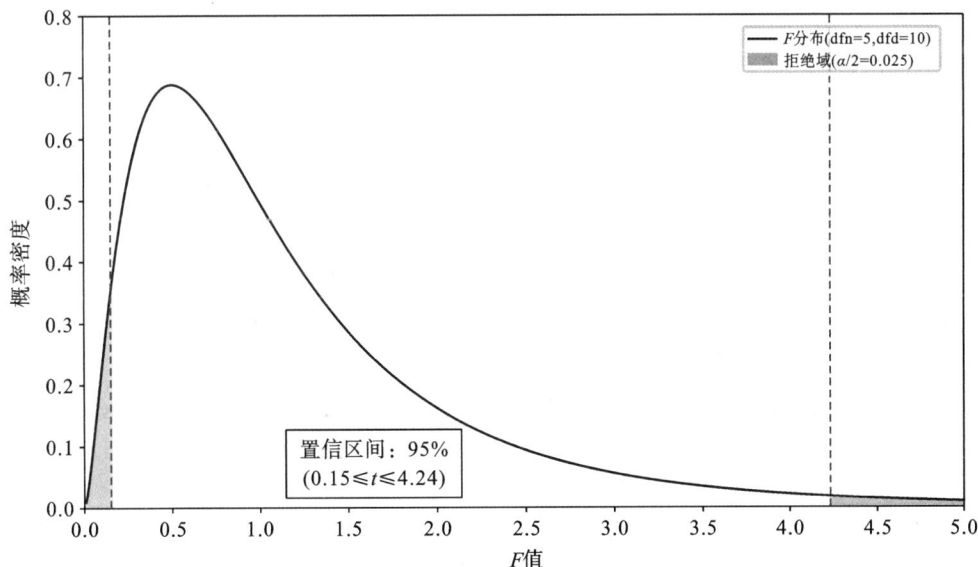

图 8-5　F 检验的接受域和拒绝域

二、均值 μ_1,μ_2 未知,关于方差的假设检验（F 检验法）

定义 8.5.1　设 $X\sim N(\mu_1,\sigma_1^2)$,$Y\sim N(\mu_2,\sigma_2^2)$,其中总体均值 μ_1,μ_2 未知,对方差情况进行检验,由第六章的抽样分布定理可知,有

$$F = \frac{S_1^2/\sigma_1^2}{S_2^2/\sigma_2^2} \sim F(n_1-1, n_2-1)$$

由给定显著性水平 α，查 F 分布表，得临界值 $F_{1-\frac{\alpha}{2}}(n_1-1, n_2-1)$ 和 $F_{\frac{\alpha}{2}}(n_1-1, n_2-1)$，使 $P\{F < F_{1-\frac{\alpha}{2}}(n_1-1, n_2-1)\} = 1-\frac{\alpha}{2}$，$P\{F > F_{\frac{\alpha}{2}}(n_1-1, n_2-1)\} = \frac{\alpha}{2}$．即事件是一个小概率事件．由样本值计算统计量 F 的观测值，记为 F_0，并将其与并将其与并将其与 $F_{1-\frac{\alpha}{2}}(n_1-1, n_2-1)$ 和 $F_{\frac{\alpha}{2}}(n_1-1, n_2-1)$ 比较：

若 $F_{1-\frac{\alpha}{2}}(n_1-1, n_2-1) < F_0 < F_{\frac{\alpha}{2}}(n_1-1, n_2-1)$，则接受 H_0；若 $F_0 > F_{\frac{\alpha}{2}}(n_1-1, n_2-1)$ 或 $F_0 < F_{1-\frac{\alpha}{2}}(n_1-1, n_2-1)$，则否定 H_0．

由于这一检验用到统计量 F，因此称为 F 检验法，其一般步骤如下所示．

①提出原假设和备择假设，$H_0: \sigma_1^2 = \sigma_2^2$，$H_0: \sigma_1^2 \neq \sigma_2^2$．

②选检验统计量 $F = \frac{S_1^2/\sigma_1^2}{S_2^2/\sigma_2^2}$，在 $H_0: \sigma_1^2 = \sigma_2^2$ 成立的条件下，有 $F = \frac{S_1^2}{S_2^2} \sim F(n_1-1, n_2-1)$．

③对给定显著性水平 α，查 F 分布表，得临界值 $F_{\frac{\alpha}{2}}(n_1-1, n_2-1)$ 和 $F_{1-\frac{\alpha}{2}}(n_1-1, n_2-1)$，使

$$P\{F < F_{1-\frac{\alpha}{2}}(n_1-1, n_2-1)\} = 1-\frac{\alpha}{2}, \quad P\{F > F_{\frac{\alpha}{2}}(n_1-1, n_2-1)\} = \frac{\alpha}{2}$$

确定拒绝域 $(0, F_{1-\frac{\alpha}{2}}(n_1-1, n_2-1)) \bigcup (F_{\frac{\alpha}{2}}(n_1-1, n_2-1), +\infty)$．

④根据样本观测值计算 F 的观测值 F_0，并将其与 $F_{1-\frac{\alpha}{2}}(n_1-1, n_2-1)$ 和 $F_{\frac{\alpha}{2}}(n_1-1, n_2-1)$ 比较．

⑤得出结论：$F_0 > F_{\frac{\alpha}{2}}(n_1-1, n_2-1)$ 或者 $F_0 < F_{1-\frac{\alpha}{2}}(n_1-1, n_2-1)$，则否定 H_0，若 $F_{1-\frac{\alpha}{2}}(n_1-1, n_2-1) < F_0 < F_{\frac{\alpha}{2}}(n_1-1, n_2-1)$，则接受 H_0．

例 8.5.1 某烟厂生产两种香烟，独立地随机抽取样本容量相同的烟叶标本，测其尼古丁含量的毫克数，测量结果如下．

甲种香烟：25 28 23 26 29 22

乙种香烟：28 23 30 25 21 27

假定烟叶的尼古丁含量服从正态分布且具有公共方差，在显著性水平为 $\alpha = 0.05$ 下，判断两种香烟烟叶的尼古丁含量的方差是否相等．

解 根据题意可知烟叶的尼古丁含量服从正态分布，μ_1, μ_2 未知，提出假设，$H_0: \sigma_1^2 = \sigma_2^2$，$H_0: \sigma_1^2 \neq \sigma_2^2$．故选用一个检验统计量 $F = \frac{S_1^2}{S_2^2} \sim F(n_1-1, n_2-1)$．

对给定显著性水平 $\alpha = 0.05$，查 F 分布表，得临界值 $F_{\frac{\alpha}{2}}(n_1-1, n_2-1) = F_{0.025}(5, 5) = 7.15$ 和 $F_{0.975}(5, 5) = 0.1399$，使

$$P\{F < F_{0.975}(5, 5)\} = 0.975, \quad P\{F > F_{0.025}(5, 5)\} = 0.025$$

确定拒绝域 $(0, 0.1399) \bigcup (7.15, +\infty)$．

因 $S_1^2 = 2.7386^2$，$S_2^2 = 3.3267^2$．

所以样本的观测值 $F_0 = \frac{S_1^2}{S_2^2} = \frac{2.7386^2}{3.3267^2} \approx 0.68$，由于 $0.1399 < F_0 < 7.15$，则接受原假设 H_0，可判断出这两种香烟的尼古丁含量的方差无显著差异．

同步习题 8.5

1.两台机床加工同一种零件,分别取 6 个和 9 个零件测量其长度(单位:mm),计算得

$$s_1^2 = 0.345;\ s_2^2 = 0.357$$

假定零件长度服从正态分布,问:是否可以在显著性水平 $\alpha = 0.05$ 下,认为两台机床加工的零件尺寸的方差无显著差异?

2.对两批同型号的电子元件各抽取 6 个测量其电阻,得数据如下(单位:Ω):

第一批:0.140　　0.138　　0.143　　0.141　　0.144　　0.137

第二批:0.135　　0.140　　0.142　　0.136　　0.138　　0.141

设这两批电子元件的电阻分别服从正态分布 $N(\mu_1, \sigma_1^2)$ 和 $N(\mu_2, \sigma_2^2)$,且相互独立.试在显著性水平 $\alpha = 0.05$ 下检验两批元件的电阻有无显著差异.

3.假设某药物研究所研制出甲乙两种药,研究者欲比较患者服用 2 小时后血液中的药物浓度是否一致.在患者中随机抽取 8 人,服用甲药物 2 小时后测得血液中药的浓度(mg/ml)为:1.23,1.42,1.41,1.62,1.55,1.51,1.60,1.76.

在患者中随机抽取 6 人,服用乙药物 2 小时后测得血液中药的浓度(mg/ml)为:1.76,1.41,1.87,1.49,1.67,1.81.

假设甲乙两种药物浓度都服从正态分布,且方差相等,试问在 $\alpha = 0.1$ 下,患者血液中两种药物浓度有无显著性差异?

本章知识结构图

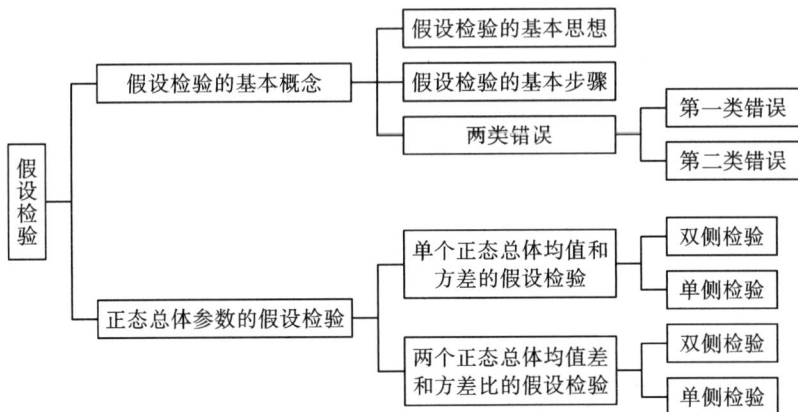

总习题

一、单选题

1.假设检验的基本思想是(　　).

A. 中心极限定理　　　　　　　　　B. 置信区间

C. 小概率事件　　　　　　　　　　D. 正态分布的性质

2. 在假设检验中,记 H_0 为待检假设,则犯第一类错误指的是(　　).

A. H_0 成立时,经检验接受 H_0

B. H_0 成立时,经检验拒绝 H_0

C. H_0 不成立时,经检验接受 H_0

D. H_0 不成立时,经检验拒绝 H_0

3. 对于正态总体的数学期望为 μ 进行假设检验,如果显著性水平 0.05 下,接受假设 H_0: $\mu = \mu_0$,那么在显著性水平 0.01 下,下列结论正确的是(　　).

A. 接受 H_0

B. 可能接受,也可能拒绝 H_0

C. 拒绝 H_0

D. 不接受也不拒绝 H_0

4. 自动包装机装出的每袋重量服从正态分布,规定每袋重量的方差不超过 α,为了检查自动包装机的工作是否正常,对它生产的产品进行抽样检验,检验假设 $H_0: \sigma^2 \leqslant \sigma_0^2, \alpha = 0.05$,则下列命题中正确的是(　　).

A. 如果生产正常,则检验结果也认为生产正常的概率为 0.95

B. 如果生产不正常,则检验结果也认为生产不正常的概率为 0.95

C. 如果检验结果认为生产正常,则生产确实正常的概率为 0.95

D. 如果检验结果认为生产不正常,则生产确实不正常的概率为 0.95

二、填空题

1. 假设检验中若其他条件不变,显著性水平的取值越小,则接受原假设的可能性越大,原假设为真而被拒绝的概率越 _____.

2. 设总体 $X \sim N(\mu, \sigma^2)$,待检测的原假设 $H_0: \sigma^2 = \sigma_0^2$,对于给定的显著性水平 α,若拒绝域为 $(0, \chi_{1-\frac{\alpha}{2}}^2(n-1)) \bigcup (\chi_{\frac{\alpha}{2}}^2(n-1), +\infty)$,则相应的备择假设为 $H_1:$ _____.

3. 设总体 $X \sim N(\mu_0, \sigma^2)$,$\mu_0$ 为已知常数,$(X_1, X_2, \cdots, X_n)$ 是来自 X 的样本,则假设 $H_0:$ $\sigma^2 = \sigma_0^2$ 的检验统计量为 _____.

三、计算题

1. 已知某酱菜厂用自动包装机包装老坛腌菜,当机器正常工作时,包装得到的袋装腌菜重量(单位:g)$X \sim N(500, 15^2)$,某日开工后为检查包装机是否正常工作,随机地抽取当天包装的腌菜 25 袋,算得其平均重量为 510 g,如果方差没有变化,问此包装机是否正常工作($\alpha = 0.05$)?

2. 正常情况下,陕西洛川糖心苹果色泽光亮,果肉细腻,果核透明,其平均含糖量达到了 15%,某果园对糖心苹果的种植引入了新方法. 现从果园新种植的苹果中随机抽取 36 个进行测试,得平均含糖量为 15.5%,已知含糖量 $X \sim N(15, 2^2)$,假设方差没有变化,问新方法种植和传统方法有无区别($\alpha = 0.1$)?

3. 某乳制品厂生产纯牛奶,正常情况下,规格为 250 mL 的盒装牛奶脂肪含量为 3.5 g,现对近期生产的一批纯牛奶进行检查,随机抽测了 8 盒,得脂肪含量(单位:g)如下:

$$3.8 \quad 3.4 \quad 3.5 \quad 3.6 \quad 3.5 \quad 3.4 \quad 3.6 \quad 4.0$$

根据经验可以认为脂肪含量是服从正态分布的,问这批纯牛奶平均脂肪含量是否符合标准($\alpha = 0.05$)?

4. 一自动车床加工零件的长度服从正态分布 $N(10.5, \sigma^2)$,经过一段时间生产后,要检验这一车床是否正常工作,为此抽取该车床加工的 31 个零件,测得 $\bar{x} = 11.08, s = 0.516$,若加工零件长度的方差不变,问此车床工作是否正常($\alpha = 0.05$)?

5.某车床生产陆地棉纤维,正常状态下纤维强度(单位:g)$X \sim N(\mu, 1.19^2)$,现从该车床生产的纤维中随机地取出8根,测得其强度分别为6.38,6.42,6.50,6.24,6.35,6.29,6.62,6.56.能否认为该车间生产纤维强度的方差不变($\alpha = 0.05$)?

6.设有一种元件,要求其使用寿命不得低于1000 h.现从一批这种元件中随机地抽取25件,测得寿命的平均值为950 h,已知该元件寿命服从标准差为100 h的正态分布.试在显著性水平$\alpha = 0.05$下确定这批元件是否合格?

7.某轮胎厂生产一种轮胎,其寿命服从均值$\mu = 30000$ km,标准差$\sigma = 4000$ km的正态分布.现在采用一种新工艺,从试验产品中随机抽取100只轮胎进行检验,测得其平均寿命为31000 km,若标准差没有变化,试问新工艺生产的轮胎寿命是否优于原来的($\alpha = 0.05$)?

8.假定新生婴儿的体重服从正态分布,均值为3140 g.现从新生婴儿中随机抽取20个,测得其平均体重为3160 g,样本标准差为300 g,试问现在的与过去的新生婴儿体重有无显著差异($\alpha = 0.05$)?

9.某厂生产一种袋装洗衣液,在机器正常工作时,每袋洗衣液的净重量,服从均值为0.5,标准差为0.01的正态分布,某天随机抽取5袋洗衣液,称得净重分别为0.56,0.52,0.48,0.46,0.53,问当日机器是否正常工作($\alpha = 0.05$)?

10.某厂一车床加工某种零件,需求长度为150 mm,今从一大批加工好的零件中随机抽取了9个,测得长度(单位:mm)如下:147,150,149,154,152,153,148,151,155,如果这批零件的长度服从正态分布,问这批零件是否合格?(取$\alpha = 0.05$)?

11.设某次考试的学生成绩服从正态分布,从中随机地抽取36位考生的成绩,计算得到平均成绩为66.5分,标准差15分.若在显著性水平0.05下是否可以认为全体考生的平均成绩为70分?

12.装配一种小部件可采用两种不同的生产工序,两种生产工序装配时间都服从正态分布,且根据过去的经验可知,工序1的标准差为2 min,工序2的标准差为3 min.为了研究两种工序的装配时间是否有差异,各抽10个样本进行试验,检查结果为:$\bar{x} = 5$ min,$\bar{y} = 7$ min.试就显著性水平$\alpha = 0.05$进行显著性检验.

13.已知甲、乙两台机床加工产品的直接分别服从正态分布
$$X \sim N(\mu_1, \sigma_1^2), Y \sim N(\mu_2, \sigma_2^2)$$
现测得样本数据:$n = 9, s_1^2 = 0.17, m = 6, s_2^2 = 0.14$.问这两个正态分布的方差是否相等?

第九章　基于 Python 软件的概率实验

案例 1　绘制指数概率密度图

1. 实验要求

分别画出 $\theta = \frac{1}{3}, 1, 2$ 的指数分布概率密度曲线. 指数分布作为 Γ 分布中的一个特例, 所画出的 Γ 分布和指数分布的概率密度曲线对比图.

2. 编写代码

```
fromscipy.stats import expon, gamma
importpylab as plt
x = plt.linspace(0, 3, 100)
L = [1/3, 1, 2]
s1 = ['* -', '. -', 'o -']
s2 = ['$ \\theta = \\frac{1}{3} $', '$ \\theta = 1 $', '$ \\theta = 2 $']
plt.rc('text', usetex = True); plt.rc('font', size = 15)
plt.subplots_adjust(wspace = 0.5)
plt.subplot(121)
fori in range(len(L)):
    plt.plot(x, gamma.pdf(x, 1, scale = L[i]), s1[i], label = s2[i])
plt.xlabel('$ x $')
plt.ylabel('$ f(x) $')
plt.legend()
plt.subplot(122)
    fori in range(len(L)):
plt.plot(x, expon.pdf(x, scale = L[i]), s1[i], label = s2[i])
plt.xlabel('$ x $')
plt.ylabel('$ f(x) $')
plt.legend()
plt.show()
```

3. 运行结果

运行结果如图 9 - 1 所示。

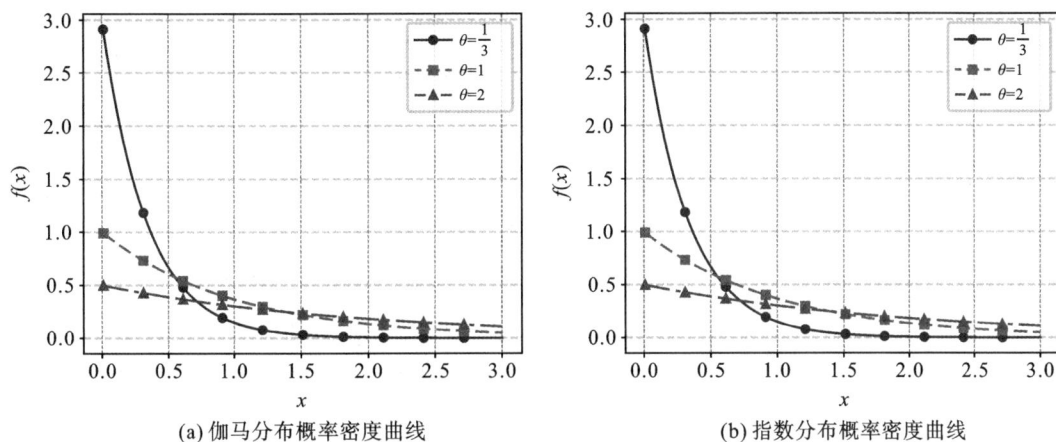

(a) 伽马分布概率密度曲线　　　　　　　(b) 指数分布概率密度曲线

图 9-1　Γ 分布和指数分布的概率密度曲线对照

案例 2　绘制二项分布概率图

1. 实验要求

随机变量 $X \sim B(n,p)$，二项分布律为 $P\{X=k\}=C_n^k P^k (1-P)^{n-k}, k=0,1,\cdots,n$. 画出二项分布 $B(6,0.3)$ 的分布律的"火柴杆"图.

2. 编写代码

```
fromscipy.stats import binom
importpylab as plt
n = 6; p = 0.3
x = plt.arange(7)
y = binom.pmf(x, n, p)
plt.subplot(121)
plt.plot(x, y, 'ro')
plt.vlines(x, 0, y, 'k', lw = 2, alpha = 0.5)   #vlines(x, ymin, ymax)画竖线图
≤#lw 设置线宽度,alpha 设置图的透明度
plt.subplot(122)
plt.stem(x, y, use_line_collection = True)
plt.savefig("figure9_2.png", dpi = 500); plt.show()
```

3. 运行结果

所画出的图形如图 9-2 所示.

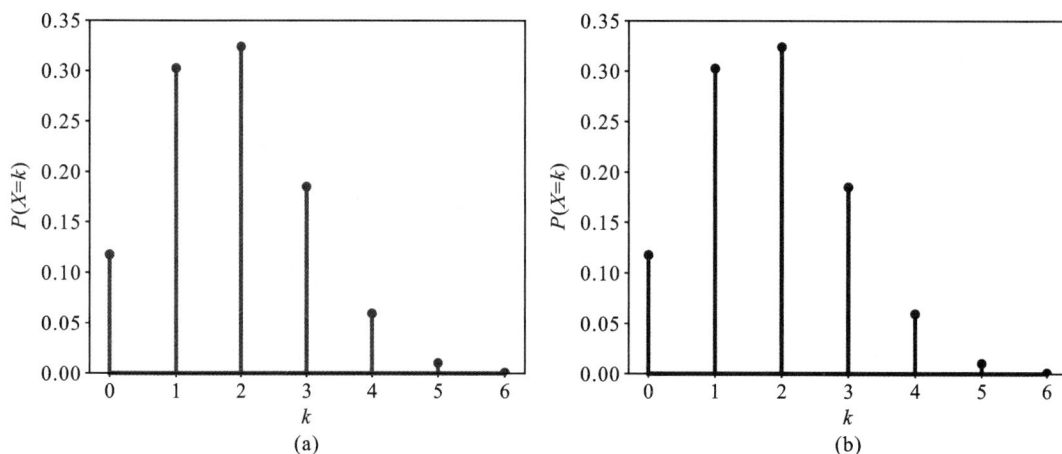

图 9-2　二项分布的分布律图形

案例 3　计算正态分布中的参数

1. 实验要求

设 $X \sim N(3, 2^2)$，确定 c，使得 $P\{X > c\} = 3P\{X \leqslant c\}$.

由 $P\{X > c\} = 3P\{X \leqslant c\}$ 和 $P\{X > c\} + P\{X \leqslant c\} = 1$，得 $P\{X \leqslant c\}$，即 $P\left\{\dfrac{X-3}{2} \leqslant \dfrac{c-3}{2}\right\} = 0.25$，记 Φ 为标准正态分布的分布函数，则 $\dfrac{c-3}{2} = \Phi^{-1}(0.25)$，查表得 $\dfrac{c-3}{2} = -0.675, c = 1.65$.

2. 编写代码

下面使用两种方法用 Python 计算得，$c = 1.6510$.

```
fromscipy. stats import norm
fromscipy. optimize import fsolve
c1 = norm.ppf(0.25, 3, 2)   #求 0.25 分位数
fc = lambda c: 1 - norm.cdf(c, 3, 2) - 3 * norm.cdf(c, 3, 2)   #定义方程对应的匿名函数
c2 = fsolve(fc, 1)   #求初始值为 1 的方程零点
print('c1 =', c1); print('c2 =', c2)
```

3. 运行结果

c1 = 1.6510, c2 = 1.6510.

案例 4　计算随机变量的数字特征

1. 实验要求

计算指数分布 exp(3) 的均值、方差、偏度和峰度.

2. 编写代码

fromscipy. stats import expon

print(expon. stats(scale = 3, moments = 'mvsk'))

3. 运行结果

求得均值为 3,方差为 9,偏度为 2,峰度为 6.

案例 5　使用 NumPy 计算统计量

1. 实验要求

某校某专业的学生平均分为甲、乙两个班,各班学生的数学成绩如表 9 - 1 所列. 试分别求每个班成绩的均值、中位数、极差、方差、标准差;并求两个班成绩的协方差矩阵和相关系数矩阵.

表 9 - 1　甲、乙两个班学生的数学成绩

甲班	60	79	48	76	67	58	65	78	64	75
	76	78	84	48	25	90	98	70	77	78
	68	74	95	80	90	78	73	98	85	56
乙班	91	74	62	72	90	94	76	83	92	85
	94	83	77	82	84	60	80	78	88	90
	65	77	89	86	56	87	66	56	83	67

2. 编写代码

importnumpy as np

import pandas as pd

a = pd. read_csv('data9_5. txt', header = None)

b = a. values　#DataFrame 转换为 array 数组

mu = np. mean(b, axis = 1)　#求均值

zw = np. median(b, axis = 1)　#求中位数

jc = np. ptp(b, axis = 1)　#求极差

fc = np. var(b, axis = 1, ddof = 1)　#求方差

bz = np. std(b, axis = 1, ddof = 1)　#求标准差

xf = np. cov(b)　#求协方差矩阵

xs = np. corrcoef(b)　#求相关系数矩阵

3. 运行结果

求得的两个班成绩的统计数据如表 9 - 2 所示. 所求的协方差矩阵 **V** 和相关系数矩阵 **R** 如下.

表 9 - 2　两个班成绩的统计数据

班号	均值	中位数	极差	方差	标准差
甲班	73.0333	76	73	250.1023	15.8146
乙班	78.9	82.5	38	128.5069	11.3361

$$V = \begin{bmatrix} 250.1023 & -32.6517 \\ -32.6527 & 128.5069 \end{bmatrix}, R = \begin{bmatrix} 1 & -0.1821 \\ -0.1821 & 1 \end{bmatrix}$$

案例 6　使用 pandas 计算各组频数并绘制统计图

1. 实验要求

某校某专业的学生平均分为甲、乙两个班,各班学生的数学成绩如表 9-3 所列.画出两个班成绩的直方图,并统计甲班从最低分到最高分等间距分成 5 个小区间时,数据出现在每个小区间的频数.

表 9 - 3　甲、乙两个班学生的数学成绩

甲班	60	79	48	76	67	58	65	78	64	75
	76	78	84	48	25	90	98	70	77	78
	68	74	95	80	90	78	73	98	85	56
乙班	91	74	62	72	90	94	76	83	92	85
	94	83	77	82	84	60	80	78	88	90
	65	77	89	86	56	87	66	56	83	67

2. 编写代码

```
import pandas as pd
df = pd.read_csv('data9_5.txt', header = None)
df = df.T   # 转置
print(df.describe())
print('- - - - -\n 偏度:\n', df.skew())
print('- - - - -\n 峰度:\n', df.kurt())
print('- - - - -\n90％分位数:\n', df.quantile(0.9))
```

3. 运行结果

画出的直方图如图 9 - 3 所示,甲班成绩的频数统计结果见表 9 - 4.

表 9 - 4　甲班成绩的频数统计结果

区间	[25,39.6)	[39.6,54.2)	[54.2,68.8)	[68.8,83.4)	[83.4,98)
频数	1	2	7	13	7

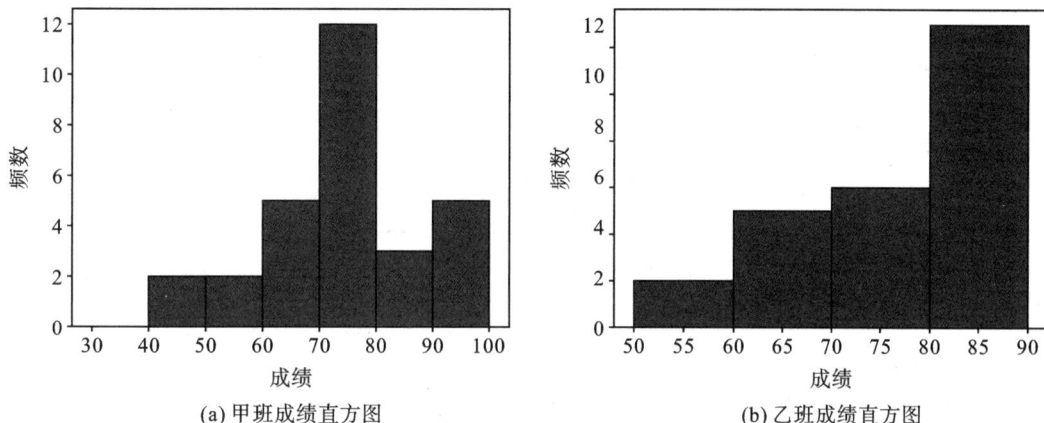

(a) 甲班成绩直方图　　　　　　　(b) 乙班成绩直方图

图 9-3　甲乙两班成绩的直方图

案例 7　参数估计

1. 实验要求

有一大批糖果,现从中随机地取 16 袋,称得重量(以 g 计)如下:

| 506 | 508 | 499 | 503 | 504 | 510 | 497 | 512 |
| 514 | 505 | 493 | 496 | 506 | 502 | 509 | 496 |

设袋装糖果的重量近似地服从正态分布.试求总体均值 μ 的置信水平为 0.95 的置信区间.

2. 编写代码

```
importnumpy as np
fromscipy.stats import t, sem
d = np.loadtxt('data9_11.txt')
d = d.flatten(); n = len(d)
xb = d.mean(); s = d.std(ddof = 1)   #计算均值和标准差
sm = sem(d)   #计算样本均值的标准误差
a = 0.05; ta = t.ppf(1 - a/2, n - 1)
L = [xb - sm * ta, xb + sm * ta]
print(np.round(L, 4))
```

3. 运行结果

μ 的一个置信水平为 $1-\alpha$ 的置信区间为 $\left(\overline{X} \pm \dfrac{s}{\sqrt{n}} t_{\frac{\alpha}{2}}(n-1)\right)$,这里显著性水平 $\alpha = 0.05$, $\dfrac{\alpha}{2} = 0.025$, $n-1 = 15$, $t_{0.025}(15) = 2.1314$,由给出的数据算得 $\overline{x} = 503.75$, $s = 6.2022$.计算得总体均值 μ 的置信水平为 0.95 的置信区间为 $(500.4451, 507.0549)$.

案例 8　正态总体标准差已知下总体均值的假设检验

1. 实验要求

给定某厂生产钮扣直径的 10 个数据如下：26.01，26.00，25.98，25.86，26.32，25.58，25.32，25.89，26.32，26.18，假设其直径 $X \sim N(\mu, 4.2^2)$，并且在标准情况下，钮扣的平均直径应该是 26(mm)，问是否可以认为这批钮扣的直径符合标准（显著水平 $\alpha = 0.05$）？

2. 编写代码

```
importnumpy as np
fromstatsmodels.stats.weightstats import ztest
fromscipy.stats import norm
alpha = 0.05；sigma = 4.2
a = np.array([26.01, 26.00, 25.98, 25.86, 26.32, 25.58, 25.32, 25.89, 26.32, 26.18])
t,p = ztest(a, value = 26)
xb = a.mean()；s = a.std(ddof = 1)
z = t * s / sigma    ♯转换为 z 统计量
za = norm.ppf(1 − alpha/2, 0, 1)    ♯求上 alpha/2 分位数
print('Z 统计量值：', z)
print('p 值：', p)
print('分位数：', za)
```

3. 运行结果

按题意总体 $X \sim N(\mu, 4.2^2)$，μ 未知，要求在显著性水平 $\alpha = 0.05$ 下检验假设 $H_0: \mu = 26$，$H_1: \mu \neq 26$. 因 σ 已知，故采用 Z 检验，取检验统计量为 $Z = \dfrac{\overline{x} - 26}{\sigma/\sqrt{n}}$，今 $n = 10$，$\overline{x} = 25.9460$，$\alpha = 0.05$，$Z_{\alpha/2} = 1.96$，拒绝域 $|Z| > Z_{\alpha/2}$. 由于 $|Z| = \left| \dfrac{\overline{x} - 26}{\sigma/\sqrt{n}} \right| = 0.0407 < 1.96$，因 Z 的观测值没有落在拒绝域内，故在显著性水平 $\alpha = 0.05$ 下接受原假设 H_0，认为这批钮扣的直径符合标准.

案例 9　正态总体标准差未知下的总体均值的假设检验

1. 实验要求

某种电子元件的寿命 X（以小时计）服从正态分布，μ, σ^2，均未知. 现得 16 只元件的寿命如下：

| 159 | 280 | 101 | 212 | 224 | 379 | 179 | 264 |
| 222 | 362 | 168 | 250 | 149 | 260 | 485 | 170 |

问是否有理由认为元件的平均寿命大于 225（小时）？

2. 编写代码

```
importnumpy as np
```

```
fromscipy.stats import t
fromstatsmodels.stats.weightstats import ztest
a = np.loadtxt('data9_13.txt').flatten()
xb = a.mean()
s = a.std(ddof = 1)
n = len(a);ta = t.ppf(0.95, n-1)
ts, p = ztest(a, value = 225, alternative = 'larger')
print('t 统计量值:', ts)
```

3. 运行结果

按题意需检验 $H_0: \mu \leqslant 225, H_1: \mu > 225$，取 $\alpha = 0.05$，此检验问题的拒绝域为 $t = \dfrac{\overline{x} - 225}{s/\sqrt{n}} \geqslant$

$t_\alpha(n-1)$. 现在 $n = 16, t_{0.05}(15) = 1.7531$，又算得 $\overline{x} = 241.5, s = 98.7259$，即有 $t = \dfrac{\overline{x} - 225}{s/\sqrt{n}} =$

$0.6685 < 1.7531. t$ 没有落在拒绝域中，故接受 H_0，即认为元件的平均寿命不大于 225 h.

附　录

附表 1　标准正态分布函数

$$\Phi(x) = \int_{-\infty}^{x} \frac{1}{\sqrt{2\pi}} e^{-\frac{t^2}{2}} dt$$

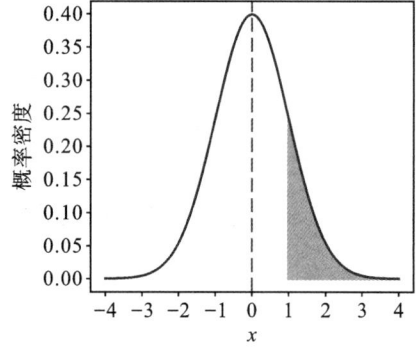

x	0.00	0.01	0.02	0.03	0.04	0.05	0.06	0.07	0.08	0.09
0.0	0.5000	0.5040	0.5080	0.5120	0.5160	0.5199	0.5239	0.5279	0.5319	0.5359
0.1	0.5398	0.5438	0.5478	0.5517	0.5557	0.5596	0.5636	0.5675	0.5714	0.5753
0.2	0.5793	0.5832	0.5871	0.5910	0.5948	0.5987	0.6026	0.6064	0.6103	0.6141
0.3	0.6179	0.6217	0.6255	0.6293	0.6331	0.6368	0.6406	0.6443	0.6480	0.6517
0.4	0.6554	0.6591	0.6628	0.6664	0.6700	0.6736	0.6772	0.6808	0.6844	0.6879
0.5	0.6915	0.6950	0.6985	0.7019	0.7054	0.7088	0.7123	0.7157	0.7190	0.7224
0.6	0.7257	0.7291	0.7324	0.7357	0.7389	0.7422	0.7454	0.7486	0.7517	0.7549
0.7	0.7580	0.7611	0.7642	0.7673	0.7704	0.7734	0.7764	0.7794	0.7823	0.7852
0.8	0.7881	0.7910	0.7939	0.7967	0.7995	0.8023	0.8051	0.8078	0.8106	0.8133
0.9	0.8159	0.8186	0.8212	0.8238	0.8264	0.8289	0.8315	0.8340	0.8365	0.8389
1.0	0.8413	0.8438	0.8461	0.8485	0.8508	0.8531	0.8554	0.8577	0.8599	0.8621
1.1	0.8643	0.8665	0.8686	0.8708	0.8729	0.8749	0.8770	0.8790	0.8810	0.8830
1.2	0.8849	0.8869	0.8888	0.8907	0.8925	0.8944	0.8962	0.8980	0.8997	0.9015
1.3	0.9032	0.9049	0.9066	0.9082	0.9099	0.9115	0.9131	0.9147	0.9162	0.9177
1.4	0.9192	0.9207	0.9222	0.9236	0.9251	0.9265	0.9279	0.9292	0.9306	0.9319
1.5	0.9332	0.9345	0.9357	0.9370	0.9382	0.9394	0.9406	0.9418	0.9429	0.9441
1.6	0.9452	0.9463	0.9474	0.9484	0.9495	0.9505	0.9515	0.9525	0.9535	0.9545
1.7	0.9554	0.9564	0.9573	0.9582	0.9591	0.9599	0.9608	0.9616	0.9625	0.9633
1.8	0.9641	0.9649	0.9656	0.9664	0.9671	0.9678	0.9686	0.9693	0.9699	0.9706

x	0.00	0.01	0.02	0.03	0.04	0.05	0.06	0.07	0.08	0.09
1.9	0.9713	0.9719	0.9726	0.9732	0.9738	0.9744	0.9750	0.9756	0.9761	0.9767
2.0	0.9772	0.9778	0.9783	0.9788	0.9793	0.9798	0.9803	0.9808	0.9812	0.9817
2.1	0.9821	0.9826	0.9830	0.9834	0.9838	0.9842	0.9846	0.9850	0.9854	0.9857
2.2	0.9861	0.9864	0.9868	0.9871	0.9875	0.9878	0.9881	0.9884	0.9887	0.9890
2.3	0.9893	0.9896	0.9898	0.9901	0.9904	0.9906	0.9909	0.9911	0.9913	0.9916
2.4	0.9918	0.9920	0.9922	0.9925	0.9927	0.9929	0.9931	0.9932	0.9934	0.9936
2.5	0.9938	0.9940	0.9941	0.9943	0.9945	0.9946	0.9948	0.9949	0.9951	0.9952
2.6	0.9953	0.9955	0.9956	0.9957	0.9959	0.9960	0.9961	0.9962	0.9963	0.9964
2.7	0.9965	0.9966	0.9967	0.9968	0.9969	0.9970	0.9971	0.9972	0.9973	0.9974
2.8	0.9974	0.9975	0.9976	0.9977	0.9977	0.9978	0.9979	0.9979	0.9980	0.9981
2.9	0.9981	0.9982	0.9982	0.9983	0.9984	0.9984	0.9985	0.9985	0.9986	0.9986
3.0	0.9987	0.9987	0.9987	0.9988	0.9988	0.9989	0.9989	0.9989	0.9990	0.9990
3.1	0.9990	0.9991	0.9991	0.9991	0.9992	0.9992	0.9992	0.9992	0.9993	0.9993
3.2	0.9993	0.9993	0.9994	0.9994	0.9994	0.9994	0.9994	0.9995	0.9995	0.9995
3.3	0.9995	0.9995	0.9995	0.9996	0.9996	0.9996	0.9996	0.9996	0.9996	0.9997
3.4	0.9997	0.9997	0.9997	0.9997	0.9997	0.9997	0.9997	0.9997	0.9997	0.9998

附表 2　标准正态分布上 α 分位点

α	0.001	0.005	0.01	0.025	0.05	0.10
$1-\alpha$	0.999	0.995	0.99	0.975	0.95	0.9
Z_α	3.090	2.576	2.326	1.960	1.645	1.282

附表 3   泊松分布函数

$$P\{X \leqslant x\} = \sum_{k=0}^{x} \frac{\lambda^k e - \lambda}{k!}$$

x	λ								
	0.1	0.2	0.3	0.4	0.5	0.6	0.7	0.8	0.9
0	0.9048	0.8187	0.7408	0.6703	0.6065	0.5488	0.4966	0.4493	0.4066
1	0.9953	0.9825	0.9631	0.9384	0.9098	0.8781	0.8442	0.8088	0.7725
2	0.9998	0.9989	0.9964	0.9921	0.9856	0.9769	0.9659	0.9526	0.9371
3	1.0000	0.9999	0.9997	0.9992	0.9982	0.9966	0.9942	0.9909	0.9865
4	1.0000	1.0000	1.0000	0.9999	0.9998	0.9996	0.9992	0.9986	0.9977
5	1.0000	1.0000	1.0000	1.0000	1.0000	1.0000	0.9999	0.9998	0.9997
6	1.0000	1.0000	1.0000	1.0000	1.0000	1.0000	1.0000	1.0000	1.0000

x	λ								
	1.0	1.5	2.0	2.5	3.0	3.5	4.0	4.5	5.0
0	0.3679	0.2231	0.1353	0.0821	0.0498	0.0302	0.0183	0.0111	0.0067
1	0.7358	0.5578	0.4060	0.2873	0.1991	0.1359	0.0916	0.0611	0.0404
2	0.9197	0.8088	0.6767	0.5438	0.4232	0.3208	0.2381	0.1736	0.1247
3	0.9810	0.9344	0.8571	0.7576	0.6472	0.5366	0.4335	0.3423	0.2650
4	0.9963	0.9814	0.9473	0.8912	0.8153	0.7254	0.6288	0.5321	0.4405
5	0.9994	0.9955	0.9834	0.9580	0.9161	0.8576	0.7851	0.7029	0.6160
6	0.9999	0.9991	0.9955	0.9858	0.9665	0.9347	0.8893	0.8311	0.7622
7	1.0000	0.9998	0.9989	0.9958	0.9881	0.9733	0.9489	0.9134	0.8666
8	1.0000	1.0000	0.9998	0.9989	0.9962	0.9901	0.9786	0.9597	0.9319
9	1.0000	1.0000	1.0000	0.9997	0.9989	0.9967	0.9919	0.9829	0.9682
10	1.0000	1.0000	1.0000	0.9999	0.9997	0.9990	0.9972	0.9933	0.9863
11	1.0000	1.0000	1.0000	1.0000	0.9999	0.9997	0.9991	0.9976	0.9945
12	1.0000	1.0000	1.0000	1.0000	1.0000	0.9999	0.9997	0.9992	0.9980

x	λ								
	5.5	6.0	6.5	7.0	7.5	8.0	8.5	9.0	9.5
0	0.0041	0.0025	0.0015	0.0009	0.0006	0.0003	0.0002	0.0001	0.0001
1	0.0266	0.0174	0.0113	0.0073	0.0047	0.0030	0.0019	0.0012	0.0008
2	0.0884	0.0620	0.0430	0.0296	0.0203	0.0138	0.0093	0.0062	0.0042
3	0.2017	0.1512	0.1118	0.0818	0.0591	0.0424	0.0301	0.0212	0.0149
4	0.3575	0.2851	0.2237	0.1730	0.1321	0.0996	0.0744	0.0550	0.0403

x	λ								
	0.1	0.2	0.3	0.4	0.5	0.6	0.7	0.8	0.9
5	0.5289	0.4457	0.3690	0.3007	0.2414	0.1912	0.1496	0.1157	0.0885
6	0.6860	0.6063	0.5265	0.4497	0.3782	0.3134	0.2562	0.2068	0.1649
7	0.8095	0.7440	0.6728	0.5987	0.5246	0.4530	0.3856	0.3239	0.2687
8	0.8944	0.8472	0.7916	0.7291	0.6620	0.5925	0.5231	0.4557	0.3918
9	0.9462	0.9161	0.8774	0.8305	0.7764	0.7166	0.6530	0.5874	0.5218
10	0.9747	0.9574	0.9332	0.9015	0.8622	0.8159	0.7634	0.7060	0.6453
11	0.9890	0.9799	0.9661	0.9467	0.9208	0.8881	0.8487	0.8030	0.7520
12	0.9955	0.9912	0.9840	0.9730	0.9573	0.9362	0.9091	0.8758	0.8364
13	0.9983	0.9964	0.9929	0.9872	0.9784	0.9658	0.9486	0.9261	0.8981
14	0.9994	0.9986	0.9970	0.9943	0.9897	0.9827	0.9726	0.9585	0.9400
15	0.9998	0.9995	0.9988	0.9976	0.9954	0.9918	0.9862	0.9780	0.9665
16	0.9999	0.9998	0.9996	0.9990	0.9980	0.9963	0.9934	0.9889	0.9823
17	1.0000	0.9999	0.9998	0.9996	0.9992	0.9984	0.9970	0.9947	0.9911
18	1.0000	1.0000	0.9999	0.9999	0.9997	0.9993	0.9987	0.9976	0.9957
19	1.0000	1.0000	1.0000	1.0000	0.9999	0.9997	0.9995	0.9989	0.9980
20	1.0000	1.0000	1.0000	1.0000	1.0000	0.9999	0.9998	0.9996	0.9991

x	λ								
	10.0	11.0	12.0	13.0	14.0	15.0	16.0	17.0	18.0
1	0.0000	0.0000	0.0000	0.0000	0.0000	0.0000	0.0000	0.0000	0.0000
2	0.0005	0.0002	0.0001	0.0000	0.0000	0.0000	0.0000	0.0000	0.0000
3	0.0028	0.0012	0.0005	0.0002	0.0001	0.0000	0.0000	0.0000	0.0000
4	0.0103	0.0049	0.0023	0.0011	0.0005	0.0002	0.0001	0.0000	0.0000
5	0.0293	0.0151	0.0076	0.0037	0.0018	0.0009	0.0004	0.0002	0.0001
6	0.0671	0.0375	0.0203	0.0107	0.0055	0.0028	0.0014	0.0007	0.0003
7	0.1301	0.0786	0.0458	0.0259	0.0142	0.0076	0.0040	0.0021	0.0010
8	0.2202	0.1432	0.0895	0.0540	0.0316	0.0180	0.0100	0.0054	0.0029
9	0.3328	0.2320	0.1550	0.0998	0.0621	0.0374	0.0220	0.0126	0.0071
10	0.4579	0.3405	0.2424	0.1658	0.1094	0.0699	0.0433	0.0261	0.0154
11	0.5830	0.4599	0.3472	0.2517	0.1757	0.1185	0.0774	0.0491	0.0304
12	0.6968	0.5793	0.4616	0.3532	0.2600	0.1848	0.1270	0.0847	0.0549
13	0.7916	0.6887	0.5760	0.4631	0.3585	0.2676	0.1931	0.1350	0.0917
14	0.8645	0.7813	0.6815	0.5730	0.4644	0.3632	0.2745	0.2009	0.1426
15	0.9165	0.8540	0.7720	0.6751	0.5704	0.4657	0.3675	0.2808	0.2081

x	λ								
	0.1	0.2	0.3	0.4	0.5	0.6	0.7	0.8	0.9
16	0.9513	0.9074	0.8444	0.7636	0.6694	0.5681	0.4667	0.3715	0.2867
17	0.9730	0.9441	0.8987	0.8355	0.7559	0.6641	0.5660	0.4677	0.3751
18	0.9857	0.9678	0.9370	0.8905	0.8272	0.7489	0.6593	0.5640	0.4686
19	0.9928	0.9823	0.9626	0.9302	0.8826	0.8195	0.7423	0.6550	0.5622
20	0.9965	0.9907	0.9787	0.9573	0.9235	0.8752	0.8122	0.7363	0.6509
21	0.9984	0.9953	0.9884	0.9750	0.9521	0.9170	0.8682	0.8055	0.7307
22	0.9997	0.9990	0.9970	0.9924	0.9833	0.9673	0.9418	0.9047	0.8551
23	0.9999	0.9995	0.9985	0.9960	0.9907	0.9805	0.9633	0.9367	0.8989
24	1.0000	0.9998	0.9993	0.9980	0.9950	0.9888	0.9777	0.9594	0.9317
25	1.0000	0.9999	0.9997	0.9990	0.9974	0.9938	0.9869	0.9748	0.9554
26	1.0000	1.0000	0.9999	0.9995	0.9987	0.9967	0.9925	0.9848	0.9718
27	1.0000	1.0000	0.9999	0.9998	0.9994	0.9983	0.9959	0.9912	0.9827
28	1.0000	1.0000	1.0000	0.9999	0.9997	0.9991	0.9978	0.9950	0.9897
29	1.0000	1.0000	1.0000	1.0000	0.9999	0.9996	0.9989	0.9973	0.9941
30	1.0000	1.0000	1.0000	1.0000	0.9999	0.9998	0.9994	0.9986	0.9967
31	1.0000	1.0000	1.0000	1.0000	1.0000	0.9999	0.9997	0.9993	0.9982
32	1.0000	1.0000	1.0000	1.0000	1.0000	1.0000	0.9999	0.9996	0.9990
33	1.0000	1.0000	1.0000	1.0000	1.0000	1.0000	0.9999	0.9998	0.9995
34	1.0000	1.0000	1.0000	1.0000	1.0000	1.0000	1.0000	0.9999	0.9998
35	1.0000	1.0000	1.0000	1.0000	1.0000	1.0000	1.0000	1.0000	0.9999
36	1.0000	1.0000	1.0000	1.0000	1.0000	1.0000	1.0000	1.0000	0.9999
37	1.0000	1.0000	1.0000	1.0000	1.0000	1.0000	1.0000	1.0000	1.0000

附表4 t分布上侧分位数

$$P\{T > t_a(n)\} = \alpha$$

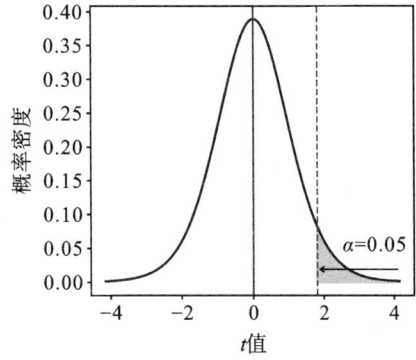

n	α						
	0.20	0.15	0.10	0.05	0.025	0.010	0.005
1	1.3764	1.9626	3.0777	6.3138	12.7062	31.8205	63.6567
2	1.0607	1.3862	1.8856	2.9200	4.3027	6.9646	9.9248
3	0.9785	1.2498	1.6377	2.3534	3.1824	4.5407	5.8409
4	0.9410	1.1896	1.5332	2.1318	2.7764	3.7469	4.6041
5	0.9195	1.1558	1.4759	2.0150	2.5706	3.3649	4.0321
6	0.9057	1.1342	1.4398	1.9432	2.4469	3.1427	3.7074
7	0.8960	1.1192	1.4149	1.8946	2.3646	2.9980	3.4995
8	0.8889	1.1081	1.3968	1.8595	2.3060	2.8965	3.3554
9	0.8834	1.0997	1.3830	1.8331	2.2622	2.8214	3.2498
10	0.8791	1.0931	1.3722	1.8125	2.2281	2.7638	3.1693
11	0.8755	1.0877	1.3634	1.7959	2.2010	2.7181	3.1058
12	0.8726	1.0832	1.3562	1.7823	2.1788	2.6810	3.0545
13	0.8702	1.0795	1.3502	1.7709	2.1604	2.6503	3.0123
14	0.8681	1.0763	1.3450	1.7613	2.1448	2.6245	2.9768
15	0.8662	1.0735	1.3406	1.7531	2.1314	2.6025	2.9467
16	0.8647	1.0711	1.3368	1.7459	2.1199	2.5835	2.9208
17	0.8633	1.0690	1.3334	1.7396	2.1098	2.5669	2.8982
18	0.8620	1.0672	1.3304	1.7341	2.1009	2.5524	2.8784
19	0.8610	1.0655	1.3277	1.7291	2.0930	2.5395	2.8609
20	0.8600	1.0640	1.3253	1.7247	2.0860	2.5280	2.8453
21	0.8591	1.0627	1.3232	1.7207	2.0796	2.5176	2.8314
22	0.8583	1.0614	1.3212	1.7171	2.0739	2.5083	2.8188

n	α						
	0.20	0.15	0.10	0.05	0.025	0.010	0.005
23	0.8575	1.0603	1.3195	1.7139	2.0687	2.4999	2.8073
24	0.8569	1.0593	1.3178	1.7109	2.0639	2.4922	2.7969
25	0.8562	1.0584	1.3163	1.7081	2.0595	2.4851	2.7874
26	0.8557	1.0575	1.3150	1.7056	2.0555	2.4786	2.7787
27	0.8551	1.0567	1.3137	1.7033	2.0518	2.4727	2.7707
28	0.8546	1.0560	1.3125	1.7011	2.0484	2.4671	2.7633
29	0.8542	1.0553	1.3114	1.6991	2.0452	2.4620	2.7564
30	0.8538	1.0547	1.3104	1.6973	2.0423	2.4573	2.7500
31	0.8534	1.0541	1.3095	1.6955	2.0395	2.4528	2.7440
32	0.8530	1.0535	1.3086	1.6939	2.0369	2.4487	2.7385
33	0.8526	1.0530	1.3077	1.6924	2.0345	2.4448	2.7333
34	0.8523	1.0525	1.3070	1.6909	2.0322	2.4411	2.7284
35	0.8520	1.0520	1.3062	1.6896	2.0301	2.4377	2.7238
36	0.8517	1.0516	1.3055	1.6883	2.0281	2.4345	2.7195
37	0.8514	1.0512	1.3049	1.6871	2.0262	2.4314	2.7154
38	0.8512	1.0508	1.3042	1.6860	2.0244	2.4286	2.7116
39	0.8509	1.0504	1.3036	1.6849	2.0227	2.4258	2.7079
40	0.8507	1.0500	1.3031	1.6839	2.0211	2.4233	2.7045
41	0.8505	1.0497	1.3025	1.6829	2.0195	2.4208	2.7012
42	0.8503	1.0494	1.3020	1.6820	2.0181	2.4185	2.6981
43	0.8501	1.0491	1.3016	1.6811	2.0167	2.4163	2.6951
44	0.8499	1.0488	1.3011	1.6802	2.0154	2.4141	2.6923
45	0.8497	1.0485	1.3006	1.6794	2.0141	2.4121	2.6896
60	0.8477	1.0455	1.2958	1.6706	2.0003	2.3901	2.6603
120	0.8446	1.0409	1.2886	1.6577	1.9799	2.3578	2.6174
∞	0.8416	1.0364	1.2816	1.6449	1.9600	2.3264	2.5758

附表5 χ^2 分布上侧分位数

$$P\{\chi^2 > \chi^2_a(n)\} = \alpha$$

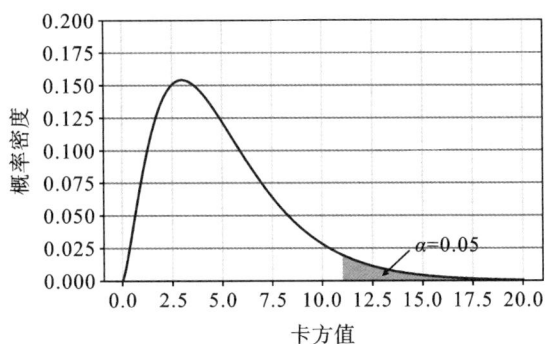

n	α									
	0.995	0.990	0.975	0.950	0.900	0.100	0.050	0.025	0.010	0.005
1	0.0000	0.0002	0.0010	0.0039	0.0158	2.7055	3.8415	5.0239	6.6349	7.8794
2	0.0100	0.0201	0.0506	0.1026	0.2107	4.6052	5.9915	7.3778	9.2103	10.5966
3	0.0717	0.1148	0.2158	0.3518	0.5844	6.2514	7.8147	9.3484	11.3449	12.8382
4	0.2070	0.2971	0.4844	0.7107	1.0636	7.7794	9.4877	11.1433	13.2767	14.8603
5	0.4117	0.5543	0.8312	1.1455	1.6103	9.2364	11.0705	12.8325	15.0863	16.7496
6	0.6757	0.8721	1.2373	1.6354	2.2041	10.6446	12.5916	14.4494	16.8119	18.5476
7	0.9893	1.2390	1.6899	2.1673	2.8331	12.0170	14.0671	16.0128	18.4753	20.2777
8	1.3444	1.6465	2.1797	2.7326	3.4895	13.3616	15.5073	17.5345	20.0902	21.9550
9	1.7349	2.0879	2.7004	3.3251	4.1682	14.6837	16.9190	19.0228	21.6660	23.5894
10	2.1559	2.5582	3.2470	3.9403	4.8652	15.9872	18.3070	20.4832	23.2093	25.1882
11	2.6032	3.0535	3.8157	4.5748	5.5778	17.2750	19.6751	21.9200	24.7250	26.7568
12	2.0738	3.5706	4.4038	5.2260	6.3038	18.5493	21.0261	23.3367	26.2170	28.2995
13	3.5650	4.1069	5.0085	5.8919	7.0415	19.8119	24.7356	24.7356	27.6882	29.8195
14	4.0747	4.6604	5.6287	6.5706	7.7895	21.0641	23.6848	26.1189	29.1412	31.3193
15	4.6009	5.2293	6.2621	7.2609	8.5468	22.3071	24.9958	27.4884	30.5779	32.8013
16	5.1422	5.8122	6.9077	7.9616	9.3122	23.5418	26.2962	28.8454	31.999	34.2672
17	5.6972	6.4078	7.5642	8.6718	10.0852	24.7690	27.5871	30.190	33.4087	35.7185
18	6.2648	7.0149	8.2307	9.3905	10.8649	25.9894	28.8693	31.5624	34.8053	37.1565
19	6.8440	7.6327	8.9065	10.1170	11.6509	27.2036	30.1435	32.8523	36.1909	38.5823
20	7.4338	8.2640	9.5908	10.8508	12.4426	28.4120	31.4104	34.1696	37.5662	39.9968
21	8.0337	8.8972	10.2829	11.9153	13.2396	29.6151	32.6706	35.4789	38.9322	41.4011
22	8.6427	9.5425	10.9823	12.3380	14.0415	30.8133	33.9244	36.7807	40.2894	42.7957

n	α									
	0.995	0.990	0.975	0.950	0.900	0.100	0.050	0.025	0.010	0.005
23	9.2604	10.1957	11.6886	13.0905	14.8480	32.0069	35.1725	38.0756	41.6384	44.1813
24	9.8862	10.8564	12.4012	13.8484	15.6587	33.1962	36.4150	39.3614	42.9798	45.5585
25	10.5197	11.5240	13.197	14.614	16.4734	34.3816	37.6525	40.6465	44.3141	46.9279
26	11.1602	12.1981	13.8439	15.3792	17.2919	35.5632	38.8851	41.9232	45.6417	48.2899
27	11.8076	12.8785	14.5734	16.1514	18.1139	36.7412	40.1133	43.1945	46.9629	49.6449
28	12.4613	13.5647	15.3079	16.9279	18.9392	37.9159	41.3371	44.4608	48.2782	50.9934
29	13.1211	14.2565	16.0471	17.7084	19.7677	39.0875	42.5570	45.7223	49.5879	52.3356
30	13.7867	14.9535	16.7908	18.4927	20.5992	40.2560	43.7730	46.9792	50.8922	53.6720
31	14.4578	15.6555	17.5387	19.2806	21.4336	41.4217	44.9853	48.2319	52.1949	55.0027
32	15.1340	16.3622	18.2908	20.0719	22.2706	42.5847	46.1943	49.4804	53.4858	56.3281
33	15.8153	17.0735	19.0467	20.8665	23.1102	43.7452	47.3999	50.7251	54.7755	57.6484
34	16.5013	17.7891	19.8063	21.6643	23.9523	44.9032	48.6024	51.9660	56.0609	58.9639
35	17.1918	18.5089	20.5694	22.4650	24.7967	46.0588	49.8018	53.2033	57.3421	60.2748
36	17.8867	19.2327	21.3359	23.2686	25.6433	47.2122	50.9985	54.4373	58.6192	61.5812
37	18.5858	19.9602	22.1056	24.0749	26.4921	48.3634	52.1923	55.6680	59.8925	62.8833
38	19.2889	20.6914	22.8785	24.8839	27.3430	49.5126	53.3835	56.8955	61.1621	64.1814
39	19.9959	21.4262	23.6543	25.6954	28.1958	50.6598	54.5722	58.1201	62.4281	65.4756
40	20.7065	22.1643	24.4340	26.5093	29.0505	51.8051	55.7585	59.3417	63.6907	66.7660

注·当 $n>40$ 时, $\chi^2(n)=\frac{1}{2}(Z_\alpha+\sqrt{2n-1})^2$.

附表 6 F 分布上侧分位数

$$P\{F > F_\alpha(n,m)\} = \alpha$$

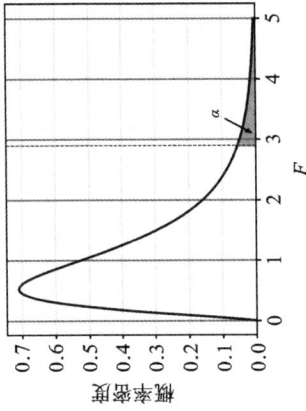

$\alpha = 0.1$

m \ n	1	2	3	4	5	6	7	8	9	10	12	15	20	24	30	40	60	120	∞
1	39.86	49.50	53.59	55.83	57.24	58.20	58.91	59.44	59.86	60.19	60.71	61.22	61.74	62.00	62.26	62.53	62.79	63.06	63.33
2	8.53	9.00	9.16	9.24	9.29	9.33	9.35	9.37	9.38	9.39	9.41	9.42	9.44	9.45	9.46	9.47	9.47	9.48	9.49
3	5.54	5.46	5.39	5.34	5.31	5.28	5.27	5.25	5.24	5.23	5.22	5.20	5.18	5.18	5.17	5.16	5.15	5.14	5.13
4	4.54	4.32	4.19	4.11	4.05	4.01	3.98	3.95	3.94	3.92	3.90	3.87	3.84	3.83	3.82	3.80	3.79	3.78	3.76
5	4.06	3.78	3.62	3.52	3.45	3.40	3.37	3.34	3.32	3.30	3.27	3.24	3.21	3.19	3.17	3.16	3.14	3.12	3.10
6	3.78	3.46	3.29	3.18	3.11	3.05	3.01	2.98	2.96	2.94	2.90	2.87	2.84	2.82	2.80	2.78	2.76	2.74	2.72
7	3.59	3.26	3.07	2.96	2.88	2.83	2.78	2.75	2.72	2.70	2.67	2.63	2.59	2.58	2.56	2.54	2.51	2.49	2.47
8	3.46	3.11	2.92	2.81	2.73	2.67	2.62	2.59	2.56	2.54	2.50	2.46	2.42	2.40	2.38	2.36	2.34	2.32	2.29
9	3.36	3.01	2.81	2.69	2.61	2.55	2.51	2.47	2.44	2.42	2.38	2.34	2.30	2.28	2.25	2.23	2.21	2.18	2.16
10	3.29	2.92	2.73	2.61	2.52	2.46	2.41	2.38	2.35	2.32	2.28	2.24	2.20	2.18	2.16	2.13	2.11	2.08	2.06
11	3.23	2.86	2.66	2.54	2.45	2.39	2.34	2.30	2.27	2.25	2.21	2.17	2.12	2.10	2.08	2.05	2.03	2.00	1.97

附　录

m＼n	1	2	3	4	5	6	7	8	9	10	12	15	20	24	30	40	60	120	∞
12	3.18	2.81	2.61	2.48	2.39	2.33	2.28	2.24	2.21	2.19	2.15	2.10	2.06	2.04	2.01	1.99	1.96	1.93	1.90
13	3.14	2.76	2.56	2.43	2.35	2.28	2.23	2.20	2.16	2.14	2.10	2.05	2.01	1.98	1.96	1.93	1.90	1.88	1.85
14	3.10	2.73	2.52	2.39	2.31	2.24	2.19	2.15	2.12	2.10	2.05	2.01	1.96	1.94	1.91	1.89	1.86	1.83	1.80
15	3.07	2.70	2.49	2.36	2.27	2.21	2.16	2.12	2.09	2.06	2.02	1.97	1.92	1.90	1.87	1.85	1.82	1.79	1.76
16	3.05	2.67	2.46	2.33	2.24	2.18	2.13	2.09	2.06	2.03	1.99	1.94	1.89	1.87	1.84	1.81	1.78	1.75	1.72
17	3.03	2.64	2.44	2.31	2.22	2.15	2.10	2.06	2.03	2.00	1.96	1.91	1.86	1.84	1.81	1.78	1.75	1.72	1.69
18	3.01	2.62	2.42	2.29	2.20	2.13	2.08	2.04	2.00	1.98	1.93	1.89	1.84	1.81	1.78	1.75	1.72	1.69	1.66
19	2.99	2.61	2.40	2.27	2.18	2.11	2.06	2.02	1.98	1.96	1.91	1.86	1.81	1.79	1.76	1.73	1.70	1.67	1.63
20	2.97	2.59	2.38	2.25	2.16	2.09	2.04	2.00	1.96	1.94	1.89	1.84	1.79	1.77	1.74	1.71	1.68	1.64	1.61
21	2.96	2.57	2.36	2.23	2.14	2.08	2.02	1.98	1.95	1.92	1.87	1.83	1.78	1.75	1.72	1.69	1.66	1.62	1.59
22	2.95	2.56	2.35	2.22	2.13	2.06	2.01	1.97	1.93	1.90	1.86	1.81	1.76	1.73	1.70	1.67	1.64	1.60	1.57
23	2.94	2.55	2.34	2.21	2.11	2.05	1.99	1.95	1.92	1.89	1.84	1.80	1.74	1.72	1.69	1.66	1.62	1.59	1.55
24	2.93	2.54	2.33	2.19	2.10	2.04	1.98	1.94	1.91	1.88	1.83	1.78	1.73	1.70	1.67	1.64	1.61	1.57	1.53
25	2.92	2.53	2.32	2.18	2.09	2.02	1.97	1.93	1.89	1.87	1.82	1.77	1.72	1.69	1.66	1.63	1.59	1.56	1.52
26	2.91	2.52	2.31	2.17	2.08	2.01	1.96	1.92	1.88	1.86	1.81	1.76	1.71	1.68	1.65	1.61	1.58	1.54	1.50
27	2.90	2.51	2.30	2.17	2.07	2.00	1.95	1.91	1.87	1.85	1.80	1.75	1.70	1.67	1.64	1.60	1.57	1.53	1.49
28	2.89	2.50	2.29	2.16	2.06	2.00	1.94	1.90	1.87	1.84	1.79	1.74	1.69	1.66	1.63	1.59	1.56	1.52	1.48
29	2.89	2.50	2.28	2.15	2.06	1.99	1.93	1.89	1.86	1.83	1.78	1.73	1.68	1.65	1.62	1.58	1.55	1.51	1.47
30	2.88	2.49	2.28	2.14	2.05	1.98	1.93	1.88	1.85	1.82	1.77	1.72	1.67	1.64	1.61	1.57	1.54	1.50	1.46
40	2.84	2.44	2.23	2.09	2.00	1.93	1.87	1.83	1.79	1.76	1.71	1.66	1.61	1.57	1.54	1.51	1.47	1.42	1.38
60	2.79	2.39	2.18	2.04	1.95	1.87	1.82	1.77	1.74	1.71	1.66	1.60	1.54	1.51	1.48	1.44	1.40	1.35	1.29
120	2.75	2.35	2.13	1.99	1.90	1.82	1.77	1.72	1.68	1.65	1.60	1.55	1.48	1.45	1.41	1.37	1.32	1.26	1.19

$\alpha = 0.1$

m	1	2	3	4	5	6	7	8	9	10	12	15	20	24	30	40	60	120	∞
1	161.45	199.50	215.71	224.58	230.16	233.99	236.77	238.88	240.54	241.88	243.91	245.95	248.01	249.05	250.10	251.14	252.20	253.25	254.31
2	18.51	19.00	19.16	19.25	19.30	19.33	19.35	19.37	19.38	19.40	19.41	19.43	19.45	19.45	19.46	19.47	19.48	19.49	19.50
3	10.13	9.55	9.28	9.12	9.01	8.94	8.89	8.85	8.81	8.79	8.74	8.70	8.66	8.64	8.62	8.59	8.57	8.55	8.53
4	7.71	6.94	6.59	6.39	6.26	6.16	6.09	6.04	6.00	5.96	5.91	5.86	5.80	5.77	5.75	5.72	5.69	5.66	5.63
5	6.61	5.79	5.41	5.19	5.05	4.95	4.88	4.82	4.77	4.74	4.68	4.62	4.56	4.53	4.50	4.46	4.43	4.40	4.36
6	5.99	5.14	4.76	4.53	4.39	4.28	4.21	4.15	4.10	4.06	4.00	3.94	3.87	3.84	3.81	3.77	3.74	3.70	3.67
7	5.59	4.74	4.35	4.12	3.97	3.87	3.79	3.73	3.68	3.64	3.57	3.51	3.44	3.41	3.38	3.34	3.30	3.27	3.23
8	5.32	4.46	4.07	3.84	3.69	3.58	3.50	3.44	3.39	3.35	3.28	3.22	3.15	3.12	3.08	3.04	3.01	2.97	2.93
9	5.12	4.26	3.86	3.63	3.48	3.37	3.29	3.23	3.18	3.14	3.07	3.01	2.94	2.90	2.86	2.83	2.79	2.75	2.71
10	4.96	4.10	3.71	3.48	3.33	3.22	3.14	3.07	3.02	2.98	2.91	2.85	2.77	2.74	2.70	2.66	2.62	2.58	2.54
11	4.84	3.98	3.59	3.36	3.20	3.09	3.01	2.95	2.90	2.85	2.79	2.72	2.65	2.61	2.57	2.53	2.49	2.45	2.40
12	4.75	3.89	3.49	3.26	3.11	3.00	2.91	2.85	2.80	2.75	2.69	2.62	2.54	2.51	2.47	2.43	2.38	2.34	2.30
13	4.67	3.81	3.41	3.18	3.03	2.92	2.83	2.77	2.71	2.67	2.60	2.53	2.46	2.42	2.38	2.34	2.30	2.25	2.21
14	4.60	3.74	3.34	3.11	2.96	2.85	2.76	2.70	2.65	2.60	2.53	2.46	2.39	2.35	2.31	2.27	2.22	2.18	2.13
15	4.54	3.68	3.29	3.06	2.90	2.79	2.71	2.64	2.59	2.54	2.48	2.40	2.33	2.29	2.25	2.20	2.16	2.11	2.07
16	4.49	3.63	3.24	3.01	2.85	2.74	2.66	2.59	2.54	2.49	2.42	2.35	2.28	2.24	2.19	2.15	2.11	2.06	2.01
17	4.45	3.59	3.20	2.96	2.81	2.70	2.61	2.55	2.49	2.45	2.38	2.31	2.23	2.19	2.15	2.10	2.06	2.01	1.96
18	4.41	3.55	3.16	2.93	2.77	2.66	2.58	2.51	2.46	2.41	2.34	2.27	2.19	2.15	2.11	2.06	2.02	1.97	1.92
19	4.38	3.52	3.13	2.90	2.74	2.63	2.54	2.48	2.42	2.38	2.31	2.23	2.16	2.11	2.07	2.03	1.98	1.93	1.88
20	4.35	3.49	3.10	2.87	2.71	2.60	2.51	2.45	2.39	2.35	2.28	2.20	2.12	2.08	2.04	1.99	1.95	1.90	1.84
∞	2.71	2.30	2.08	1.94	1.85	1.77	1.72	1.67	1.63	1.60	1.55	1.49	1.42	1.38	1.34	1.30	1.24	1.17	1.00

n

m \ n	1	2	3	4	5	6	7	8	9	10	12	15	20	24	30	40	60	120	∞
21	4.32	3.47	3.07	2.84	2.68	2.57	2.49	2.42	2.37	2.32	2.25	2.18	2.10	2.05	2.01	1.96	1.92	1.87	1.81
22	4.30	3.44	3.05	2.82	2.66	2.55	2.46	2.40	2.34	2.30	2.23	2.15	2.07	2.03	1.98	1.94	1.89	1.84	1.78
23	4.28	3.42	3.03	2.80	2.64	2.53	2.44	2.37	2.32	2.27	2.20	2.13	2.05	2.01	1.96	1.91	1.86	1.81	1.76
24	4.26	3.40	3.01	2.78	2.62	2.51	2.42	2.36	2.30	2.25	2.18	2.11	2.03	1.98	1.94	1.89	1.84	1.79	1.73
25	4.24	3.39	2.99	2.76	2.60	2.49	2.40	2.34	2.28	2.24	2.16	2.09	2.01	1.96	1.92	1.87	1.82	1.77	1.71
26	4.23	3.37	2.98	2.74	2.59	2.47	2.39	2.32	2.27	2.22	2.15	2.07	1.99	1.95	1.90	1.85	1.80	1.75	1.69
27	4.21	3.35	2.96	2.73	2.57	2.46	2.37	2.31	2.25	2.20	2.13	2.06	1.97	1.93	1.88	1.84	1.79	1.73	1.67
28	4.20	3.34	2.95	2.71	2.56	2.45	2.36	2.29	2.24	2.19	2.12	2.04	1.96	1.91	1.87	1.82	1.77	1.71	1.65
29	4.18	3.33	2.93	2.70	2.55	2.43	2.35	2.28	2.22	2.18	2.10	2.03	1.94	1.90	1.85	1.81	1.75	1.70	1.64
30	4.17	3.32	2.92	2.69	2.53	2.42	2.33	2.27	2.21	2.16	2.09	2.01	1.93	1.89	1.84	1.79	1.74	1.68	1.62
40	4.08	3.23	2.84	2.61	2.45	2.34	2.25	2.18	2.12	2.08	2.00	1.92	1.84	1.79	1.74	1.69	1.64	1.58	1.51
60	4.00	3.15	2.76	2.53	2.37	2.25	2.17	2.10	2.04	1.99	1.92	1.84	1.75	1.70	1.65	1.59	1.53	1.47	1.39
120	3.92	3.07	2.68	2.45	2.29	2.18	2.09	2.02	1.96	1.91	1.83	1.75	1.66	1.61	1.55	1.50	1.43	1.35	1.25
∞	3.84	3.00	2.60	2.37	2.21	2.10	2.01	1.94	1.88	1.83	1.75	1.67	1.57	1.52	1.46	1.39	1.32	1.22	1.00

$\alpha = 0.025$

m \ n	1	2	3	4	5	6	7	8	9	10	12	15	20	24	30	40	60	120	∞
1	648	800	864	900	922	937	943	957	963	969	977	985	993	997	1001	1006	1010	1014	1018
2	38.51	39.00	39.17	39.25	39.30	39.33	39.36	39.37	39.39	39.40	39.41	39.43	39.45	39.46	39.46	39.47	39.48	39.49	39.50
3	17.44	16.04	15.44	15.10	14.88	14.73	14.62	14.54	14.47	14.42	14.34	14.25	14.17	14.12	14.08	14.04	13.99	13.95	13.90
4	12.22	10.65	9.98	9.60	9.36	9.20	9.07	8.98	8.90	8.84	8.75	8.66	8.56	8.51	8.46	8.41	8.36	8.31	8.26
5	10.01	8.43	7.76	7.39	7.15	6.98	6.85	6.76	6.68	6.62	6.52	6.43	6.33	6.28	6.23	6.18	6.12	6.07	6.02
6	8.81	7.26	6.60	6.23	5.99	5.82	5.70	5.60	5.52	5.46	5.37	5.27	5.17	5.12	5.07	5.01	4.96	4.90	4.85
7	8.07	6.54	5.89	5.52	5.29	5.12	4.99	4.90	4.82	4.76	4.67	4.57	4.47	4.41	4.36	4.31	4.25	4.20	4.14

m \ n	1	2	3	4	5	6	7	8	9	10	12	15	20	24	30	40	60	120	∞
8	7.57	6.06	5.42	5.05	4.82	4.65	4.53	4.43	4.36	4.30	4.20	4.10	4.00	3.95	3.89	3.84	3.78	3.73	3.67
9	7.21	5.71	5.08	4.72	4.48	4.32	4.20	4.10	4.03	3.96	3.87	3.77	3.67	3.61	3.56	3.51	3.45	3.39	3.33
10	6.94	5.46	4.83	4.47	4.24	4.07	3.95	3.85	3.78	3.72	3.62	3.52	3.42	3.37	3.31	3.26	3.20	3.14	3.08
11	6.72	5.26	4.63	4.28	4.04	3.88	3.76	3.66	3.59	3.53	3.43	3.33	3.23	3.17	3.12	3.06	3.00	2.94	2.88
12	6.55	5.10	4.47	4.12	3.89	3.73	3.61	3.51	3.44	3.37	3.28	3.18	3.07	3.02	2.96	2.91	2.85	2.79	2.72
13	6.41	4.97	4.35	4.00	3.77	3.60	3.48	3.39	3.31	3.25	3.15	3.05	2.95	2.89	2.84	2.78	2.72	2.66	2.60
14	6.30	4.86	4.24	3.89	3.66	3.50	3.38	3.29	3.21	3.15	3.05	2.95	2.84	2.79	2.73	2.67	2.61	2.55	2.49
15	6.20	4.77	4.15	3.80	3.58	3.41	3.29	3.20	3.12	3.06	2.96	2.86	2.76	2.70	2.64	2.59	2.52	2.46	2.40
16	6.12	4.69	4.08	3.73	3.50	3.34	3.22	3.12	3.05	2.99	2.89	2.79	2.68	2.63	2.57	2.51	2.45	2.38	2.32
17	6.04	4.62	4.01	3.66	3.44	3.28	3.16	3.06	2.98	2.92	2.82	2.72	2.62	2.56	2.50	2.44	2.38	2.32	2.25
18	5.98	4.56	3.95	3.61	3.38	3.22	3.10	3.01	2.93	2.87	2.77	2.67	2.56	2.50	2.44	2.38	2.32	2.26	2.19
19	5.92	4.51	3.90	3.56	3.33	3.17	3.05	2.96	2.88	2.82	2.72	2.62	2.51	2.45	2.39	2.33	2.27	2.20	2.13
20	5.87	4.46	3.86	3.51	3.29	3.13	3.01	2.91	2.84	2.77	2.68	2.57	2.46	2.41	2.35	2.29	2.22	2.16	2.09
21	5.83	4.42	3.82	3.48	3.25	3.09	2.97	2.87	2.80	2.73	2.64	2.53	2.42	2.37	2.31	2.25	2.18	2.11	2.04
22	5.79	4.38	3.78	3.44	3.22	3.05	2.93	2.84	2.76	2.70	2.60	2.50	2.39	2.33	2.27	2.21	2.14	2.08	2.00
23	5.75	4.35	3.75	3.41	3.18	3.02	2.90	2.81	2.73	2.67	2.57	2.47	2.36	2.30	2.24	2.18	2.11	2.04	1.97
24	5.72	4.32	3.72	3.38	3.15	2.99	2.87	2.78	2.70	2.64	2.54	2.44	2.33	2.27	2.21	2.15	2.08	2.01	1.94
25	5.69	4.29	3.69	3.35	3.13	2.97	2.85	2.75	2.68	2.61	2.51	2.41	2.30	2.24	2.18	2.12	2.05	1.98	1.91
26	5.66	4.27	3.67	3.33	3.10	2.94	2.82	2.73	2.65	2.59	2.49	2.39	2.28	2.22	2.16	2.09	2.03	1.95	1.88
27	5.63	4.24	3.65	3.31	3.08	2.92	2.80	2.71	2.63	2.57	2.47	2.36	2.25	2.19	2.13	2.07	2.00	1.93	1.85
28	5.61	4.22	3.63	3.29	3.06	2.90	2.78	2.69	2.61	2.55	2.45	2.34	2.23	2.17	2.11	2.05	1.98	1.91	1.83
29	5.59	4.20	3.61	3.27	3.04	2.88	2.76	2.67	2.59	2.53	2.43	2.32	2.21	2.15	2.09	2.03	1.96	1.89	1.81

m	1	2	3	4	5	6	7	8	9	10	12	15	20	24	30	40	60	120	∞
30	5.57	4.18	3.59	3.25	3.03	2.87	2.75	2.65	2.57	2.51	2.41	2.31	2.20	2.14	2.07	2.01	1.94	1.87	1.79
40	5.42	4.05	3.46	3.13	2.90	2.74	2.62	2.53	2.45	2.39	2.29	2.18	2.07	2.01	1.94	1.88	1.80	1.72	1.64
60	5.29	3.93	3.34	3.01	2.79	2.63	2.51	2.41	2.33	2.27	2.17	2.06	1.94	1.88	1.82	1.74	1.67	1.58	1.48
120	5.15	3.80	3.23	2.89	2.67	2.52	2.39	2.30	2.22	2.16	2.05	1.94	1.82	1.76	1.69	1.61	1.53	1.43	1.31
∞	5.02	3.69	3.12	2.79	2.57	2.41	2.29	2.19	2.11	2.05	1.94	1.83	1.71	1.64	1.57	1.48	1.39	1.27	1.00

n

$\alpha = 0.01$

m	1	2	3	4	5	6	7	8	9	10	12	15	20	24	30	40	60	120	∞
1	4052	5.000	5403	5625	5764	5859	5.928	5981	6022	6056	6106	6157	6209	6235	6261	6287	6313	6339	6366
2	98.50	99.00	99.17	99.25	99.30	99.33	99.36	99.37	99.39	99.40	99.42	99.43	99.45	99.46	99.47	99.47	99.48	99.49	99.50
3	34.12	30.82	29.46	28.71	28.24	27.91	27.67	27.49	27.35	27.23	27.05	26.87	26.69	26.60	26.50	26.41	26.32	26.22	26.13
4	21.20	18.00	16.69	15.98	15.52	15.21	14.98	14.80	14.66	14.55	14.37	14.20	14.02	13.93	13.84	13.75	13.65	13.56	13.46
5	16.26	13.27	12.06	11.39	10.97	10.67	10.46	10.29	10.16	10.05	9.89	9.72	9.55	9.47	9.38	9.29	9.20	9.11	9.02
6	13.75	10.92	9.78	9.15	8.75	8.47	8.25	8.10	7.98	7.87	7.72	7.56	7.40	7.31	7.23	7.14	7.06	6.97	6.88
7	12.25	9.55	8.45	7.85	7.46	7.19	6.99	6.84	6.72	6.62	6.47	6.31	6.16	6.07	5.99	5.91	5.82	5.74	5.65
8	11.26	8.65	7.59	7.01	6.63	6.37	6.18	6.03	5.91	5.81	5.67	5.52	5.36	5.28	5.20	5.12	5.03	4.95	4.86
9	10.56	8.02	6.99	6.42	6.06	5.80	5.61	5.47	5.35	5.26	5.11	4.96	4.81	4.73	4.65	4.57	4.48	4.40	4.31
10	10.04	7.56	6.55	5.99	5.64	5.39	5.20	5.06	4.94	4.85	4.71	4.56	4.41	4.33	4.25	4.17	4.08	4.00	3.91
11	9.65	7.21	6.22	5.67	5.32	5.07	4.89	4.74	4.63	4.54	4.40	4.25	4.10	4.02	3.94	3.86	3.78	3.69	3.60
12	9.33	6.93	5.95	5.41	5.06	4.82	4.64	4.50	4.39	4.30	4.16	4.01	3.86	3.78	3.70	3.62	3.54	3.45	3.36
13	9.07	6.70	5.74	5.21	4.86	4.62	4.44	4.30	4.19	4.10	3.96	3.82	3.66	3.59	3.51	3.43	3.34	3.25	3.17
14	8.86	6.51	5.56	5.04	4.69	4.46	4.28	4.14	4.03	3.94	3.80	3.66	3.51	3.43	3.35	3.27	3.18	3.09	3.00

$\alpha = 0.005$

m \ n	1	2	3	4	5	6	7	8	9	10	12	15	20	24	30	40	60	120	∞
15	8.68	6.36	5.42	4.89	4.56	4.32	4.14	4.00	3.89	3.80	3.67	3.52	3.37	3.29	3.21	3.13	3.05	2.96	2.87
16	8.53	6.23	5.29	4.77	4.44	4.20	4.03	3.89	3.78	3.69	3.55	3.41	3.26	3.18	3.10	3.02	2.93	2.84	2.75
17	8.40	6.11	5.18	4.67	4.34	4.10	3.93	3.79	3.68	3.59	3.46	3.31	3.16	3.08	3.00	2.92	2.83	2.75	2.65
18	8.29	6.01	5.09	4.58	4.25	4.01	3.84	3.71	3.60	3.51	3.37	3.23	3.08	3.00	2.92	2.84	2.75	2.66	2.57
19	8.18	5.93	5.01	4.50	4.17	3.94	3.77	3.63	3.52	3.43	3.30	3.15	3.00	2.92	2.84	2.76	2.67	2.58	2.49
20	8.10	5.85	4.94	4.43	4.10	3.87	3.70	3.56	3.46	3.37	3.23	3.09	2.94	2.86	2.78	2.69	2.61	2.52	2.42
21	8.02	5.78	4.87	4.37	4.04	3.81	3.64	3.51	3.40	3.31	3.17	3.03	2.88	2.80	2.72	2.64	2.55	2.46	2.36
22	7.95	5.72	4.82	4.31	3.99	3.76	3.59	3.45	3.35	3.26	3.12	2.98	2.83	2.75	2.67	2.58	2.50	2.40	2.31
23	7.88	5.66	4.76	4.26	3.94	3.71	3.54	3.41	3.30	3.21	3.07	2.93	2.78	2.70	2.62	2.54	2.45	2.35	2.26
24	7.82	5.61	4.72	4.22	3.90	3.67	3.50	3.36	3.26	3.17	3.03	2.89	2.74	2.66	2.58	2.49	2.40	2.31	2.21
25	7.77	5.57	4.68	4.18	3.85	3.63	3.46	3.32	3.22	3.13	2.99	2.85	2.70	2.62	2.54	2.45	2.36	2.27	2.17
26	7.72	5.53	4.64	4.14	3.82	3.59	3.42	3.29	3.18	3.09	2.96	2.81	2.66	2.58	2.50	2.42	2.33	2.23	2.13
27	7.68	5.49	4.60	4.11	3.78	3.56	3.39	3.26	3.15	3.06	2.93	2.78	2.63	2.55	2.47	2.38	2.29	2.20	2.10
28	7.64	5.45	4.57	4.07	3.75	3.53	3.36	3.23	3.12	3.03	2.90	2.75	2.60	2.52	2.44	2.35	2.26	2.17	2.06
29	7.60	5.42	4.54	4.04	3.73	3.50	3.33	3.20	3.09	3.00	2.87	2.73	2.57	2.49	2.41	2.33	2.23	2.14	2.03
30	7.56	5.39	4.51	4.02	3.70	3.47	3.30	3.17	3.07	2.98	2.84	2.70	2.55	2.47	2.39	2.30	2.21	2.11	2.01
40	7.31	5.18	4.31	3.83	3.51	3.29	3.12	2.99	2.89	2.80	2.66	2.52	2.37	2.29	2.20	2.11	2.02	1.92	1.80
60	7.08	4.98	4.13	3.65	3.34	3.12	2.95	2.82	2.72	2.63	2.50	2.35	2.20	2.12	2.03	1.94	1.84	1.73	1.60
120	6.85	4.79	3.95	3.48	3.17	2.96	2.79	2.66	2.56	2.47	2.34	2.19	2.03	1.95	1.86	1.76	1.66	1.53	1.38
∞	6.63	4.61	3.78	3.32	3.02	2.80	2.64	2.51	2.41	2.32	2.18	2.04	1.88	1.79	1.70	1.59	1.47	1.32	1.00
1	16.211	20.00	21.615	22.500	23.056	23.437	23.715	23.925	24.091	24.224	24.426	24.630	24.836	4.940	25.044	25.148	25.253	25.359	25.464

m	n																		
	1	2	3	4	5	6	7	8	9	10	12	15	20	24	30	40	60	120	∞
2	198.50	199.00	199.17	199.25	199.30	199.33	199.36	199.37	199.39	199.40	199.42	199.43	199.45	199.46	199.47	199.47	199.48	199.49	199.50
3	55.55	49.80	47.47	46.19	45.39	44.84	44.43	44.13	43.88	43.69	43.39	43.08	42.78	42.62	42.47	42.31	42.15	41.99	41.83
4	31.33	26.28	24.26	23.15	22.46	21.97	21.62	21.35	21.14	20.97	20.70	20.44	20.17	20.03	19.89	19.75	19.61	19.47	19.32
5	22.78	18.31	16.53	15.56	14.94	14.51	14.20	13.96	13.77	13.62	13.38	13.15	12.90	12.78	12.66	12.53	12.40	12.27	12.14
6	18.63	14.54	12.92	12.03	11.46	11.07	10.79	10.57	10.39	10.25	10.03	9.81	9.59	9.47	9.36	9.24	9.12	9.00	8.88
7	16.24	12.40	10.88	10.05	9.52	9.16	8.89	8.68	8.51	8.38	8.18	7.97	7.75	7.64	7.53	7.42	7.31	7.19	7.08
8	14.69	11.04	9.60	8.81	8.30	7.95	7.69	7.50	7.34	7.21	7.01	6.81	6.61	6.50	6.40	6.29	6.18	6.06	5.95
9	13.61	10.11	8.72	7.96	7.47	7.13	6.88	6.69	6.54	6.42	6.23	6.03	5.83	5.73	5.62	5.52	5.41	5.30	5.19
10	12.83	9.43	8.08	7.34	6.87	6.54	6.30	6.12	5.97	5.85	5.66	5.47	5.27	5.17	5.07	4.97	4.86	4.75	4.64
11	12.23	8.91	7.60	6.88	6.42	6.10	5.86	5.68	5.54	5.42	5.24	5.05	4.86	4.76	4.65	4.55	4.45	4.34	4.23
12	11.75	8.51	7.23	6.52	6.07	5.76	5.52	5.35	5.20	5.09	4.91	4.72	4.53	4.43	4.33	4.23	4.12	4.01	3.90
13	11.37	8.19	6.93	6.23	5.79	5.48	5.25	5.08	4.94	4.82	4.64	4.46	4.27	4.17	4.07	3.97	3.87	3.76	3.65
14	11.06	7.92	6.68	6.00	5.56	5.26	5.03	4.86	4.72	4.60	4.43	4.25	4.06	3.96	3.86	3.76	3.66	3.55	3.44
15	10.80	7.70	6.48	5.80	5.37	5.07	4.85	4.67	4.54	4.42	4.25	4.07	3.88	3.79	3.69	3.58	3.48	3.37	3.26
16	10.58	7.51	6.30	5.64	5.21	4.91	4.69	4.52	4.38	4.27	4.10	3.92	3.73	3.64	3.54	3.44	3.33	3.22	3.11
17	10.38	7.35	6.16	5.50	5.07	4.78	4.56	4.39	4.25	4.14	3.97	3.79	3.61	3.51	3.41	3.31	3.21	3.10	2.98
18	10.22	7.21	6.03	5.37	4.96	4.66	4.44	4.28	4.14	4.03	3.86	3.68	3.50	3.40	3.30	3.20	3.10	2.99	2.87
19	10.07	7.09	5.92	5.27	4.85	4.56	4.34	4.18	4.04	3.93	3.76	3.59	3.40	3.31	3.21	3.11	3.00	2.89	2.78
20	9.94	6.99	5.82	5.17	4.76	4.47	4.26	4.09	3.96	3.85	3.68	3.50	3.32	3.22	3.12	3.02	2.92	2.81	2.69
21	9.83	6.89	5.73	5.09	4.68	4.39	4.18	4.01	3.88	3.77	3.60	3.43	3.24	3.15	3.05	2.95	2.84	2.73	2.61
22	9.73	6.81	5.65	5.02	4.61	4.32	4.11	3.94	3.81	3.70	3.54	3.36	3.18	3.08	2.98	2.88	2.77	2.66	2.55
23	9.63	6.73	5.58	4.95	4.54	4.26	4.05	3.88	3.75	3.64	3.47	3.30	3.12	3.02	2.92	2.82	2.71	2.60	2.48

m	n																		
	1	2	3	4	5	6	7	8	9	10	12	15	20	24	30	40	60	120	∞
24	9.55	6.66	5.52	4.89	4.49	4.20	3.99	3.83	3.69	3.59	3.42	3.25	3.06	2.97	2.87	2.77	2.66	2.55	2.43
25	9.48	6.60	5.46	4.84	4.43	4.15	3.94	3.78	3.64	3.54	3.37	3.20	3.01	2.92	2.82	2.72	2.61	2.50	2.38
26	9.41	6.54	5.41	4.79	4.38	4.10	3.89	3.73	3.60	3.49	3.33	3.15	2.97	2.87	2.77	2.67	2.56	2.45	2.33
27	9.34	6.49	5.36	4.74	4.34	4.06	3.85	3.69	3.56	3.45	3.28	3.11	2.93	2.83	2.73	2.63	2.52	2.41	2.29
28	9.28	6.44	5.32	4.70	4.30	4.02	3.81	3.65	3.52	3.41	3.25	3.07	2.89	2.79	2.69	2.59	2.48	2.37	2.25
29	9.23	6.40	5.28	4.66	4.26	3.98	3.77	3.61	3.48	3.38	3.21	3.04	2.86	2.76	2.66	2.56	2.45	2.33	2.21
30	9.18	6.35	5.24	4.62	4.23	3.95	3.74	3.58	3.45	3.34	3.18	3.01	2.82	2.73	2.63	2.52	2.42	2.30	2.18
40	8.83	6.07	4.98	4.37	3.99	3.71	3.51	3.35	3.22	3.12	2.95	2.78	2.60	2.50	2.40	2.30	2.18	2.06	1.93
60	8.49	5.79	4.73	4.14	3.76	3.49	3.29	3.13	3.01	2.90	2.74	2.57	2.39	2.29	2.19	2.08	1.96	1.83	1.69
120	8.18	5.54	4.50	3.92	3.55	3.28	3.09	2.93	2.81	2.71	2.54	2.37	2.19	2.09	1.98	1.87	1.75	1.61	1.43
∞	7.88	5.30	4.28	3.72	3.35	3.09	2.90	2.74	2.62	2.52	2.36	2.19	2.00	1.90	1.79	1.67	1.53	1.36	1.00